Series of Indoor Design and Building Decoration

室内设计与建筑装饰丛书

丛书系列 01

DECORATION MATERIALS AND CONSTRUCTION TECHNIQUES

装饰材料与施工工艺

第三版

郭东兴 编

华南理工大学出版社
SOUTH CHINA UNIVERSITY OF TECHNOLOGY PRESS
·广州·

图书在版编目（CIP）数据

装饰材料与施工工艺/郭东兴编．—3 版．—广州：华南理工大学出版社，2018.1（2024.11重印）

（室内设计与建筑装饰丛书）

ISBN 978-7-5623-5329-4

Ⅰ．①装…　Ⅱ．①郭…　Ⅲ．①建筑材料－装饰材料－高等职业教育－教材②建筑装饰－工程施工－高等职业教育－教材　Ⅳ．①TU56②TU767

中国版本图书馆 CIP 数据核字（2017）第 162482 号

装饰材料与施工工艺（第三版）

郭东兴　编

出 版 人： 房俊东

出版发行： 华南理工大学出版社

（广州五山华南理工大学 17 号楼，邮编 510640）

http://hg.cb.scut.edu.cn　E-mail:scutc13@scut.edu.cn

营销部电话：020－87113487　87111048（传真）

责任编辑： 王魁葵

印 刷 者： 广州小明数码印刷有限公司

开　　本： 889mm×1194mm　1/16　**印张：** 14.25　**字数：** 353 千

版　　次： 2018 年 1 月第 3 版　2024 年 11 月第 18 次印刷

定　　价： 53.00 元

新领域®

室内设计与建筑装饰丛书

前言

建筑装饰作为我们生活水平不断提高的一个标志，其开支在日常的衣食住行中占的比例是最大的。近二十年来，无论是身边的公共建筑，如学校、医院、酒店，或住宅建筑，其装饰规模、使用材料都有巨大的变化。同时，随着我们对环保要求的提高，我们对自己的居住环境、生活质量的要求都不断提高。因此，各种环保装饰材料的不断推广，各种新工艺、新技术的推广应用，都显得非常重要，政府主管部门也一直在鼓励支持建筑行业推广和应用新材料、新工艺、新技术，这些都要求我们全面系统地了解掌握装饰材料及施工工艺，不断提高建筑装饰行业的技术水平。

本书按高等职业院校建筑装饰专业的教学特点和要求编写，并考虑业余培训、电大、夜大的教学，力求通俗易懂，结合实际。按照近几年来最新的材料变化，此次修订增加了如石材加工、最新陶瓷砖加工工艺及品种等内容。本书分两篇，第一篇系统介绍传统装饰材料和新型装饰材料、各种新型材料的应用等，并配有各材料的构造图以帮助读者理解认识；第二篇按装饰部位和材料类别系统介绍了施工要求、构造及国家标准的有关规定。书中提供了大量施工大样图或示意图，帮助读者更快、更深刻地理解装饰施工工艺。

由于编者水平有限，书中错漏之处难免，恳请广大专家、读者批评指正。

作　者

2017 年 6 月

目录

第一篇　建筑装饰材料

目录

目录

目录

第一篇

建筑装饰材料

第一章　装饰材料概述

一、装饰材料的地位及发展

1．装饰材料的地位

建筑装饰是建筑工程的一个分支，和建筑工程一样，装饰材料是装饰工程的基本组成元素，装饰风格的表现、装饰艺术的发挥都是通过装饰材料来实现的。

现代建筑不仅要满足人们日常生活的需要，还应作为艺术品给人们创造舒适的环境。随着我国居民生活水平的不断提高，人们对居住环境的要求也不断提高。因此，现代建筑不单要求具有良好的使用功能，还要求结构新颖、造型美观、立面丰富、环境优美等。正因为如此，正确地选择和应用建筑装饰材料，可以最大限度地发挥材料本身的作用和功能，从而满足人们对建筑装饰的需求。

建筑装饰是运用装饰材料，依据一定的方法对建筑物进行美的设计和美的包装。在某种程度上它可以反映社会某一时代的科技水平、生活水平、民族文化和城市风格等。建筑装饰材料是集材料、工艺、造型设计、美学于一体的材料。艺术家们很久以前就把设计美观、造型独特、色彩适宜的建筑称为“凝固的音乐”。建筑装饰性的体现，很大程度上仍受到建筑装饰材料的制约，尤其受到材料的光泽、质地、质感、图案、花纹等装饰特性的影响。只有了解或掌握建筑装饰材料的性能、特点，按照建筑物及使用环境条件、使用功能的要求，合理选用装饰材料，才能更好地发挥每一种材料的长处，做到材尽其能、物尽其用，更好地表达设计意图。

随着建筑装饰水平的不断提高，特别是近年来家居室内装饰的流行，建筑装饰工程的造价在建筑工程投资总费用中所占的比例不断增加。在工业发达的国家，建筑装饰工程的造价一般占建筑总造价的1/3以上，有的甚至高达2/3。因此，选用装饰材料时，要注意装饰性和经济性、实用性的统一，不能片面追求美观、高档次而忽视造价。合理选用建筑装饰材料对降低建筑装饰工程造价、提高建筑物的艺术性，都是十分必要的。总之，建筑装饰材料在建筑装饰工程中，占有十分重要的地位。

2．装饰材料的发展

在我国，装饰材料的使用历史悠久，比如从古代普通的砖瓦建筑到现代的玻璃幕墙、铝塑复合板幕墙装饰建筑；从水泥地面，到各种抛光陶瓷地砖、木地板等，都反映了装饰材料的发展。近年来，由于建筑业的快速发展，以及人们对物质和精神需求的不断增长，人们对建筑物的质量要求越来越高，现代装饰材料层出不穷，日新月异。大量高级宾馆、饭店、酒楼、大型商场、体育馆及艺术娱乐建筑的兴建，更加促进了我国装饰材料的发展。

建筑装饰的发展对建筑物各种功能的要求越来越高，这在很大程度上要靠具有相应功能的材料来完成。根据国家颁布的建筑内部装修防火设计规范，结合现代装饰要求，建筑装饰材料的发展将具有如下发展趋势：

（1）建筑装饰材料的更新换代速度将更快；

（2）社会的发展对装饰档次的要求不断提高，将产生越来越高档次的装饰材料；

（3）随着人们追求更新鲜、更新奇的生活环境，新外观、新性能、新技术、多功能的装饰材料将不断出现；

（4）人们对健康的追求和环保意识的提高，将放弃使用一些传统的高污染、破坏生态环境的装饰材料，要求更广泛地使用绿色建筑装饰材料。

二、建筑装饰材料的分类

建筑装饰材料的品种繁多，一个大、中型建筑装饰工程，材料的品种、规格多达数千种，科学合理的分类，对装饰材料的认识、掌握、选用、研究开发等都非常重要。装饰材料可从化学成分、装饰部位、燃烧等级等角度进行分类，详见表 1-1-1 ～表1-1-3。

表 1-1-1　建筑装饰材料按化学成分分类

<table>
<tr><th colspan="2">分　类</th><th colspan="2">材料举例</th></tr>
<tr><td rowspan="2">金属材料</td><td>黑色金属材料</td><td colspan="2">普通钢材、不锈钢、彩色不锈钢等型材和板材</td></tr>
<tr><td>有色金属材料</td><td colspan="2">铝及铝合金型材和板材、铜及铜合金、金、银</td></tr>
<tr><td rowspan="13">非金属材料</td><td rowspan="8">无机材料</td><td>天然饰面石材</td><td>天然大理石、天然花岗石</td></tr>
<tr><td>陶瓷装饰制品</td><td>釉面砖、地砖、陶瓷锦砖</td></tr>
<tr><td>玻璃装饰制品</td><td>吸热玻璃、中空玻璃、激光玻璃、压花玻璃、彩色玻璃、空心玻璃砖、玻璃锦砖</td></tr>
<tr><td>石膏装饰制品</td><td>装饰石膏板、纸面石膏、嵌装式装饰石膏板、装饰石膏吸声板、石膏艺术制品</td></tr>
<tr><td colspan="2">白水泥、彩色水泥</td></tr>
<tr><td>装饰混凝土</td><td>彩色混凝土路面砖、水泥混凝土花砖</td></tr>
<tr><td colspan="2">装饰砂浆</td></tr>
<tr><td colspan="2">矿棉、珍珠岩装饰制品</td></tr>
<tr><td rowspan="5">有机材料</td><td>木材装饰制品</td><td>胶合板、纤维板、细木工板、旋切微薄木、木地板</td></tr>
<tr><td colspan="2">竹材、藤材装饰制品</td></tr>
<tr><td>装饰织物</td><td>地毯、墙布、窗帘类材料</td></tr>
<tr><td>塑料装饰制品</td><td>塑料壁纸、塑料地板、塑料装饰板</td></tr>
<tr><td>装饰涂料</td><td>地面涂料、外墙涂料、内墙涂料</td></tr>
</table>

续表 1-1-1

分　类		材料举例
复合材料	有机与无机复合材料	钙塑泡沫装饰吸声板、人造大理石、人造花岗石
	金属与非金属复合材料	彩色涂层钢板

表 1-1-2　建筑装饰材料按装饰部位分类

类别	装饰位置	常用装饰材料
外墙装饰材料	外墙、阳台、台阶、雨棚等建筑物全部外露部位装饰所用材料	天然石材、人造石材、陶瓷外墙砖、玻璃制品、外墙涂料、金属制品等
内墙装饰材料	内墙墙面、墙裙、踢脚线、隔断、花架等内部构造所用的装饰材料	天然石材、人造石材、陶瓷内墙砖、墙纸、墙布、内墙涂料、塑料板、各种胶合板、玻璃制品等
地面装饰材料	地面、楼面、楼梯等结构的全部装饰材料	天然石材、人造石材、陶瓷地砖、地毯、木地板、塑料地板、地面涂料等
顶棚装饰材料	室内及顶棚装饰材料	石膏板、胶合板、矿棉板、珍珠岩板、玻璃棉板、涂料等

表 1-1-3　建筑装饰材料按燃烧等级分类

等级	燃烧性能	燃烧特征	材料举例
A 级	不燃性	遇明火不燃烧，不炭化	石材、陶瓷、嵌装式石膏板
B1 级	难燃性	遇明火难燃烧，难炭化	防火板、阻燃墙纸
B2 级	可燃性	遇明火可燃烧，可炭化	木材、墙纸（布）
B3 级	易燃性	遇明火容易燃烧	油漆、酒精

三、装饰材料的功能特点及选用

按前面所述，建筑装饰的表现靠装饰材料来完成，装饰材料所装饰的建筑部位不同、使用条件不同，所使用材料的功能也不同。材料的功能特点可以从室外装饰功能和室内装饰功能两方面来分析。

1. 室外装饰材料功能特点及选用

室外装饰材料功能有两方面，即保护外墙和装饰立面。外墙作为建筑的重要组成部分，要达到结构围护、保障安全、遮风挡雨、保温隔热、隔音降噪、经久耐用等要求。因此，外墙装饰材料需有耐日晒雨淋、冻融循环等功能，能抵抗外界腐蚀性气体及其他微生物的侵蚀，从而有效地提高建筑物的使用寿命。

在立面装饰方面，不同的装饰材料，其质感、颜色也不同。如石材因给人庄重、豪华的感觉，常用于商业建筑的门、柱、楼群墙面的装饰。外墙涂料以其造价低、装饰性好、施工简单的特点常用于住宅建筑、厂房的装饰；另外，同种材料，施工方法不同，其装饰效果也不同。如玻璃幕墙有明框和隐框之分，条形陶瓷外墙砖有横向和纵向粘贴之分。因此，外墙装饰材料的选用要根据建筑物本身的性质、特点，再结合材料的性质和工艺特点，灵活、合理地使用。

2. 室内装饰材料功能特点及选用

和室外装饰材料功能一样，室内装饰材料功能也有两方面，即保护内墙和室内装饰。室内装饰包括三部分：地面装饰、内墙装饰、吊顶装饰。和室外装饰不一样的是，室内装饰和人们生活是“零距离”接触，因此，材料及工艺要求比室外装饰都要高。

（1）地面装饰材料功能特点及选用

地面装饰材料的功能是保护楼板和基层材料，满足装饰效果并达到使用要求。作为建筑室内地面，直接受到磨、压、洗的作用，因此，地面装饰材料要求耐磨损、耐碰撞、耐腐蚀等，个别要求有保温、吸音、弹性等功能。如天然花岗石因比天然大理石更坚硬，耐磨性更好，因此在地面装饰的应用比天然大理石更普遍。

在地面装饰方面，地面材料的选用受到建筑的使用性质、平面布局、色彩环境等多方面的制约，装饰效果由材料的质感、组合线型、色彩三方面因素构成。如公共建筑大堂常采用大规格花岗石、抛光砖等耐磨性好的材料，布局组合灵活多变。而住宅地面装饰的规格则相对较小，布局也较规则。又如木地板因导热性能低，耐磨性比石材和陶瓷地砖低，其在家居地面装饰的使用比在公共建筑地面装饰的使用更广泛。

（2）内墙装饰材料功能特点及选用

内墙装饰和地面装饰一样，装饰材料的功能是保护内墙，满足装饰效果和达到使用要求。内墙作为室内空间的分隔，为满足人们正常的工作、生活的需要，其特点应是容易保持清洁，同时具有较好的反光性能，使室内光线比较均匀。这些要求墙体本身并不能达到，必须由内墙装饰材料来补充这方面的不足。另外，内墙装饰又以材料本身的特性改善室内的使用环境。如音乐厅、影剧院等建筑因空间封闭容易产生声音回响，墙面（包括吊顶）常用不同的吸音材料装饰，以达到减弱声波反射、改善音质的效果。

墙面的装饰效果同样由材料的质感、组合线型、色彩三方面因素构成。与地面材料、外墙材料不一样，内墙材料质感细腻、纹理逼真、色彩丰富。如内墙面乳胶漆比外墙面乳胶漆更细腻，内墙釉面砖比外墙釉面砖色彩更丰富，在选用上要根据使用功能和装饰要求灵活选择。

（3）吊顶装饰材料功能特点及选用

吊顶装饰是室内装饰的重要组成部分，它是除地面、墙面装饰以外用来合成室内空间的另一个大面。吊顶的造型和使用的材料，与装饰风格、功能布置、装饰效果密切相关，同时还要综合考虑室内音响、照明、暖通、防火等技术要求。因此，吊顶装饰相比其他墙、地面装饰在技术上更复杂，综合考虑的因素也较多。

第二章　装饰材料的基本性质

建筑装饰材料是建筑材料的重要分支，建筑材料的各项基本性质也是建筑装饰材料的基本性质，它主要包括物理性质、力学性质、耐久性等。

第一节　材料的物理性质

一、与质量有关的性质

1. 密度

密度是指材料在绝对密实状态下，单位体积的质量。密度（ρ）可用下式表示：

$$\rho = \frac{m}{V}$$

式中　ρ——材料的密度，g/cm^3 或 kg/m^3；

m——材料的质量，g 或 kg；

V——材料在绝对密实状态下的体积（不包括内部任何孔隙的体积），cm^3 或 m^3。

材料密度 ρ 的大小取决于材料的组成与材料的内部结构，即材料本身的特性。

2. 体积密度

体积密度，是指材料在自然状态下，单位体积的质量（旧称容重）。体积密度（ρ_0）可用下式表示：

$$\rho_0 = \frac{m}{V_0}$$

式中　ρ_0——材料的体积密度，g/cm^3 或 kg/m^3；

m——材料的质量，g 或 kg；

V_0——材料在自然状态下的体积，cm^3 或 m^3。

3. 堆积密度

堆积密度，是指粉块状材料在堆积状态下，单位体积的质量。堆积密度（ρ_0'）可用下式表示：

$$\rho_0' = \frac{m}{V_0'}$$

式中　ρ_0'——材料的堆积密度，g/cm^3 或 kg/m^3；

m——材料的质量，g 或 kg；

V_0'——材料在堆积状态下的体积，cm^3 或 m^3。

4. 密实度与孔隙率

（1）密实度

密实度是指材料体积内被固体物质所充实的程度，即材料的固体物质部分的体积占总体积的比例。密实度（D）可用下式计算：

$$D = \frac{V_{固}}{V_{总}} \times 100\% = \frac{\rho_0}{\rho} \times 100\%$$

式中　D——密实度，%；

$V_{固}$——材料中固体物质体积，cm^3 或 m^3；

$V_{总}$——材料总体积，包括孔隙体积，cm^3 或 m^3；

ρ_0——体积密度，g/cm^3 或 kg/m^3；

ρ——密度，g/cm^3 或 kg/m^3。

（2）孔隙率

孔隙率是指材料中孔隙体积所占整个体积的比例。孔隙率（P）可用下式计算：

$$P = \frac{V_0 - V}{V_0} \times 100\% = 1 - \frac{\rho_0}{\rho} \times 100\% = 1 - D$$

表 1-2-1 是几种常用建筑材料的密度、体积密度。

表 1-2-1　常用建筑材料的密度、体积密度

材料名称	密度/（$g \cdot cm^{-3}$）	体积密度/（$kg \cdot m^{-3}$）
花岗石	2.6 ～ 2.9	2500 ～ 2800
石灰石	2.6	2000 ～ 2600
普通混凝土	2.6	2200 ～ 2500
烧结普通砖	2.5 ～ 2.8	1600 ～ 1800
松木	1.55	380 ～ 700
钢材	7.85	7850
石膏板	2.60 ～ 2.75	800 ～ 1800

二、材料与水有关的性质

1. 亲水性与憎水性

当材料与水接触时，有些材料会被水润湿，有些材料则不能被水润湿。前者称材料具有亲水性，后者称材料具有憎水性。

材料被水润湿的情况，可用润湿边角 θ 表示（如图 1-2-1）。θ 角越小，表示材料越易被水润湿。一般认为，当润湿边角 $\theta \leqslant 90°$ 时，水分子之间的内聚力小于水分子与材料

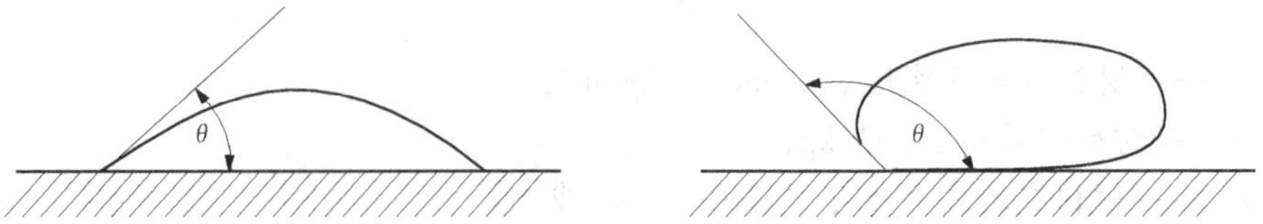

(a) 亲水性材料　　(b) 憎水性材料

图 1-2-1　材料润湿示意图

分子间的相互吸引力，此种材料称为亲水性材料。当$\theta > 90°$时，水分子之间的内聚力大于水分子与材料分子间的吸引力，则材料表面不会被水浸润，此种材料称为憎水性材料。当$\theta = 0°$时，表明材料完全被水润湿。

2. 吸水性

吸水性是材料在水中吸收水分的特性。吸水性的大小，以吸水率表示。吸水率（w）由下式计算：

$$w = \frac{m_1 - m}{m} \times 100\%$$

式中 w——材料的质量吸水率，%；

m——材料在干燥状态下的质量，g；

m_1——材料在吸水饱和状态下的质量，g。

在多数情况下，吸水率是按质量计算的，即质量吸水率，但是，也有按体积计算的，即体积吸水率（吸入水的体积占材料自然状态下体积的百分数）。

3. 吸湿性

材料在潮湿空气中吸收水分的特性，称为吸湿性。吸湿性的大小用含水率表示。含水率就是材料所含水的质量与材料干燥时质量的百分比。材料吸湿或干燥至空气湿度相平衡的含水率称为平衡含水率。材料在正常使用状态下，均处于平衡含水状态。平衡含水率是随空气中湿度和温度的变化而变化的。

4. 耐水性

耐水性是指材料长期在饱和水作用下，保持其原有的功能，抵抗破坏的能力。

对于结构材料，耐水性主要指强度变化，对装饰材料则主要指颜色、光泽、外形等变化，以及是否起泡、起层等。材料不同，耐水性的表示方法也不同。如建筑涂料的耐水性常以是否起泡、脱落等来表示，而结构材料的耐水性用软化系数K_P来表示（材料在吸水饱和状态下的抗压强度与材料在绝干状态下的抗压强度之比）。

5. 抗冻性

抗冻性是指材料在吸水饱和状态下，在多次冻融循环的作用下，保持其原有的性能，抵抗破坏的能力。

材料孔隙率和开口孔隙率越大（特别是开口孔隙率），则材料的抗冻性越差；材料孔隙中的充水程度越高，则材料的抗冻性越差。对于受冻材料，吸水饱和状态是最不利的状态。比如陶瓷材料吸水饱和受冻后，最易出现脱落、掉皮等现象。

6. 抗渗性

抗渗性指材料抵抗压力水渗透的性质，称为抗渗性。材料的抗渗性用渗透系数（K_S）表示：

$$K_S = \frac{qd}{AtH}$$

式中 K_S——材料的渗透系数，cm/h；

q——渗水量，cm^3；

d——试件厚度，cm；

A——渗水面积，cm^2；

t——渗水时间，h；

H——静水压力水头，cm。

三、材料与热有关的性质

1. 导热性

导热性是指材料传递热量的性质。导热性用导热系数（λ）表示，计算式如下：

$$\lambda = \frac{Qd}{(T_1 - T_2)At}$$

式中 λ——导热系数，W/(m·K)；

Q——传热量，J；

d——材料厚度，m；

$T_1 - T_2$——材料两侧的温差，K；

A——材料传热面的面积，m^2；

t——传热的时间，s。

通常，金属材料、无机材料、晶体材料的导热系数分别大于非金属材料、有机材料、非晶体材料。导热系数的大小取决于材料的组成、孔隙率、孔隙尺寸、孔隙特征以及含水率等。

2. 耐燃性与耐火性

（1）耐燃性

材料抵抗燃烧的特性，称为材料的耐燃性。材料的耐燃性是影响建筑物防火和耐火等级的重要因素。建筑材料的燃烧等级分为 4 级，如表 1-2-2 所示。

表 1-2-2　建筑材料的燃烧等级

等级	燃烧性能	燃烧特征
A 级	不燃性	在空气中受到火烧或高温作用时不起火、不燃烧、不炭化的材料，如金属材料及无机矿物材料等
B1 级	难燃性	在空气中受到火烧或高温作用时难起火、难微燃、难炭化，当离开火源后，燃烧或微燃立即停止的材料，如沥青混凝土、水泥刨花板等
B2 级	可燃性	在空气中受到火烧或高温作用时立即起火或微燃，且离开火源后仍继续燃烧或微燃的材料，如木材、部分塑料制品等
B3 级	易燃性	在空气中受到火烧或高温作用时立即起火并迅速燃烧，且离开火源后仍继续迅速燃烧的材料，如部分未经阻燃处理的塑料、纤维织物等

（2）耐火性

耐火性是指材料抵抗高热或火的作用，保持其原有性质的能力。金属材料、玻璃等虽属于不燃性材料，但在高温或火的作用下在短时间内会变形、熔融，因而不属于耐火材料。

建筑材料或构件的耐火极限常用时间来表示，即按规定方法，从材料受到火的作用时间起，直到材料失去支持能力、完整性被破坏或失去隔火作用的时间，以 h 或 min 计算。如无保护层的钢柱，其耐火极限仅有 0. 25 h。

3. 耐急冷急热性

材料抵抗急冷急热的交替作用，并能保持其原有性质的能力，称为材料的耐急冷急热性，又称材料的抗热震性或热稳定性。

许多无机非金属材料在急冷急热的交替作用下，易产生巨大的温度应力而使材料开裂或炸裂破坏，如瓷砖、釉面砖等。

四、材料与声学有关的性质

1. 吸声性

吸声性是指材料在空气中能够吸声的能力。当声波传播到材料的表面时，一部分声波被反射，另一部分穿透材料，其余部分则传递给材料。对于含有大量开口孔隙的多孔材料，传递给材料的声能在材料的孔隙中引起空气分子与孔壁的摩擦和黏滞阻力，使相当一部分的声能转化为热能而被吸收或消耗掉；对于含有大量封闭孔隙的柔性多孔材料（如聚氯乙烯泡沫塑料制品），传递给材料的声能通过空气振动的作用使孔壁也产生振动，使声能在振动时因克服内部摩擦而被消耗掉。

2. 隔声性

在建筑装饰工程中，材料的吸声性和隔声性是一个统一体的两个同等重要的方面。要创造一个优良的工作、学习和生活的空间，防止噪声的干扰非常重要。防止的方法，一方面是隔声，另一方面是吸声，而隔声比吸声更为重要。

声波在建筑结构中传播，主要是通过空气和固体来实现。因此，隔声分为隔空气声和隔固体声两种。

第二节　材料的力学性质

一、材料的强度和比强度

1. 材料的强度

材料在外力作用下抵抗破坏的能力，称为材料的强度。从本质上说，材料的强度实际是材料内部质点间结合力强弱的表现。建筑装饰材料受外力作用时，内部就产生应力。外力增加，应力相应增大，直至材料内部质点结合力不足以抵抗所受的外力时，材料即发生破坏，此时的应力值就是材料的强度，也称极限强度。

根据外力作用形式的不同，建筑装饰的强度分为抗拉强度、抗压强度、抗剪强度及抗弯强度（图 1-2-2）。

不同受力形式的强度计算公式不同，其中抗拉、抗压、抗剪强度的计算公式可以表达为

$$f=\frac{P}{A}$$

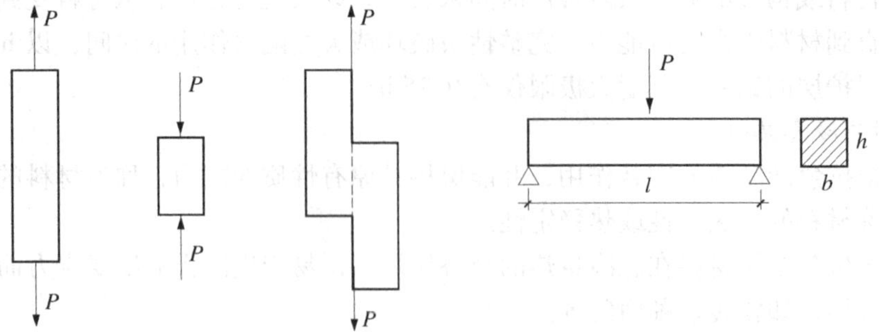

(a)抗拉　(b)抗压　(c)抗剪　(d)抗弯

图 1-2-2　材料受外力作用示意图

式中　f——材料的抗压或抗拉强度，MPa；

P——材料承受的最大荷载，N；

A——材料的受力面积，mm^2。

材料的抗弯强度与试件的受力情况、截面形状和支承条件有关。对于矩形截面的条形试件，当在两支点中间有一集中荷载时，其抗弯强度的计算公式可以表达为：

$$f = \frac{3Pl}{bh^2}$$

式中　f——材料的抗弯强度，MPa；

P——材料承受的最大荷载，N；

l——两支点间距，mm；

b，h——材料截面的宽度和高度，mm。

对于内部构造为非匀质的材料，其抵抗不同方向的外力作用时强度也不同。如木材为纤维结构，其顺纹方向的抗拉强度比横纹方向的抗拉强度要高许多；混凝土、砖、石材等材料的抗压强度很高，但抗拉、抗弯、抗剪强度却很低。建筑工程常用材料的强度值范围见表 1-2-3。

表 1-2-3　建筑工程常用材料的强度值范围　MPa

材料	抗压强度	抗拉强度	抗弯（折）强度	抗剪强度
钢材	215 ～ 1600	215 ～ 1600	215 ～ 1600	200 ～ 355
普通混凝土	7.5 ～ 60	1 ～ 4	0.7 ～ 9	2.5 ～ 3.5
烧结普通砖	5 ～ 30	—	1.8 ～ 4.0	1.8 ～ 4.0
花岗石	100 ～ 250	7 ～ 25	10 ～ 40	13 ～ 19
石灰石	30 ～ 250	5 ～ 25	2 ～ 20	7 ～ 14
玄武岩	150 ～ 300	10 ～ 30	—	20 ～ 60
松木（顺纹）	30 ～ 50	80 ～ 120	60 ～ 100	6.3 ～ 6.9

2. 材料的比强度

比强度是反映材料轻质高强的力学参数，是指按单位体积质量计算的材料强度，即材料的强度与其表观密度之比。在高层建筑及大跨度结构工程中常采用比强度较高的材料。这类轻质高强的材料，也是未来建筑及装饰材料发展的主要方向。几种材料的参考比强度值见表1-2-4。

表1-2-4　几种材料的参考比强度值

材料（受力状态）	强度/MPa	表观密度/（$kg \cdot m^{-3}$）	比强度
玻璃钢（抗弯）	450	2000	0.225
低碳钢	420	7850	0.054
铝材	170	2700	0.063
铝合金	450	2800	0.160
花岗石（抗压）	175	2550	0.069
石灰石（抗压）	140	2550	0.056
松木（顺纹抗拉）	10	500	0.200
普通混凝土（抗压）	40	2400	0.017
烧结普通砖（抗压）	10	1700	0.006

二、硬度与耐磨性

硬度是材料抵抗较硬物体压入或刻划的能力。硬度的表示方法有布氏硬度（HBS、HBW）、肖氏硬度（HS）、洛氏硬度（HR）、韦氏硬度（HV）、邵氏硬度（HD、HA）和莫氏硬度，由于测试硬度的方法不同，所以表示材料的硬度就不同，布氏硬度、肖氏硬度、洛氏硬度、韦氏硬度都用钢球压入法测定试样，钢材、木材、混凝土、矿物材料等多采用此法，但石材有时也用刻划法（又称莫氏硬度）测定；莫氏硬度、邵氏硬度通常用压针法测定试样，非金属材料及矿物材料一般用此方法测定。

耐磨性是指材料表面抵抗磨损的能力，耐磨性用磨损率（N）表示，可用下式计算：

$$N = \frac{m_1 - m_2}{A}$$

式中　N——材料的磨损率，g/cm^2；

m_1、m_2——材料磨损前、后的质量，g；

A——试件受磨面积，cm^2。

材料的耐磨性与硬度、强度及内部构造有关。

三、弹性、塑性、脆性与韧性

1. 弹性

材料在外力作用下产生变形，外力取消后变形消失，材料能够完全恢复到原来形状的特性，称为材料的弹性。这种完全恢复的变形，称为弹性变形。

2. 塑性

在外力作用下材料产生变形，外力取消后，有一部分变形不能恢复，这种性质称为材料的塑性。这种不能恢复的变形，称为塑性变形。

3. 脆性

脆性指材料受力达到一定程度后突然破坏，而破坏时并无明显塑性变形的性质。其特点是材料在接近破坏时，变形仍很小。混凝土、玻璃、砖、石材及陶瓷等属于脆性材料。它们抵抗冲击作用的能力差，但是抗压强度较高。

4. 韧性

韧性指材料在冲击、震动荷载的作用下，材料能够吸收较大的能量，同时也能产生一定的变形而不致破坏的性质。对用作桥梁地面、路面及吊车梁等的材料，都要求具有较高的抗冲击韧性。

第三节　材料的耐久性

材料的耐久性是材料的一项综合性质。材料长期抵抗各种内外破坏因素或腐蚀介质的作用，保持其原有性质的能力称为材料的耐久性。一般包括耐磨性、耐擦性、耐水性、耐热性、耐光性、抗渗性、抗老化性、耐溶蚀性、耐玷污性等。

材料的组成和性质不同，工程的重要性及其所处环境的不同，对材料耐久性项目的要求及耐久性年限的要求也不同。如地面用装饰材料须具有一定的硬度和耐磨性；冬天有冰冻地区的建筑物外墙、屋顶用装饰材料须具有一定的抗冻性；潮湿环境的建筑物则要求装饰材料具有一定的耐水性、抗渗性，等等。耐久性寿命的长短是相对的，如对花岗石要求其耐久性寿命为 75 ～ 200 年及以上，而对质量好的外墙涂料则要求其耐久性寿命为 10 ～ 15 年。

影响材料耐久性的因素有内部因素和外部因素。外部因素主要指外界的物理、化学作用等；内部因素主要指材料本身的结构特点。

1. 外部因素

外部因素包括如下几方面：

（1）化学作用：包括各种酸、碱、盐及其水溶液，各种腐蚀性气体对材料的化学腐蚀作用。

（2）物理作用：包括各种光、热、电、温度差、干湿循环、冻融、溶解等，可使材料的结构发生变化，如内部产生微裂纹或孔隙率增加。

（3）生物作用：包括菌类、昆虫等，可使材料产生腐朽、虫蛀等破坏。

（4）机械作用：包括冲击，疲劳荷载，各种气体、液体及固体引起的磨损与磨耗等。

2. 内部因素

内部因素包括材料的组成和结构、强度、孔隙率及空隙特征、表面特征等。内部因素是造成装饰材料耐久性下降的根本原因。例如，无机非金属材料在温度剧变时容易开裂，即材料耐急冷急热性差，如玻璃、陶瓷产品；晶体材料比同组成的非晶体材料的化学稳定性高；材料的孔隙率大，开口孔隙率大，其耐久性也差。

第三章 无机胶凝材料

第一节 水泥及其装饰制品

水泥呈粉末状，和水混合后，经过物理化学反应过程能由塑性浆体变成坚硬的石状体，并能将其他散粒状材料胶结成为整体，所以水泥是一种良好的矿物胶结材料。就硬化而言，水泥浆体不但能在空气中硬化，还能更好地在水中硬化，保持并继续增加其强度，因此，水泥属于水硬性无机胶凝材料。水泥有硅酸盐系水泥、铝酸盐系水泥、硫铝酸盐系水泥之分，工程中以硅酸盐系水泥最常用。

一、硅酸盐系水泥概述

1. 硅酸盐系水泥生产工艺

硅酸盐系水泥是由石灰质原料（石灰石、白垩等）、黏土质原料（黏土、页岩等）和辅助原料（铁矿石、砂岩等）组成的生料，送入窑中进行煅烧，得到以硅酸钙为主要成分的熟料，加入石膏及其他混合材料经粉磨而成。工艺过程如图 1-3-1 所示。

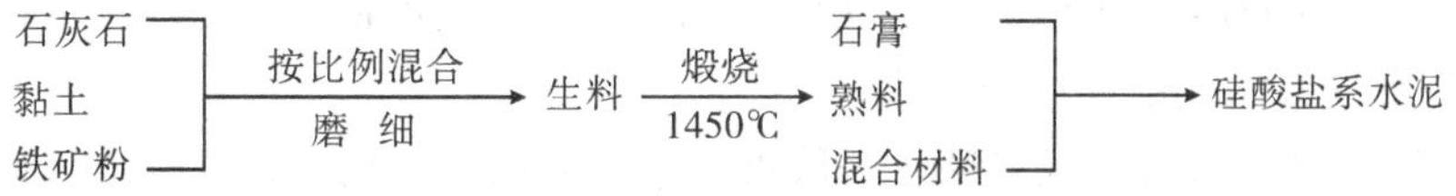

图 1-3-1 硅酸盐系水泥生产工艺

2. 硅酸盐系水泥熟料的组成

硅酸盐系水泥熟料的组成及其质量分数如下：

硅酸三钙（$3CaO \cdot SiO_2$），简写为 C_3S，质量分数 37% ～ 60%；

硅酸二钙（$2CaO \cdot SiO_2$），简写为 C_2S，质量分数 15% ～ 37%；

铝酸三钙（$3CaO \cdot Al_2O_3$），简写为 C_2A，质量分数 7% ～ 15%；

铁铝酸四钙（$4CaO \cdot Al_2O_3 \cdot Fe_2O_3$），简写为 C_4AF，质量分数 10% ～ 18%。

此外，硅酸盐系水泥熟料中还含有少量的游离氧化钙（CaO）、氧化镁（MgO）等。

硅酸盐系水泥熟料中四种主要矿物，与水拌和后发生反应，生成相应的水化物，但不同的熟料矿物与水作用所表现出的特性也不同，如表 1-3-1 所示。

3. 硅酸盐系水泥的水化、凝结与硬化

（1）硅酸盐系水泥的水化

水泥的水化、凝结与硬化是一个不可分割的连续而复杂的物理化学过程。水化是指水泥加水后，水泥熟料矿物及熟料中掺入的石膏与水发生一系列的化学反应。其水化反

表 1-3-1　水泥熟料矿物与水作用所表现的特性

熟料矿物名称	水化速度	水化热	产物强度
$3CaO \cdot SiO_2$	快	大	高
$2CaO \cdot SiO_2$	慢	小	早期低，后期高
$3CaO \cdot Al_2O_3$	最快	最大	低
$4CaO \cdot Al_2O_3 \cdot Fe_2O_3$	较快	中	中

应式如下：

$2(3CaO \cdot SiO_2) + 6H_2O = 3CaO \cdot 2SiO_2 \cdot 3H_2O$（水化硅酸钙）$+ 3Ca(OH)_2$；

$2(2CaO \cdot SiO_2) + 4H_2O = 3CaO \cdot 2SiO_2 \cdot 3H_2O$（水化硅酸钙）$+ Ca(OH)_2$；

$3CaO \cdot Al_2O_3 + 6H_2O = 3CaO \cdot Al_2O_3 \cdot 6H_2O$（水化铝酸钙）；

$4CaO \cdot Al_2O_3 \cdot Fe_2O_3 + 7H_2O = 3CaO \cdot Al_2O_3 \cdot 6H_2O$（水化铝酸钙）$+ CaO \cdot Fe_2O_3 \cdot H_2O$（水化铁酸钙）。

在这些水化反应中，$3CaO \cdot Al_2O_3$ 与水的反应最快，使水泥很快凝结，影响水泥的使用。因此，在水泥熟料细磨时会掺入一定量（3%～5%）石膏（$CaSO_4 \cdot 2H_2O$），石膏（$CaSO_4 \cdot 2H_2O$）和水化铝酸钙（$3CaO \cdot Al_2O_3 \cdot 6H_2O$）反应生成难溶于水的水化硫铝酸钙，它沉淀在水泥颗粒表面，阻碍了 $3CaO \cdot Al_2O_3$ 与水反应的速度，因而控制水泥的凝结硬化时间。石膏和水化铝酸钙的反应式如下：

$$3(CaSO_4 \cdot 2H_2O) + 3CaO \cdot Al_2O_3 \cdot 6H_2O + 19H_2O = 3CaO \cdot Al_2O_3 \cdot 3CaSO_4 \cdot 31H_2O$$

（2）硅酸盐系水泥的凝结与硬化

水泥的凝结硬化过程比较复杂，一般可以理解为水泥水化后，各种水化矿物不断增加，水泥颗粒相互形成骨架结构，水泥浆结构内部的孔隙不断被新生水化物填充和加固，最后形成坚硬的水泥石。

4. 硅酸盐系水泥的技术性质

（1）细度

细度表示水泥颗粒的粗细程度。水泥的细度直接影响水泥的活性和强度，水泥磨得越细，水化速度越快，水泥凝结硬化速度越快，早期强度越高，但硬化后体积收缩大，粉磨时耗大，成本高。而颗粒太粗，又不利于水泥的活性发挥，且硬化后强度低。

（2）凝结时间

水泥的凝结时间分初凝时间和终凝时间。初凝时间是指水泥加水拌和起，至水泥浆开始失去塑性所需的时间。终凝时间是指水泥加水拌和起，至水泥浆完全失去塑性并开始产生强度所需的时间（图 1-3-2）。硅酸盐系水泥的初凝时间不得早于 45 min，终凝时间不得迟于 6.5 h。初凝时间过短会对混凝土或砂浆的搅拌、运输等造成影响；终凝时间过长会影响构件或制品的硬化和强度。

（3）体积安定性

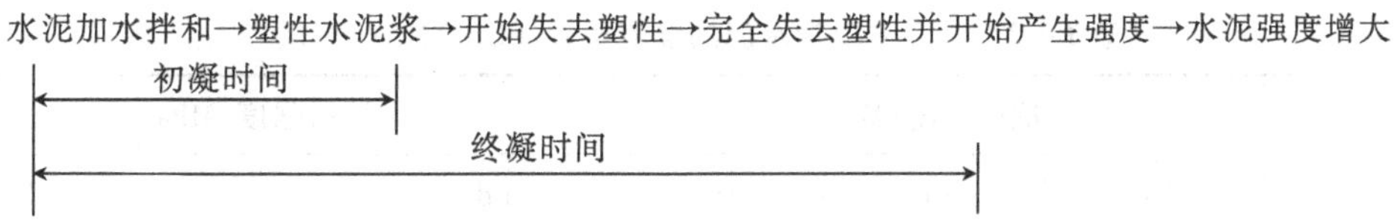

图 1-3-2　水泥的凝结与硬化和凝结时间

体积安定性是指水泥在硬化过程中体积变化是否均匀的性能，简称安定性。水泥安定性不良会引起水泥构件、制品产生裂纹或翘曲变形。引起水泥安定性不良的主要原因是熟料中游离氧化钙或游离氧化镁过剩或石膏掺量过多。

（4）强度

水泥强度是指水泥胶砂强度，是评定水泥标号的依据。根据《GB/T 17671—99 水泥胶砂强度检验方法（ISO 法）》，水泥：砂 = 1∶3（质量比）拌和用 0.5 的水灰比，按规定的方法制成胶砂试件，在标准温度（20 ± 1）℃的水中养护，测得 3d 和 28d 的试件抗折和抗压强度来划分强度等级。硅酸盐系水泥强度等级有 32.5、32.5R、42.5、42.5R、52.5、52.5R、62.5、62.5R（有“R”为早强型，无“R”为普通型）。

（5）碱含量

水泥中的碱（Na_2O、K_2O）会影响构件或制品的质量造成质量事故。国家标准（GB 175—92）规定：水泥中碱含量按 $Na_2O + 0.658K_2O$ 的质量分数来表示，碱含量不得大于 0.60%，或由供需双方商定。

（6）水化热

水化热是指水泥在水化过程中放出的热量，它与水泥品种和水泥的矿物成分、细度，掺入外加剂的品种、数量以及混合材料掺量有关。水泥的水化热对大型基础、水坝、桥墩等大体积混凝土工程有不利影响，混凝土内外温度差可能产生裂缝。

二、白色水泥和彩色水泥

1. 白色水泥

普通硅酸盐水泥为深灰色，决定其颜色的是水泥中的氧化铁（Fe_2O_3）含量，普通硅酸盐水泥氧化铁（Fe_2O_3）的质量分数一般在 3% ~ 4%；如氧化铁的质量分数在 0.45% ~ 0.70%，水泥呈淡绿色；如氧化铁的质量分数在 0.40% 以下，水泥呈白色。因此，白色水泥氧化铁的质量分数只有普通硅酸盐水泥的 1/10 左右。除此之外，白色水泥在生产过程中，煅烧所使用的燃料多为无灰粉的气体或液体燃料，细磨的设备也不会产生带色的磨损物，掺入的石膏也十分纯洁。这些环节决定了水泥的白色程度，简称白度。白度是白色水泥的一项重要指标，也是衡量白色水泥质量高低的关键指标。

白色水泥技术性质主要有：强度、白度、细度、凝结时间、体积安定性等。白色水泥的白度测定方法为：将白色水泥样品装入标准压样器中，压成表面平整的白板，测得白板对红、绿、蓝三原色光的反射率，以此反射率与氧化镁标准反射率相比的百分率为白度。表 1-3-2、表 1-3-3 分别列举了白色水泥的强度要求和白度要求。

表 1-3-2 白色硅酸盐水泥的强度要求（GB 2015—99）

标号等级	抗压强度/MPa			抗折强度/MPa		
	3 d	7 d	28 d	3 d	7 d	28 d
32.5	14.0	20.5	32.5	2.5	3.5	5.5
42.5	18.0	26.5	42.5	3.5	4.5	6.5
52.5	23.0	33.5	52.5	4.0	5.5	7.0
62.5	28.0	42.5	62.5	5.0	6.0	8.0

表 1-3-3 白色硅酸盐水泥的白度要求（GB 2015—91）

等级	特级	一级	二级	三级
白度/%	86	84	80	75

白色水泥具有硅酸盐水泥的各种技术特点，它是制作彩色水泥和彩色混凝土的主要原料。除此之外，白色水泥也是制作白色仿石制品，刷浆抹灰，镶贴石材、陶瓷以及嵌缝等常用的材料。

2. 彩色水泥

彩色水泥是指除了白色水泥和灰色水泥以外的其他颜色水泥。彩色水泥常有红、黄、绿、蓝、黑等颜色。根据彩色水泥的着色方法，其生产方法有两种：烧成法和染色法。

烧成法是在白色水泥生料中加入少量的金属氧化物，直接煅烧而成。加入不同的金属氧化物，可生产不同颜色的彩色水泥。此种方法生产的彩色水泥颜色均匀、耐久性好，是装饰工程中可靠的装饰材料。

染色法是在白色硅酸盐水泥或普通硅酸盐水泥熟料中，掺入适量的石膏和无机矿物颜料共同磨细而成。生产浅颜色彩色水泥必须利用白色水泥熟料；深颜色彩色水泥可以利用普通硅酸盐水泥熟料生产。彩色水泥所用的颜料需具有不溶于水、分散性好、耐碱性强、稳定性好等性能，掺入后亦不明显影响水泥的性能。常用的颜料是以氧化铁为基础的颜料。

我国目前尚未颁布彩色水泥的国家标准，其技术数据可参照白色水泥或普通硅酸盐水泥标准。

彩色水泥的应用和白色水泥的应用基本相同，它是制作彩色砂浆和彩色混凝土的主要原料，也是制作彩色仿石制品、彩色刷浆抹灰工程、嵌缝等常用的材料。在园林艺术装饰中，常见各种竹、木、石等造型雕塑，这些制品表面都使用了各种彩色水泥。

第二节 石　灰

石灰（生石灰 CaO）是一种使用较早的无机胶凝材料，它只能在空气中凝结硬化，因此是一种气硬性无机胶凝材料。

一、石灰的生产、熟化和硬化

1. 石灰的生产

石灰（CaO）是由含碳酸钙（$CaCO_3$）较多的石+灰石经过高温煅烧而成，其化学反应式如下：

$$CaCO_3 \xrightarrow{900\ ℃} CaO + CO_2 \uparrow$$

石灰（CaO）也称生石灰，呈白色或灰色块状，其表观密度为1200～1400 kg/m^3。

2. 石灰的熟化

将石灰加入多量的水，使之消解为膏状或粉末状的消石灰，这个过程称为石灰的消化，又称为熟化。其化学反应式为：

$$CaO + H_2O \longrightarrow Ca(OH)_2 + 64.9\ kJ/mol$$

石灰的消化反应为放热反应，熟化时体积增大1～3倍。石灰消化时为了防止“过火石灰”的危害，消化后要置于消化池14 d左右，使其表面覆盖一层水（2 cm以上），保证过火石灰在高湿度的环境下被完全消化，其表面的水又可以保护消化后的石灰浆[$Ca(OH)_2$]，使其不会和空气中的CO_2反应而硬化。若石灰没有被完全消化而用于抹灰砂浆，施工后会出现爆灰起鼓现象。

3. 石灰的硬化

石灰浆体在空气中的硬化，通过如下两个过程同时进行来完成。

（1）结晶作用。石灰浆体干燥过程中游离水蒸发，$Ca(OH)_2$逐渐从饱和溶液中形成结晶，这是石灰早期强度的来源。

（2）碳化作用。$Ca(OH)_2$与空气中的水分和二氧化碳生成$CaCO_3$结晶，释放水分并被蒸发，这个过程持续较长时间，是石灰后期强度的来源。其化学反应式为：

$$Ca(OH)_2 + CO_2 + nH_2O \longrightarrow CaCO_3 + (n+1)H_2O$$

二、石灰的技术性质和要求

石灰熟化成石灰浆时，能自动形成颗粒极细的、呈胶体分散状态的氢氧化钙。因此，石灰浆的突出优点是具有良好的可塑性，在水泥砂浆中掺入石灰浆，能显著提高其可塑性。

石灰的凝结硬化只能在空气中进行，且硬化速度较慢，硬化后强度不高，受潮后石灰溶解，强度更低。因此石灰不适宜在潮湿环境下使用。

石灰在硬化过程中蒸发大量的水而引起显著的收缩，造成变形开裂，因此，除了调成石灰乳作薄层涂饰外，不能单独使用。常掺入细砂、纸筋等以减少收缩。

生石灰放置于空气中太久，会吸收空气中的水分而熟化成消石灰粉，消石灰粉再与空气中的二氧化碳作用还原成碳酸钙。所以，储存生石灰，不但要做好防潮，而且储存时间不能太长。另外，生石灰在受潮熟化时会释放大量的热，体积增大，因此，在储存和运输方面都要注意。

三、石灰的应用

（1）配制石灰砂浆、水泥石灰混合砂浆等。用石灰膏、水泥、砂配制的混合砂浆，是目前用量最大、用途最广的砌筑砂浆及墙体批荡找平砂浆。此外，石灰膏可以用水稀释成石灰乳，作为内墙和天棚的粉刷涂料，此工艺在我国很早就已使用。

（2）拌制灰土或三合土。将消石灰粉和黏土按一定比例拌和均匀、夯实而形成灰土，如三七灰土等。若将石灰粉、黏土和骨料（砂、碎石、炉渣等）按一定比例拌和均匀、夯实则形成三合土。灰土和三合土广泛用于基础、路面、地面等的垫层。

（3）生产硅酸盐制品。用生石灰和硅质材料（如石英砂、粉煤灰等）为原料加水搅拌，经成型、蒸养而成的材料，常用于墙体材料。

第三节　石　　膏

石膏是一种气硬性胶凝材料，只能在空气中凝结硬化，并在空气中保持和发展其强度，不能在水中凝结硬化。其主要成分是 $CaSO_4$，当石膏中含有不同的结晶水时，可形成不同性能的石膏，建筑石膏只是其中的一种。

一、石膏的分类

根据石膏中含有结晶水的不同，可分为无水石膏（$CaSO_4$）、二水石膏（$CaSO_4 \cdot 2H_2O$）和半水石膏（$CaSO_4 \cdot \frac{1}{2}H_2O$）三种。

1. *无水石膏*（$CaSO_4$）

无水石膏也称硬石膏，它结晶紧密、质地较硬。自然界中只有少量的天然石膏为无水石膏，它是生产硬石膏水泥和硅酸盐水泥的原料。

2. *二水石膏*（$CaSO_4 \cdot 2H_2O$）

大部分天然石膏为二水石膏，也称为生石膏，它是生产建筑石膏的主要原料。

3. *半水石膏*（$CaSO_4 \cdot \frac{1}{2}H_2O$）

半水石膏也称建筑石膏或熟石膏，它由生石膏（$CaSO_4 \cdot 2H_2O$）加工而成。根据其内部结构不同有 α 型半水石膏和 β 型半水石膏，它们是建筑工程常用的胶凝材料。

除上述石膏外，工业废石膏也是石膏的主要来源之一。如磷化工厂的废渣是磷石膏；氟化工厂的废渣是氟石膏。它们的主要成分都是硫酸钙，并含有少量其他杂质。上述各种状态的石膏，称为混合型石膏。

二、建筑石膏的生产

生产建筑石膏的原料主要为天然石膏（生石膏）或含硫酸钙的化工副产品和废渣。将天然二水石膏在干燥条件下加热至 107 ～ 170 ℃，脱去部分水分即得熟石膏（半水石膏），这就是建筑石膏。其化学反应式如下：

$$CaSO_4 \cdot 2H_2O \xrightarrow{107 \sim 170\ ℃} CaSO_4 \cdot \frac{1}{2}H_2O + 1\frac{1}{2}H_2O$$

二水石膏在常压下加热至 107 ～ 170 ℃即得 β 型半水石膏，当在 120 ℃压蒸加热时得 α 型半水石膏。α 型半水石膏与 β 型半水石膏相比，具有结晶颗粒较粗、比表面积较小、强度高等特点，因此也称为高强石膏。

当加热温度超过 170 ℃时，可生成无水石膏（$CaSO_4$），只要温度不超过 200 ℃，此无水石膏具有良好的凝结硬化性能。当加热温度超过 800 ℃时，部分石膏会分解出 CaO，经细磨后得到的石膏称为煅烧石膏。在凝结硬化过程中，由于 CaO 的作用，在和 H_2O 混合后生成 $Ca(OH)_2$，$Ca(OH)_2$ 和空气中的 CO_2 作用形成坚硬的 $CaCO_3$，此种石膏也称地板石膏。

三、建筑石膏的水化与硬化

建筑石膏加水拌和后，与水发生如下化学反应（简称水化）：

$$CaSO_4 \cdot \frac{1}{2}H_2O + 1\frac{1}{2}H_2O \longrightarrow CaSO_4 \cdot 2H_2O$$

建筑石膏加水后，很快发生水化反应，生成水化产物 $CaSO_4 \cdot 2H_2O$，随着水化的不断进行，二水石膏胶体微粒凝聚并转变为晶体。晶体颗粒逐渐长大，且晶体颗粒间相互搭接、交错、共生（两个以上晶粒生长在一起），产生强度，即浆体产生了硬化。这一过程不断进行，直到浆体完全干燥，强度不断增加，此时浆体已硬化成为石膏制品。

四、建筑石膏的性质和应用

1. 建筑石膏的性质

（1）凝结硬化快、强度较低

建筑石膏浆体，在不采取其他措施的情况下，其凝结硬化速度也很快。一般石膏初凝时间仅为 10 min 左右，终凝时间不超过 30 min。这对一般的施工十分合适。如需要较长的凝结时间，可加入适量的缓凝剂。建筑石膏水化时，为了使浆体有一定的塑性，需要用较多的水拌和，硬化后多余的水分蒸发，使石膏内部形成大量空隙，因此强度较低。α 型半水石膏因为在水化过程中加水较少，硬化后较密实，因此强度也较高。

（2）凝结时体积略有膨胀

建筑石膏浆体凝结硬化的过程实际是石膏吸收结晶水的过程，因此其体积略有膨胀，这种特性使石膏装饰过程中不会产生裂缝，表面光滑饱满、棱角清晰。

（3）保温、吸声性能较好

建筑石膏凝结硬化后孔隙率大，使其传热性能显著下降，保温性能良好。特别是表面大量的微孔，使其具有良好的吸声性能。

（4）耐水性差、防火性良好

建筑石膏硬化后呈多孔状态，且二水石膏微溶于水，具有很强的吸湿性和吸水性。因此石膏制品的耐水性差。但当二水石膏遇到火灾时，结晶水会变为水蒸气，并能在石膏表面形成水蒸气幕，可以有效地阻止火势的蔓延。

(5) 装饰性、可加工性良好

石膏表面光滑饱满、质地细腻、颜色洁白，所以装饰性良好。另外，石膏的微孔结构使其脆性有所改善，硬度低，所以硬化石膏可锯、可刨、可钉，加工、安装都非常方便。

2. 建筑石膏的应用

(1) 由于石膏硬化后体积具有膨胀性和吸湿性，故适宜做室内的装饰材料。

(2) 适宜做绝热、保温、吸声和防火材料。

(3) 可以做成石膏抹面灰浆、装饰制品，如石膏板、装饰花、石膏角线等。

五、石膏装饰制品

石膏装饰制品主要有装饰板、装饰吸声板、装饰角线、花饰、装饰浮雕、壁画、画框、挂饰及建筑艺术造型等。

1. 装饰石膏板

装饰石膏板是以建筑石膏为主要原料，掺入适量纤维增强材料和外加剂，与水一起搅拌成均匀的料浆，经浇筑成型、干燥而成的不带护面纸的板材。所用的纤维材料为玻璃纤维，为了增加板的强度，也可附加长纤维或玻璃长纤维捻成绳，在石膏板成型过程中，呈网格方式布置在板内。板面可制成平面型的，也可制成有浮雕图案或带有小孔洞的形状。

装饰石膏板为正方形，其棱角断面形式有直角型和倒角型两种，如图 1-3-3 所示。板材的规格以600 mm × 600 mm × 11 mm 较常用。根据防潮性能不同有普通板和防潮板两类。

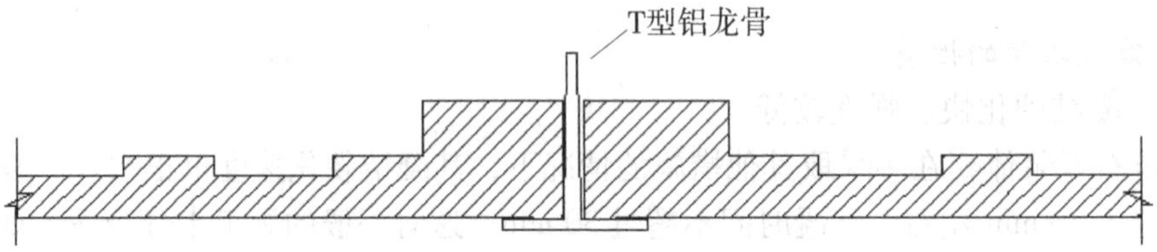

(a) 直角型装饰石膏板天花

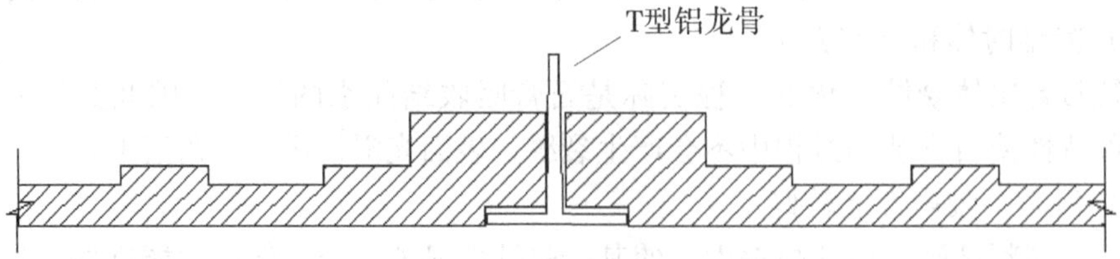

(b) 倒角型装饰石膏板天花

图 1-3-3　直角型和倒角型石膏板天花构造图

装饰石膏板表面洁白、花纹图案丰富、质地细腻，个别图案板立体感强。因其装饰效果良好、价格低廉、施工简单而得以广泛应用。可用于宾馆、商场、餐厅、礼堂、会议室、医院等建筑的内墙面和吊顶装饰，其中以吊顶装饰最常用。

2. 嵌装式装饰石膏板

嵌装式装饰石膏板的加工成型过程和装饰石膏板相同，只是板材背面四周比装饰石膏板厚，并带有嵌装企口。如图 1-3-4 所示。它的正面可为平面，也可为带孔或带浮雕的图案。嵌装式装饰石膏板常与 T 型铝合金龙骨配套用于吊顶工程。

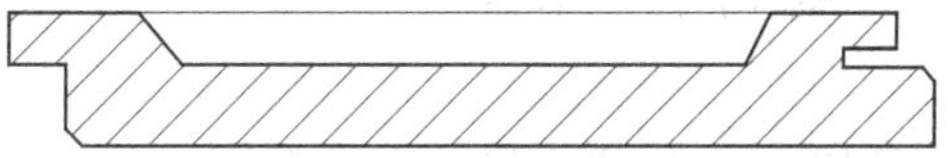

图 1-3-4　嵌装式装饰石膏板构造

嵌装式石膏板为正方形，其棱角断面型式有直角型和倒角型两种。板材的规格为 600 mm × 600 mm；边厚大于 28 mm。

嵌装式装饰石膏板的性能与装饰石膏板的性能相同。可用于宾馆、商场、餐厅、礼堂、会议室、医院等建筑的墙面和吊顶装饰。对湿度较大的环境应使用防潮板。

3. 普通纸面石膏板

普通纸面石膏板是以建筑石膏为主要原料，掺入纤维和外加剂构成芯材，并与护面纸牢固地结合在一起的建筑板材。纤维和外加剂主要起到增加石膏板强度和耐火的作用，护面纸板主要起到提高板材抗弯、抗冲击的作用。在石膏中加入防水材料及在石膏板表面涂敷防水材料，可制成耐水纸面石膏板。耐水纸面石膏板比普通纸面石膏板的防水性能有所提高，但并不能用于长期潮湿的环境，更不能浸泡在水中。

普通纸面石膏板材的棱边有 5 种，如图 1-3-5 所示。传统规格中，宽度有 900 mm、1200 mm两种，长度有 1800 mm、2100 mm、2400 mm、2700 mm、3000 mm、3300 mm 等六种，厚度有 9 mm、12 mm、15 mm、18 mm 四种。现在一般以 1220 mm × 2440 mm，厚度 9 mm 和 12 mm 两种规格最常用。生产厂也可按需要生产其他规格的板材。

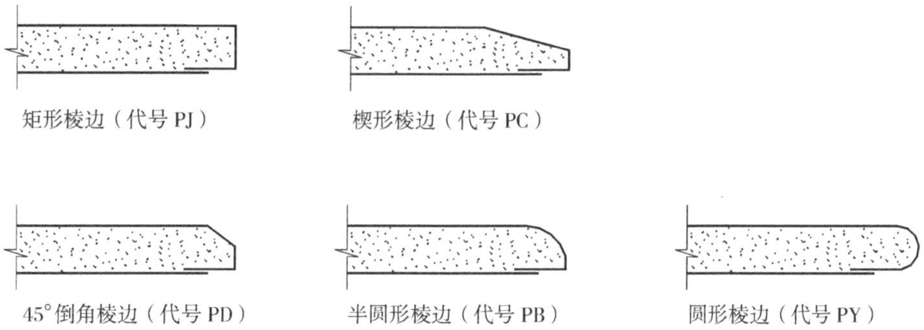

图 1-3-5　普通纸面石膏板材的棱边

普通纸面石膏板价格低廉、现场加工简单、防火性能良好，主要用于室内隔断和吊顶的基层板。普通纸面石膏板仅适用于干燥环境，不适用于厨房、卫生间以及空气相对湿度大于 70% 的潮湿环境。

4. 吸声用穿孔石膏板

吸声用穿孔石膏板是指以穿孔的装饰石膏板或纸面石膏板为基础板材，与吸声材料或背覆透气性材料组合而成的石膏板。

吸声用穿孔石膏板为正方形，其棱角断面形式有直角型和倒角型两种。板材的常用规格为 600 mm×600 mm×12 mm。

吸声用穿孔石膏板可用于音乐厅、影剧院、播演室、会议室或其他对音质要求高的或对噪声限制较严的场所，作为吊顶、墙面等的装饰材料。使用时可根据建筑物的用途或功能及室内湿度的大小，选择不同的基板。

5. 其他石膏制品

其他石膏制品包括石膏角线、石膏花角、石膏灯圈、石膏罗马柱等。石膏角线多用高强石膏或加筋建筑石膏制作，用浇注法成型，其表面的雕花图案多种多样。角线宽度规格尺寸很多，从 45 mm 至 300 mm 不等，长度一般为 2400 mm。石膏角线以其装饰性好、价格低廉而广泛应用于普通的家居和商业的天花角线装饰；石膏花角常用于天花平面四周角的粘贴装饰；石膏灯圈多为圆形或椭圆形，结合吊灯的装饰，粘贴于天花平面中央；石膏罗马柱分上、中、下三部分，上为柱头、下为基座、中为方柱体或空心圆，常用于商业门面、厅堂和门窗洞口的装饰。

第四章 装饰石材

装饰石材分为天然石材和人造石材。天然石材采用天然岩石加工而成；而人造石材是用天然石材碎料或粉料作为精、细基料，加入无机或有机胶凝材料作为黏结剂，经加工而成。

第一节 天然岩石的种类、开采与加工

一、岩石矿物

岩石是矿物的集合体。目前，组成岩石的矿物有3300多种，主要组成岩石的矿物有30多种，建筑装饰材料中常用岩石矿物有如下几种：

1. *石英*

石英是结晶的二氧化硅（SiO_2）。密度为2.65 g/cm^3，莫氏硬度（刻划硬度）为7，无色透明至乳白色。

2. *长石*

长石是钾、钠、钙等的铝硅酸盐一类矿物的总称，包括正长石、斜长石等。密度为2.5～2.7 g/cm^3，莫氏硬度为6，呈白、灰、红、青等不同颜色。

3. *角闪石、辉石、橄榄石*

角闪石、辉石、橄榄石是铁、镁、钙等硅酸盐的晶体。密度为3～4 g/cm^3，莫氏硬度为5～7，呈深绿、棕或黑色，常称暗色矿物。

4. *云母*

云母是含水的钾、铁、镁的铝硅酸盐片状晶体。密度为2.7～3.1 g/cm^3，莫氏硬度为2～3，有无色透明、白、黄、黑等各种颜色。

5. *方解石*

方解石是结晶的碳酸钙（$CaCO_3$）。密度为2.7 g/cm^3，莫氏硬度为3，通常呈白色。

6. *白云石*

白云石是碳酸钙和碳酸镁的复盐晶体（$CaCO_3 \cdot MgCO_3$）。密度为2.9 g/cm^3，莫氏硬度为4，呈白色或灰白色。

二、常用岩石的分类

1. *火成岩*

火成岩由地壳内部熔融岩浆上升冷却而成，又称岩浆岩，是地壳中主要的岩石，约

占其总量的89%。根据成岩深度的不同，火成岩又分为深成岩、浅成岩、喷出岩和火山岩。深成岩是岩浆在地表深处缓慢冷却结晶而成的岩石。浅成岩为岩浆在地表浅处冷却结晶而成的岩石。喷出岩为岩浆流出地表急速冷却凝固而成的岩石。火山岩是岩浆被喷到空中，急速冷却落下而形成的岩石。

（1）花岗岩

花岗岩属于酸性结晶深成岩。是火成岩中分布最广的岩石，其主要矿物组成为长石、石英和少量云母。主要化学成分为 SiO_2，SiO_2 的质量分数在65%以上。为全晶质结构，有粗粒、中粒、细粒、斑状等多种构造。

花岗岩体积密度为2600 ～ 2800 kg/m^3，抗压强度为120 ～ 300 MPa，莫氏硬度为6 ～ 7，耐磨性好，孔隙率低，吸水率小（为0.1% ～ 0.7%），抗风化性及耐久性好，使用年限为75 ～ 200年，高质量的可达千年以上，耐酸但不耐火，所含石英在高温下会发生晶变、体积膨胀而开裂。

花岗岩主要用于室内外地面、外墙饰面、艺术雕塑等。

（2）玄武岩

玄武岩为喷出火成岩。主要矿物为辉石和长石，常为隐晶结构。抗风化能力强，脆性及硬度均较大，加工较困难。主要用于基础、桥梁和路面铺砌及骨料等。

（3）辉长岩、闪长岩、辉绿岩

这三种岩石均为岩浆岩。由长石、辉石、角闪石等构成。常呈深灰、暗绿、黑灰、黑绿等暗色。除用于基础等砌体外还可用作名贵的饰面材料。

2. 沉积岩

沉积岩是露出地表的各种岩石（火成岩、变质岩或早期形成的沉积岩）在外力作用下经风化、搬运、沉积，在地表或距地表不太深处经压固、胶结、重结晶等成岩作用而形成的岩石。沉积岩的主要特征是呈层状构造。与火成岩中的深成岩比较，沉积岩体积密度小，孔隙率和吸水率较大，强度和耐久性较差。

（1）石灰岩

石灰岩由海水或淡水中的化学沉淀物和生物遗体沉积而成，主要成分为方解石，此外尚有石英、白云石、菱镁矿、黏土等矿物。石灰岩有密实、多孔和疏松等构造。

由于石灰岩呈层状解理，没有明显断面，因此难以开采为规格石材。主要用于基础、墙体等石砌体，也是生产石灰和水泥的原料。

（2）砂岩

砂岩是由直径为0.1 ～ 2 mm的石英等砂粒经沉积、胶结、硬化而成的岩石。根据胶结物的不同分为：硅质砂岩（由 SiO_2 胶结而成）、钙质砂岩（由碳酸钙胶结而成）、铁质砂岩（胶结物为含水氧化铁）、黏土质砂岩（由黏土胶结而成）。

3. 变质岩

变质岩是地壳中原有岩石（火成岩、沉积岩或早期生成的变质岩），由于岩浆的活动及地质构造运动的影响（高温、高压），在固体状态下发生再结晶作用而形成的岩石。

（1）大理岩

大理岩是石灰岩或白云岩经高温、高压的地质作用重新结晶而成的变质岩，属于副变质岩（指结构、构造及性能优于变质前的变质岩）。主要组成矿物为方解石、白云石等。化学成分主要有 CaO、MgO 和少量 SiO_2，一般 CaO 的含量大于 50%。体积密度为 2600 ～ 2800 kg/m^3，抗压强度为 60 ～ 100 MPa，吸水率 <1%（某些品种略大于 1%），莫氏硬度为 3 ～ 4，耐用年限为 150 年。纯大理岩构造致密，密度大但硬度不大，易于分割、雕琢和磨光。纯大理岩为雪白色，当含有氧化铁、石墨等矿物杂质时，可呈玫瑰红、浅绿、米黄、灰、黑等色调。大理岩常用于高级建筑的装饰饰面工程。

（2）石英岩

石英岩是硅质砂岩受地质动力变化作用而生成的酸性变质岩，也是一种副变质岩。由于砂岩中的石英颗粒及天然胶结物在高压下重新结晶，因此结构致密、均匀，强度可达 250 ～ 400 MPa。硬度大，莫氏硬度为 7。耐酸性能好，耐久性优良，使用年限可达千年以上。但由于坚硬，开采加工困难。石英岩主要用于纪念性建筑的饰面。

（3）片麻岩

片麻岩是花岗岩经高压地质作用重新结晶而成的变质岩，属于正变质岩（其构造、性能较变质前的原岩石差）。其矿物成分与花岗岩类似，呈片状构造，各向异性，沿解理方向易于开采和加工；垂直于解理方向抗压强度较高，可达 120 ～ 250 MPa。片麻岩的结晶颗粒为粒状或斑状，外观美丽，在工程中的用途与花岗石相似，但其抗冻性较差，经冻融循环，会层层剥落。

三、天然石材的开采和加工

1. 天然石材的开采

天然装饰石材由矿山开采再经切割、打磨、抛光等工序加工而成。矿山开采出来的石材统称为石材荒料。天然石材开采根据开采的规模大小、开采技术等不同有多种开采方式，常见的有劈裂开采法、爆裂开采法、机械切割开采法、射流开采法和联合开采法（上述方法的综合运用）等。

（1）劈裂开采法

劈裂开采法有人工劈裂开采法和液压劈裂开采法两种。

人工劈裂开采法是用人工和钢钎顺着岩石纹理凿眼，然后在眼中放入钢锲，通过多个钢锲把岩石从岩体分离。此方法效率低，岩石纹理清晰，开采出来的荒料规整度差，一般用于小规模开采或现代机械开采的辅助方法。

液压劈裂开采法是在岩石中间隔一定距离钻一排孔，在孔中插入液压棒，再通过液压机对液压棒加压使岩石分离。液压机功率小但分离力大（4 kW 功率产生的分离力可以达 3920 ~4900 kN），工作时无噪声、不震动、不产生灰尘等问题，而且液压机设备体积小、轻便，购置成本和维护成本都不高，是现代较经济环保的新型石材开采设备之一。

（2）爆裂开采法

爆裂开采法是利用控制爆破原理，通过在岩石中钻孔，使用不同的药物和点火方式使石材从矿山分离。一般有黑火药爆裂开采法、金属燃烧剂爆裂开采法、导爆索爆裂开采法、静态（膨胀剂）爆裂开采法等几种。黑火药爆裂开采法成本低但出材率低，资源浪费大；静态（膨胀剂）爆裂开采法相比黑火药爆裂开采法，提高了出材率，但钻孔密、工作效率低也制约着其普及应用。

（3）机械切割开采法

机械切割开采法主要以机械切割为主，辅以其他开采方式开采石材。按机械切割机的不同类型，一般有如下几种：金刚石串珠锯石机、钢丝绳锯石机、悬臂式锯石机、圆盘式锯石机等。金刚石串珠锯石机和钢丝绳锯石机属于同类型机械锯石机，可以做垂直和水平的石材切割。金刚石串珠锯石机是新型的开采机械，20 世纪 70 年代末在意大利开始使用，90 年代引进我国，现已国产化，是我国石材开采的主要方法；悬臂式和圆盘式锯石机一般做垂直方向的石材切割，切割长度不受限制，通常几十米到一百多米，一般和金刚石串珠锯石机组合使用。

（4）射流开采法

射流开采法是利用热能或水能进行切割的开采方法。可分为两种：火焰切割开采法和高压水射流开采法。火焰切割开采法是用柴油作燃料，通过压缩空气助燃，在高压作用下喷嘴雾化柴油，形成高温火焰冲击岩石，使其产生裂缝。火焰切割开采法只能做垂直方向切割而不能做水平方向切割，因此不能单独开采荒料，加上作业时火焰噪声大、粉尘多、石材高温有内伤等，现在一般作为配合其他开采方法的辅助技术。水能切割法是利用高压水泵产生高压水流，通过控制平台实施石材切割。高压水流切割法是在常温下实施，相对于热能切割法不会对石材造成内伤，而且作业时无粉尘，噪声小，因此是一种环保的开采方法。但在水资源缺乏及要求干作业的矿区，此开采法也受到一定的限制。

（5）联合开采法

联合开采法是用两种以上的开采方法联合完成矿石的分离作业。在石材矿床开采时，只采用一种方法完成分离工序是较少的，一般都是采用联合开采法。对于同一个矿体而言，不同区段的岩性也有所不同。即使在同一区段，因分离部位不同，其开采方式也不相同。如火焰切割机只能做垂直面切割，而无法用该法做水平面分离切割。联合开采法的联合方式有多种，要视矿山具体情况而定。主要有以下几种方法：钢丝绳锯机与凿岩劈裂联合开采；钢丝绳锯机与凿岩爆裂联合开采；金刚石串珠锯石机与链臂式锯石机联合开采；火焰切割机（如水射流切割机）与凿岩劈裂联合开采等。

2. *石材的加工*

（1）板材加工

石材由荒料通过切割成板材，再打磨抛光，最后按照使用要求挑选合适的板材，切割成所需规格，其加工过程如图 1-4-1 所示。

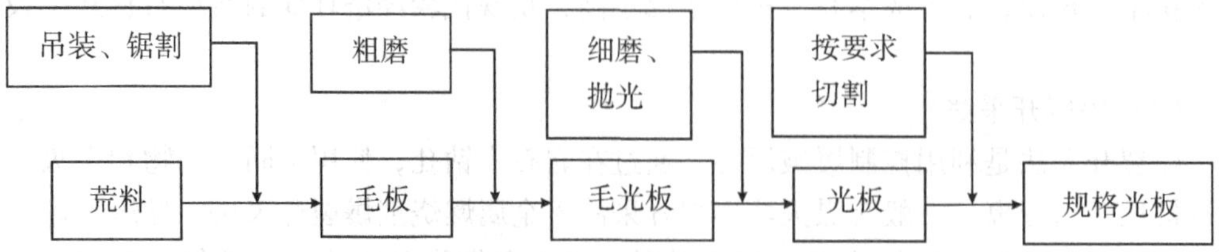

图 1-4-1　板材加工过程

（2）特殊造型石材加工

装饰石材除了地面墙面常用的平面板材外，常见有圆（弧）形板材、圆柱石材、线条石材等，现代的加工设备也日新月异，以圆（弧）形板材加工为例，其加工过程如图 1-4-2 所示。

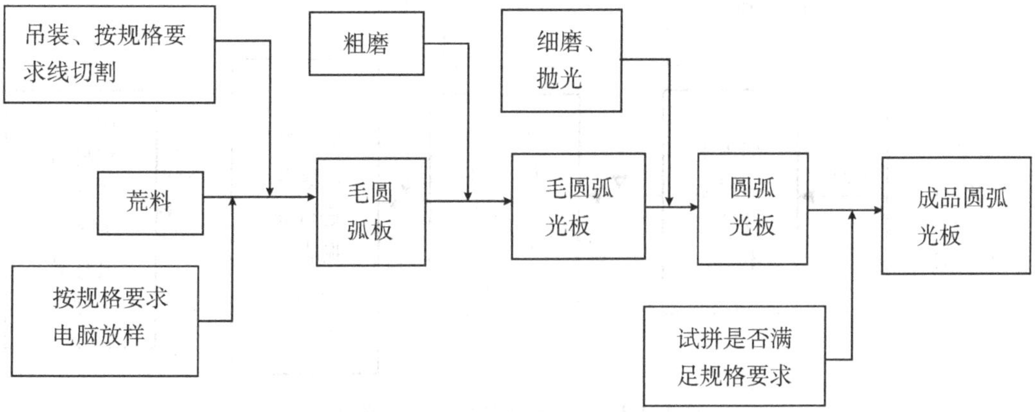

图 1-4-2 圆（弧）形板材造型的石材加工过程

3. *石材的晶化与养护处理*

天然饰面石材在硬度上没有达到使用要求，但因为设计效果的需要而要使用，如常见的大理石就有用到酒店大堂走廊等公共部位的，因大理石硬度和耐磨性未达到地面的使用要求，在铺贴完成后必须对石材表面进行晶化处理才可以交付使用；或者饰面石材在长时间的使用时未经养护或养护不当，表面就会出现大面积划痕、污损，影响石材天然美观的装饰效果，如果重新更换不但耗资较大，更会影响正常的使用。此时需对石材翻新，其方法是利用石材移动式打磨机配合专用磨片将石材受损表面打磨，由粗磨、细磨、抛光，再配合结晶（晶化）处理工艺做镜面护理，使石材在受损的基础上恢复天然质感及光泽度。

（1）石材晶化养护原理

石材晶化养护是用石材结晶粉、翻新浆、晶硬剂、保养剂，在专用晶化设备及钢丝棉与石材表面摩擦产生的高温双重作用下，通过物化反应，在石材表面进行结晶排列，形成一层透明、致密、坚硬的保护层。此工艺可使石材色彩、纹理更加绚丽，具有表面清澈的镜面效果，表面硬度高，不易划伤，一般硬物（或自然行走）不会对石材造成磨损，表面干爽不易吸附灰尘。石材晶化处理的突出特点是施工灵活性强、光泽度高、硬度高，使日常护理工作更简单化，能使石材保持较好的使用状态并延长使用寿命。石材晶化养护可以在新完成的石材饰面进行，也可以在旧石材饰面通过打磨翻新后进行，是现代新型高级石材表面处理工艺。

在对石材进行晶化处理前，必须对其进行无缝处理，即对石材进行接口勾缝、补胶、整平、磨抛等。无缝处理是晶面处理的前提条件。

（2）石材的翻新养护

饰面石材在长时间的使用后会出现划痕、污损 ，此时需要对石材进行翻新养护，一般有打磨、抛光、打蜡或打磨抛光后晶化处理等处理方式。打磨抛光后进行晶化处理的操作流程如图 1-4-3 所示。

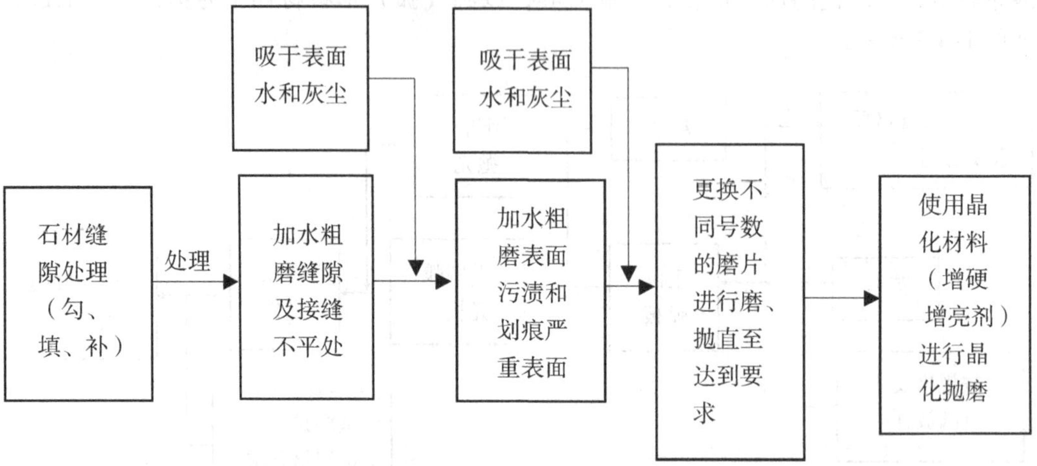

图 1-4-3　石材晶化处理的操作流程

第二节　天然大理石

一、天然大理石的特点

大理石是大理岩的俗称，是以云南大理县的大理城来命名的。建筑装饰工程上所指的大理石是广义的，除指大理岩外，还泛指具有装饰功能，可以磨平、抛光的各种碳酸盐类的沉积岩和与其有关的变质岩。如石灰岩、白云岩、砂岩等。

大理石质地比较密实，抗压强度较高，吸水率低，表面硬度一般不大，属中硬石材。常为层状结构，有显著的结晶或斑纹、条纹。化学成分有 CaO、MgO、SiO_2 等，其中 CaO 和 MgO 的总量占 50% 以上。纯净大理石为白色。但大多数大理石是两种或两种以上成分混杂在一起，因成分复杂，所以颜色变化较多（如灰色、绿色、玫瑰色等），深浅不一，有多种光泽，形成大理石独特的天然美。

大理石一般都含有杂质，尤其是含有较多的碳酸盐类（如 $CaCO_3$）矿物，在大气中受硫化物（如 SO_2）及水汽的作用，容易发生腐蚀，使大理石强度降低、变色、失去光泽，影响其装饰性能。所以除少数大理石，如汉白玉、艾叶青等质纯、杂质少、比较稳定耐久的品种可用于室外，绝大多数大理石品种只宜用于室内。大理石一般用于公共场所室内的墙柱面、门面（洞）、栏板和桌面等。室内地面也有使用，但一般不会大面积地使用，而且使用前需做表面晶化处理。

二、天然大理石的分类、命名与标记

经矿山开采出来的天然大理石块称为大理石荒料。大理石荒料经锯切、磨光后就称为大理石装饰板材。

1. 天然大理石板材的分类

天然大理石板材按形状不同，可分为普型板材（N）和异型板材（S）两大类。普型板材（N）是指正方形和长方形的板材；异型板材（S）是指其他形状的板材。常用普通板材的厚度，不管其长度和宽度如何变化，一般为 20 mm。其常用定型规格如表 1-4-1 所示。

表 1-4-1 大理石板材常用定型规格 mm

长	宽	厚	长	宽	厚
300	150	20	1200	900	20
300	300	20	305	152	20
400	200	20	305	305	20
400	400	20	610	305	20
600	300	20	610	610	20
600	600	20	915	610	20
900	600	20	1067	762	20
1070	750	20	1220	915	20
1200	600	20			

2. 天然大理石板材的命名与标记

天然大理石板材的命名顺序为：荒料产地地名、花纹色调特征名称、大理石（M）。

天然大理石板材的标记顺序为：命名、分类、规格尺寸、等级、标准号。例如，用北京房山白色大理石荒料生产的普通型板，若规格尺寸是 600 mm × 400 mm × 20 mm 的一等品板材，则命名与标记为：

命名：房山汉白玉大理石

标记：房山汉白玉（M）N-600 × 400 × 20-B-JC 79

三、天然大理石的等级和质量要求

根据天然大理石板材规格尺寸偏差、平面度极限公差、角度极限公差、外观质量及镜面光泽度等，建材标准《JC/T 79—2001 天然大理石板材》把天然大理石板材分为优等品（A）、一等品（B）、合格品（C）3 个等级。不同等级的板材要求见表1-4-2 和表 1-4-3。

表 1-4-2　普通大理石板材的规格尺寸允许偏差　mm

规　格			允许偏差		
			优等品	一等品	合格品
规格尺寸允许偏差	长度		0 -1.0	0 -1.0	0 -1.5
	厚度	<12	±0.5	±0.8	±1.0
		>12	±1.0	±1.5	±2.0
平面允许极限公差	≤400		0.20	0.30	0.50
	400 ～ 800		0.50	0.60	0.80
	≥800		0.70	0.80	1.00
角度允许极限公差	≤400		0.30	0.40	0.50
	>400		0.40	0.50	0.70

表 1-4-3　大理石板材正面外观缺陷要求

名称	规格内容	优等品	一等品	合格品
裂纹	长度不超过 10 mm 的不允许条数（条）	0	1	2
缺棱	长度不超过 8 mm，宽度不超过 1.5 mm（长度≤4 mm，宽度≤1 mm 不计）每米长允许个数（个）			
缺角	沿板材边长顺延方向，长度≤3 mm，宽度≤3 mm（长度≤2 mm，宽度≤2 mm 不计）每块板允许个数（个）			
色斑	面积不超过 6 cm^2（面积小于 2 cm^2 不计），每块板允许个数（个）			
砂眼	直径在 2 mm 以下		不明显	有，不影响装饰效果

四、大理石常见品种（表 1-4-4、表 1-4-5）

表 1-4-4　传统使用的国产大理石常见品种

名　称	特　点	产　地
汉白玉	玉白色，微有杂点和脉络	北京房山、湖北黄石
晶白	白色晶体，细致而均匀	湖北

续表 1-4-4

名　称	特　点	产　地
雪云	白和灰相间	广东云浮
影晶白	乳白色，有微红至深赭的皱纹	江苏高资
风雪	灰白间有深灰晕带	云南大理
冰浪	灰白色，均匀粗晶	河北曲阳
凝脂	猪油色底，稍有深黄细脉，偶带透明杂晶	江苏宜兴
彩云	浅翠绿色底，深浅绿絮状相渗，有紫斑和脉	河北获鹿
云灰	白或浅灰底，有烟状或云状黑灰纹带	北京房山
晶灰	灰色微赭，均匀细晶，间有灰条纹或赭色斑	河北曲阳
驼灰	土灰色底，有深黄赭色，浅色疏脉	江苏苏州
海涛	浅灰底，有深浅间隔的青灰色条状斑带	湖北
象灰	象灰底，杂细晶斑，并有细黄色细纹络	浙江潭浅
艾叶青	青底，深灰间白色叶状斑云，间有片状纹缕	北京房山
残雪	灰白色，有黑色斑带	河北铁山
螺青	深灰色底，满布黑白相间螺纹状花纹	北京房山
晚霞	石黄间土黄斑底，有深黄叠脉，间有黑晕	北京顺义
蟹青	黄灰色，遍布深灰或黄色砾斑，间有白灰层	湖北
虎纹	赭色底，有流纹状石黄色经络	江苏宜兴
灰黄玉	浅黑灰底，有浅红色、黄色和浅灰脉络	湖北大冶
锦灰	浅黑灰底，有红色和灰白色脉络	湖北大冶
电花	黑灰底，满布红色间白色脉络	浙江杭州
桃红	桃红色，粗晶，有黑色缕纹或斑点	河北曲阳
银河	浅灰底，密布粉红脉络杂有黄脉	湖北下陆
秋枫	灰红底，有血红晕脉	江苏南京
砾红	浅红底，满布白色大小碎石块	广东云浮
岭红	紫红碎螺脉，杂以白斑	辽宁铁岭
紫螺纹	灰红底，满布红灰相间的螺纹	安徽灵璧
螺红	绛红底，夹有红灰相间的螺纹	辽宁金县
红花玉	肝红底，夹有大小浅红碎石块	湖北大冶
五花	绛紫底，遍布绿青灰色或紫色大砾石	江苏、河北
墨壁	黑色，杂有少量浅黑陷斑或少量土黄缕纹	河北获鹿
星夜	黑色，间有少量脉络或白斑	江苏苏州

表 1-4-5　最新使用的大理石（国产及进口）常见品种

名　　称	外观特点	名　　称	外观特点
白色系列		红色系列	
爵士白	奶白色，少量浅灰色条状纹理	橙皮红	橙皮色带红，少量白色云状和棕色
雪花白	白色底，灰色条纹粗细不一，分布无规律	紫罗红	紫红色底，有白色条纹脉络分布
大花白	白色底，大量灰色线纹，云彩状纹理	西施红	土黄，微红，大量浅灰白色网纹
细花白	白色底，少量灰色线纹，条纹细短	挪威红	虾红和白色相间，少量墨绿
		珊瑚红	棕红或浅棕色，有白色条纹
米黄系列		其他系列	
松香黄	黄底，有通透感，浪花状浅黄或深黄色斑纹	大花绿	墨绿色，白色径路或云彩纹理
金花米黄	米黄底，有深黄色大小条纹，条纹不明显，短小	啡网	咖啡色，大量灰白网状纹理
银线米黄	米黄底，深黄色条纹长，呈线状分布	黑白根	黑色，有白色条纹
红线米黄	米黄底，深红色条纹长，呈线状分布	绿玉石	翠绿色，有通透感，无明显纹理
金碧辉煌	米黄底，深红色条纹短，分布无规律		
莎安娜米黄	米黄底，条纹不清晰，条纹少，整体色泽较均匀		
西班牙米黄	米黄底，无明显条纹		

第三节　天然花岗石

一、天然花岗石的特点

花岗石是花岗岩的俗称，建筑装饰工程上所指的花岗石泛指各种以石英、长石为主要组成矿物，并含有少量云母和暗色矿物的火成岩及与其有关的变质岩，如花岗岩、辉绿岩、辉长岩、玄武岩等。

花岗石构造精密、强度高、密度大、吸水率低、材质坚硬、耐磨，属硬石材。花岗

石的化学成分有 SiO_2、Al_2O_3、CaO、MgO、Fe_2O_3 等，其中 SiO_2 的含量常为 60% 以上，因此其耐酸、抗风化、耐久性好，使用年限长（75 ~ 200 年及以上）。从外观特征看，花岗石常呈整体均粒状结构，称为花岗结构。品质优良的花岗石，石英含量高、云母含量少、结晶颗粒分布均匀、纹理呈斑点状、有深浅层次，构成该类石材的独特效果，这也是从外观上区分花岗石和大理石的主要特征。

花岗石耐酸、抗风化、耐久性好，使用年限长，一般用于室内外的墙柱面、地面、台阶、基座、门面等的装饰。

二、花岗石的分类、命名与标记

1. 花岗石的分类

天然花岗石板材按形状可分为普型板材（标记为 N）和异型板材（标记为 S）。按其表面平整及加工程度可分为细面板材（标记为 RB）、镜面板材（标记为 PL）、粗面板材（标记为 RU）三类。天然花岗石板材的规格很多，其细面和镜面板材的定型产品规格见表 1-4-6。

表 1-4-6　天然花岗石细面、镜面板材定型产品规格　mm

长	宽	厚	长	宽	厚
300	300	20	305	305	20
400	400	20	610	305	20
600	300	20	610	610	20
600	600	20	915	610	20
900	600	20	1067	762	20
1070	759	20			

2. 花岗石的命名与标记

部颁标准 JC 205—92 对天然花岗石板材的命名与标记方法做了规定。

板材的命名顺序为：荒料产地地名、花纹色彩特征名称、花岗石（G）。

板材的标记顺序为：命名、分类、规格尺寸、等级、标准号。

例如用山东济南黑色花岗石荒料生产的 400 mm × 400 mm × 20 mm、普型、镜面、优等品板材表示为：

命名：济南青花岗石。

标记：济南青（G）N-PL-400 × 400 × 20-A-JC 205。

三、天然花岗石的等级和质量要求

天然花岗石板材根据标准《GB/T 18601—2001 天然花岗石建筑板材》，按规格尺寸允许偏差、平面度允许极限公差、角度允许极限公差、外观质量分为优等品（A）、一等品（B）、合格品（C）3 个等级。对于同一装饰工程，花岗石的外观色调和花纹要求基本一致，相同规格的板材尺寸偏差不得明显。由于板材的材质、加工水平等方面有差异，这种差异容易造成装饰效果、施工操作等方面的缺陷。因此，标准（GB/T 18601—2001）规定了不同板材允许的尺寸偏差和外观缺陷要求，见表1-4-7和表1-4-8。

表1-4-7　普通花岗石板材尺寸允许偏差　　mm

项目			亚光面和镜面板材			粗面板材		
			优等品	一等品	合格品	优等品	一等品	合格品
尺寸允许偏差	长度 宽度		0 −1.0		0 −1.5	0 −1.0		0 −1.5
	厚度	<12	±0.5	±1.0	+1.0 −1.5	—		
		>12	+1.0	±1.5	+2.0 −2.0	+1.0 −2.0	+1.0 −2.0	+2.0 −3.0
平整度允许极限公差	平板长度	≤400	0.20	0.35	0.50	0.60	0.80	1.00
		400～800	0.50	0.65	0.80	1.20	1.50	1.80
		≥800	0.70	0.85	1.00	1.50	1.80	2.00
	角度允许极限公差	≤400	0.30	0.50	0.80	0.30	0.50	0.80
		>400	0.40	0.60	1.00	0.40	0.60	1.00

表1-4-8　花岗石板材正面外观缺陷要求

名称	缺陷含义	优等品	一等品	合格品
缺棱	长度不超过10 mm，宽度不超过1.2 mm（长度小于5 mm，宽度小于1.0 mm不计），周边每米允许个数（个）	不允许	1	2
缺角	沿板材边长，长度≤3 mm，宽度≤3 mm（长度≤2 mm，宽度≤2 mm不计），每块板允许个数（个）			
裂纹	长度不超过两端顺延至板总长度的1/10（长度小于20 mm的不计），每块板允许条数（条）			
色斑	面积不超过15 mm×30 mm（面积小于10 mm×10 mm不计），每块板允许个数（个）		2	3
色线	长度不超过两端顺延至板总长度的1/10（长度小于40 mm的不计），每块板允许条数（条）			

注：干挂板不允许裂纹存在。

四、花岗石的常见品种（表1-4-9、表1-4-10）

表1-4-9 传统使用的国产花岗石常见品种

品 名	花色特征	产 地
白虎涧	肉粉色带黑斑	北京市昌平区
将军红	黑色棕红浅灰间小斑块	湖北省
芝麻青	白底、黑点	湖北省
济南青	纯黑色（辉长岩）	山东省
莱州棕黑	黑底棕点	山东省
莱州红	粉红底深灰点	山东省
黑花岗石	黑色，分大、中、小花	山东省
泰安绿	暗绿色（花岗闪长岩）	山东省
莱州白	白色黑点	山东省
莱州青	黑底青白点	山东省
红花岗石	紫红色或红底起白花点	山东省、湖北省

表1-4-10 最新使用花岗石（国产及进口）常见品种

名 称	外观特点	名 称	外观特点
红色系列		白色系列	
印度红	深红色大小斑底，少量灰黑色、灰白色斑均匀分布，有通透感	美国白麻	奶白色底，灰黑短细条纹和少量土黄颗粒分布
幻彩红	红色、灰黑色斑点，呈彩带状分布	西班牙白麻	灰色底、灰黑颗粒均匀分布，颗粒较粗
新疆红	大量深红色小斑点、少量灰黑色小斑点分布	大珠白麻	奶白色和深浅灰色斑点均匀分布
莎利士红	淡虾红色，少量灰白颗粒均匀分布	美国灰麻	灰白色，浅灰颗粒多，深灰颗粒少
玫瑰红	玫瑰红色，有深红、浅灰大小斑点	印度白金	灰白色，有少量棕红色大斑点，大量灰色大小斑点
金黄色系列		黑色系列	
金钻麻	金黄色大小钻石状斑点，少量棕黑色斑点	黑金砂	纯黑色，有大小金色反光颗粒

续表 1-4-10

名　　称	外观特点	名　　称	外观特点
加里奥金	金黄色，小颗粒，少量黑色白色颗粒分布	巴拿马黑	灰黑色，少量白色细小颗粒
加州金麻	金黄色，大量灰黑色小颗粒，呈带状分布	山西黑	纯黑色，有细小金色反光颗粒
古典金麻	灰黄色，大量灰黑色、白色颗粒	蒙古黑	纯黑色
金山麻	浅金黄色，少量灰黑色小颗粒分布	南非黑	灰黑色，有灰色斑点或隐或现
其他系列			
蓝麻	灰色，少量黑色、白色小斑点	细啡珠	浅啡色，少量灰色颗粒
英国棕	棕红色大小斑点，灰黑色小斑点	大啡珠	啡色，大量深浅斑点均匀相间
皇室啡	棕色带金黄色小颗粒，少量灰色和白色小颗粒	绿星	墨绿色至黑色，少量灰白色斑点
浅紫彩	浅紫色，浅紫色小颗粒和灰色、白色颗粒呈带状分布	啡钻	浅棕色大斑点，少量灰黑色小斑点

第四节　其他天然装饰石材

一、砂岩石

砂岩石是沉积岩的一种，由直径 0.1 ～ 2 mm 的石英砂粒，受到水的冲蚀而沉积于石床上，经过数百万年的沉积、胶结硬化而成。砂岩色彩丰富，纹理变化多，表面防滑性好，防潮，不反光，吸音性能好，但硬度比大理石和花岗石稍差。

市场上砂岩石最常见的品种有木纹砂岩和普通米黄砂岩，广泛用于高级的室内外墙柱面及部分地面（防滑功能）的装饰，也常见用于雕刻壁画、艺术品、花瓶、罗马柱、园林造型、文化石等。市场上有绿砂岩、红砂岩、澳洲砂岩等，都是近年常用于高级建筑装饰的新品种。

二、灰岩石

灰岩石也是沉积岩的一种，是由海水或淡水中的沉淀物和生物遗体经过长期沉积、胶结硬化而成，是近年来国内外常用的石材装饰的新品种。灰岩石有密实、多孔和疏松等品种，在建筑装饰上常用多孔和疏松品种。硬度比大理石和花岗石低，因此多用于室内外的墙柱面装饰。

市场上常见的灰岩石品种有黄洞石、米黄洞石、白洞石、红洞石、白城堡、罗马洞石等。

三、文化石

近十年来，装饰石材不断推陈出新。独具匠心的设计师利用各种优质石材，将石材粗犷的质感和变化多端的色彩用在室内外的中小型墙面、壁景的装饰上，成为一种自然、古朴的装饰风格，这成为近年装饰行业的一种时尚，符合人们崇尚自然、回归自然和追随历史文化的理念。人们统称这类石材为文化石。这类石材本身并不附带什么文化含义，它的特点是色泽纹理保持了自然、原始的风貌，加上色泽调配变化，能将天然石材质感的内涵与艺术性展现无遗，确实能透出一种文化韵味和自然气息。

文化石有天然文化石和人造文化石两大类。

天然文化石是开采于自然界的各种石材，有板岩、砂岩、石英岩、鹅卵石等。板岩有土黄色、墨绿色、黑色、灰白色；砂岩有土黄色、绿色、黑色；石英岩以白色和灰白色为主；鹅卵石有白色、土黄色、黑色等。天然文化石材质坚硬、色泽鲜明、纹理丰富、风格各异，具有石材的抗压、耐腐蚀、吸水率低等特点。

人造文化石是以天然石的碎料为原料，加上无机材料（水泥、石膏等）或有机材料（树脂）制成。因其按照天然文化石的每一点细微痕迹模仿，甚至在石材表面做成古文字、古钱币、古器皿等仿古图案，因此除了具有逼真的自然外观外，更把文化石的原始、古朴特点表现得淋漓尽致。人造文化石较天然文化石质地轻、成型易、便于安装，更具无毒、阻燃等特点。

第五节　人造石材

一、人造石材的特点

人造石材是采用无机、有机胶凝材料作为黏结剂，以天然砂、碎石、石粉或工业渣等为粗、细填充料，经成型、固化、表面处理而成的一种人造材料。它具有以下特点：

（1）质量轻、强度大。某些种类的人造石材体积密度只有天然石材的一半，强度却较高，抗折强度可达 30 MPa，抗压强度可达 110 MPa。人造饰面石材厚度一般为 18 ～ 20 mm，较薄的为 8 ～ 10 mm。通常不需专用锯切设备锯割，可一次成型为板材。

（2）色泽鲜艳、花色繁多。人造石材的色泽可根据设计意图制作，可仿天然花岗石、大理石或玉石，色泽花纹可达到以假乱真的程度。

（3）耐腐蚀、耐污染。天然石材或耐酸或耐碱；耐聚酯型人造石材，既耐酸也耐碱，同时对各种污染具有较强的耐污力。

（4）加工、施工方便。人造饰面石材可钻、可锯、可黏结，加工性能良好。还可直接制成弧形、曲面等天然石材较难加工的几何形状。

但人造石材有以下缺点：

（1）人造石材比起天然石材，缺少了自然天成的纹路和肌理，由于同类型石材色泽与纹路完全一样，视觉上略有生硬的感觉。

（2）个别品种价格偏贵。目前市场上的人造石材主要是进口或合资生产的，价格一般为 300 ～ 500 元 /m^2。

（3）个别板材耐刻划能力较差，或在使用中易产生翘曲、变形。

二、人造石材的分类

1．水泥型人造石材

水泥型人造石材是以各种水泥为黏结剂，沙为细骨料，碎大理石、花岗石、工业废渣等为粗骨料，经配料、搅拌、成型、加工蒸养、磨光、抛光而制成。建筑装饰中，水磨石、剁假石就是此类型人造石材。

2．聚酯型人造石材

聚酯型人造石材多是以不饱和聚酯树脂为黏结剂，与天然碎石、石粉等搅拌混合，经浇捣成型，在固化剂作用下产生固化作用，经脱模、烘干、抛光等工序而制成。这种方法在国际上比较流行。目前，我国也多用此法生产人造石材。

3．复合型人造石材

复合型人造石材的黏结剂中既有无机材料，又有有机高分子材料。用无机材料将填料黏结成型，再将坯体浸渍于有机单体中，使其在一定条件下聚合。对板材而言，底层用低廉而性能稳定的无机材料，面层用聚酯和石粉制作。

4．烧结人造石材

烧结方法与陶瓷工艺相似。将斜长石、石英、辉石、方解石和赤铁粉及部分高岭土等混合，一般配比为黏土 40%、石粉 60%，用泥浆法制备坯料，用半干压法成型，在窑炉中以 1000 ℃左右的温度焙烧。

三、新型人造石材——微晶石

微晶石材是新型人造石材，又称微晶玻璃、玉晶石、水晶石，是采用天然无机材料，应用受控晶化高技术而得到的多晶体。其特点是结构致密、高强、耐磨、耐腐蚀、无放射性污染，在外观上纹理清晰、色泽鲜艳、无色差、不褪色。目前用于墙面、地面、柱面、楼梯、墙裙、踏步等处装饰。比天然石材更具优越性。

微晶石材装饰板的成分与天然花岗石相同，均属硅酸盐质。微晶石与大理石、花岗石饰面板主要性能的比较见表 1-4-11。

表 1-4-11　微晶石材与大理石、花岗石饰面板主要性能比较

性　能	微晶石	大理石	花岗石
密度/（$g \cdot cm^{-3}$）	2.70	2.70	2.70
抗压强度/MPa	300 ～ 549	60 ～ 150	100 ～ 300
抗折强度/MPa	40 ～ 60	8 ～ 15	10 ～ 20
莫氏硬度	6.5	3 ～ 5	5.5

续表 1-4-11

性 能	微晶石	大理石	花岗石
吸水率/%	0 ～ 0.1	0.3	0.35
扩散反射率/%	89	59	66
耐酸性（1% H_2SO_4）/%	0.08	10.3	1.0
耐碱性（1% NaOH）/%	0.05	0.30	0.10
热膨胀系数/（10^{-7} · $℃^{-1}$）	62	80 ～ 260	50 ～ 150
耐海水性/（mg · cm^{-2}）	0.08	0.19	0.17
抗冻性/%	0.028	0.23	0.25

微晶石的规格分为毛板规格和切割规格，毛板规格有 2100 mm × 1200 mm、2100 mm × 900 mm、1800 mm × 1200 mm、1800 mm × 900 mm 等；切割规格有 900 mm × 900 mm、900 mm × 600 mm、600 mm × 600 mm、450 mm × 450 mm 等，厚度一般为 18 ～ 20 mm。

第五章　建筑装饰陶瓷

建筑装饰陶瓷是指用于建筑装饰工程的陶瓷制品，包括各类陶瓷釉面砖、陶瓷墙地砖、卫生陶瓷、园林陶瓷、琉璃制品和陶瓷壁画等。其中应用最为广泛的是陶瓷釉面砖和陶瓷墙地砖。

第一节　陶瓷的有关知识

一、陶瓷的分类和原料

1. 陶瓷的分类

所谓陶瓷制品系陶器和瓷器两大类产品的总称。凡以陶土等为主要原料，经低温烧制而成的产品叫陶制品；以磨细岩粉，如瓷土粉、长石粉和石英砂等为主要材料，经高温烧制而成的产品叫瓷制品。陶制品断面粗糙、无光、敲之声音细哑，吸水率和气孔率较大，强度较低，表面分无釉和施釉两种。瓷器的结构致密，气孔率较小，基本不吸水，有一定的半透明性，通常都施有釉层。介于陶器和瓷器之间的一类产品，统称炻器，也可称半瓷。

在装饰市场广泛使用的陶瓷砖，按国家分类标准（GB/T 4100—2006），分为以下几类：

瓷质砖：吸水率（E）小于等于0.5%，如各种抛光砖、晶体砖、玻化砖等；

炻瓷质砖：吸水率（E）大于0.5%，小于等于3%；

细炻质砖：吸水率（E）大于3%，小于等于6%；

炻质砖：吸水率（E）大于6%，小于等于10%；

陶质砖：吸水率（E）大于10%。

2. 陶瓷的原料

陶瓷使用的原料品种很多，从来源说，一类是天然矿物原料，一类是经化学方法处理而得到的化工原料。使用天然矿物类原料制作的陶瓷较多，按其在陶瓷中的不同功能可分为可塑性原料、瘠性原料、助熔剂和有机原料四类。

（1）可塑性原料——黏土

黏土的化学成分主要是SiO_2、Al_2O_3（两者总含量超过80%）和结晶水，同时含有少量的K_2O、Na_2O和着色矿物Fe_2O_3和TiO_2等。

黏土的主要矿物组成为含水铝硅酸盐类矿物，其分为高岭石类、蒙脱石类和单热水云母类。高岭石类的结构式为$Al_2O_3 \cdot 2SiO_2 \cdot nH_2O$。蒙脱石类矿物的结构式为$Al_2O_3 \cdot 4SiO_2 \cdot nH_2O$。单热水云母类的结构式为$0.2K_2O \cdot Al_2O_3 \cdot 3SiO_2 \cdot 1.5H_2O$。

（2）瘠性原料

瘠性原料是为防止坯体收缩产生缺陷所掺入的成分，瘠性原料本身无塑性，而且在焙烧过程中不与可塑性原料起化学反应，其在坯体和制品中起到骨架作用。最常用的瘠性原料是石英和黏土熟料。

（3）助熔剂

助熔剂亦称熔剂。加入助熔剂，在陶瓷坯体焙烧过程中可降低原料的烧结温度，增加密实度和强度，但同时可降低制品的耐火度、体积稳定性和高温抗变形能力。

常用的助熔剂有长石、铁化合物、碳酸钙或碳酸镁等。

（4）有机原料

有机原料主要包括天然腐殖质或锯末、糠皮、煤粉等。其作用是提高原料的可塑性。

二、生产工艺

根据陶瓷砖的制造工艺，一般有干压法或半干压法、挤压法。

干压法或半干压法：指将混合好的粉料置于模具中于一定压力下压制成型的陶瓷砖（如：内墙通体砖、地砖、外墙通体砖等），现代工艺以干压法为主。

挤压法：是指将可塑性配料经过挤压机基础成型，再将所成型的泥条按砖的预定尺寸进行切割（如劈离砖，又叫劈开砖等。）

1．用半干压法成型的陶瓷面砖的典型生产工艺（如图 1-5-1）

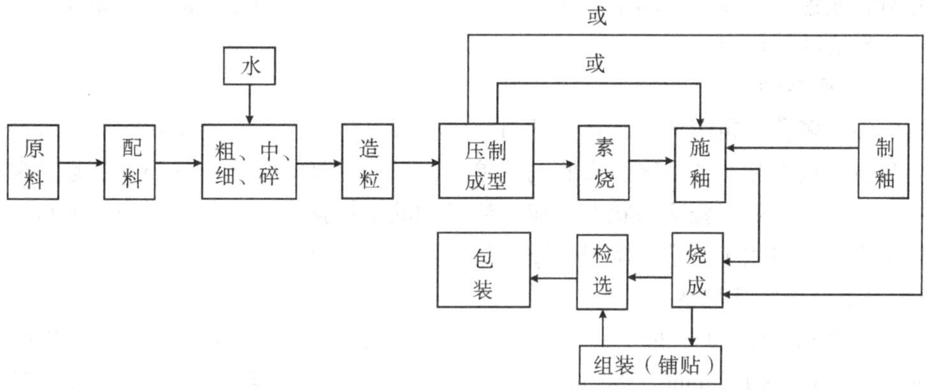

图 1-5-1　陶瓷面砖半干压法成型生产工艺

2．无釉砖干压法生产流程

原料→配料→球磨、放浆、过筛→喷雾造粒→送料/配料→压制成型→干燥→多次渗花或印花（纯色砖无此步骤）→烧成→冷却→磨边→粗抛、精抛→磨边、倒角→吹干、分级→防污、包装、入库。

3．釉面砖干压法生产流程

原料→球磨→成浆→喷雾造粒→入粉料仓→压制成型→干燥→施底釉→施面釉→印花→烧成→检验→分级→包装、入库 。

釉面砖除施釉外，其他生产皆与无釉砖类似。无釉砖有抛光和不抛光之分，不抛光的无釉砖和釉面砖的压机吨位和烧制温度相近，压机吨位 40 t 左右，烧制温度 1100℃左右。无釉抛光砖比前者都要高，烧制温度在 1200℃以上，普通规格抛光砖压机吨位在 3200 t 左右，大规格的在 7500 ～ 7800 t 之间，以保证抛光砖的密实度。

三、釉

釉是覆盖在陶瓷坯体表面的玻璃质薄层，它具有玻璃般的光泽和透明性。它使陶瓷制品表面密实、光亮、不吸水、抗腐蚀、耐风化、易清洗，还可以掩盖坯体的不良颜色和缺陷。根据釉的化学组成不同，釉可分为长石釉、滑石釉、混合釉、色釉、食盐釉等。

第二节　建筑陶瓷制品

一、内墙面砖

1. 内墙面砖的特点

内墙面砖又称釉面砖，以“瓷片”称呼最多，使用也最多，是用瓷土或优质陶土经低温烧制而成，内墙面砖一般都上釉，其釉面有不同类别，也有不同的颜色，一般以浅色为主。

内墙面砖是用于建筑物内墙墙面装饰的薄板状精陶制品，表面施釉，制品经烧成后表面光滑，颜色丰富多彩，图案多样。此外，釉面砖还具有防水、耐火、耐腐蚀、热稳定性好、易清洗等优点。

2. 内墙面砖的用途

釉面砖是多孔的粗陶坯体，在长期与空气的接触过程中，特别是在潮湿的环境中使用，会吸收大量水分而产生吸湿膨胀的现象。由于釉的吸湿膨胀非常小，当坯体膨胀的程度增大到使釉面处于张应力状态，应力超过釉的抵抗强度时，釉面开裂。所以釉面砖只能用于室内，多用于浴室、厨房和厕所的墙面、台面以及试验室桌面等。

3. 内墙面砖常见规格

内墙釉面砖的厚度一般为5 mm，长和宽的规格有297 mm × 247 mm、297 mm × 197 mm、197 mm × 197 mm、197 mm × 148 mm、148 mm × 148 mm、148 mm × 73 mm、98 mm × 98 mm 等多种。异型配件砖的外形及规格尺寸更多，可按需要进行选配。

近年的内墙面砖无论在规格、釉面技术、其他制造工艺上都比传统面砖有很大的改进。新型内墙釉面砖吸水率比传统的低，强度更高，近年的常见规格有 250 mm × 330 mm、300 mm × 450 mm、300 mm × 600 mm，厚度为 10 ～ 12 mm。规格最大可以做到 400 mm × 600 mm。

二、陶瓷墙地砖

陶瓷墙地砖为陶瓷外墙面砖和室内外陶瓷铺地砖的统称。外墙面砖和地砖在使用要求上不尽相同，如地砖应注重抗冲击性、耐磨性，而外墙面砖，除应注重其装饰性能外，更要满足一定的抗冻融性能和耐污染性能。但由于目前陶瓷生产原料和工艺的不断改进，这类砖趋于墙地两用，故统称为陶瓷墙地砖。

墙地砖大部分属于粗炻类建筑陶瓷制品，多采用陶土质黏土为原料，经压制成型在1100 ℃左右焙烧而成，坯体带色。根据表面施釉与否分为釉面陶瓷墙地砖、无釉陶瓷墙地砖。

陶瓷墙地砖具有强度高、致密坚实、耐磨、吸水率小、抗冻、耐污染、易清洗、耐腐蚀、经久耐用等特点。

陶瓷墙地砖的品种更新很快，劈离砖、麻面砖、渗花砖、玻化砖等都是近年来市场上常见的陶瓷墙地砖的新品种。

1. 彩色釉面墙地砖

彩色釉面陶瓷墙地砖是指适用于建筑物墙面、地面装饰用的彩色釉面陶瓷面砖，简称彩釉砖。彩釉砖的吸水率应不大于10%。彩釉砖的表面有平面和立体浮雕面的；有镜面和防滑亚光面的；有纹点和仿大理石、花岗石图案的。彩釉砖广泛用于各类建筑物的外墙和柱的饰面和地面装饰，但镜面釉面砖因耐磨性和防滑性较差，加上无釉地砖（耐磨砖）和抛光砖的广泛使用，在1998年前后已经淘汰在地面的使用。彩釉砖厚度一般为8 ～ 12 mm，常见规格见表1-5-1。

表1-5-1　彩釉砖常见规格　　mm

100×100	150×150	200×200	250×250	300×300	400×400
150×75	200×100	200×150	250×150	300×150	300×200
115×60	240×65	130×65	260×65	其他规格和异型产品由供需双方自定	

2. 无釉陶瓷地砖

无釉陶瓷地砖简称无釉砖，是专用于铺地的耐磨炻质无釉面砖。系采用难熔黏土，半干压法成型再经焙烧而成。由于烧制的黏土含有杂质或人为掺入着色剂，可呈红、绿、蓝、黄等各种颜色。无釉陶瓷地砖在早期只有红色一种，俗称缸砖，现在发展的品种多种多样，基本分成无光和抛光两种。

无釉陶瓷地砖颜色以素色和色斑点为主，表面为平面、浮雕面和防滑面等多种形式，适用于商场、宾馆、饭店、游乐场、会议厅、展览馆的室内外地面。各种防滑无釉陶瓷地砖也广泛用于民用住宅的室外平台、浴室等地面装饰。无釉地砖常见规格见表1-5-2。

表1-5-2　无釉地砖常见规格　　mm

50×50	100×100	150×150	152×152	200×50	300×200
100×50	108×108	150×75	200×100	200×200	300×300

3. 新型墙地砖

（1）劈离砖

劈离砖常称为“背面对分面砖”或“劈裂砖”，其名称来源于制造方法。劈离砖材质的特点主要在于其配料，不是单一种类的黏土，而是由黏土、页岩、耐火土和熟料组成。劈离砖按用途分为地砖、墙砖、踏步砖、角砖（异型砖）等。按国际市场要求的规格，墙砖为：240 mm×115 mm，240 mm×52 mm，240 mm×71 mm，200 mm×100 mm，劈离后单块厚度为11 mm；地砖为：200 mm×200 mm，240 mm×240 mm，300 mm×300 mm，200 mm（270 mm）×75 mm，劈离后单块厚度为14 mm；踏步砖为：115 mm×240 mm，240 mm×52 mm，劈离后单块厚度为11 mm或12 mm。

劈离砖背面的凹槽和砂浆结合如图1-5-2所示。

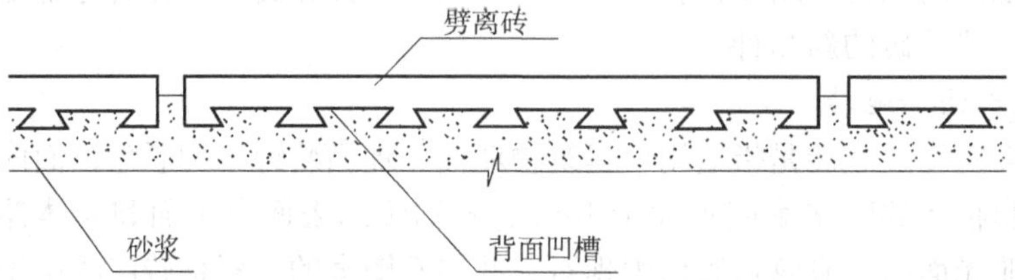

图1-5-2 劈离砖和砂浆的结合

（2）仿花岗石墙地砖

仿花岗石墙地砖是一种全玻化、瓷质无釉墙地砖，是国际上流行的新型高档建筑饰面材料，20世纪80年代中期意大利首先推出。它具有天然花岗石的质感和色调，可替代日益昂贵的天然花岗石。该种墙地砖玻化程度高、坚硬（莫氏硬度大于6）、吸水率低（小于1%）、抗折强度高（大于27 MPa）、耐磨、抗冻、耐污染、耐久。可制成麻面、无光面或抛光面。

仿花岗石墙地砖的规格有200 mm×200 mm，300 mm×300 mm，400 mm×400 mm，500 mm×500 mm，600 mm×600 mm，800 mm×800 mm等。厚度有8 mm和10 mm两种。抛光面的较常用规格为600 mm×600 mm，800 mm×800 mm；而特殊规格有：1000 mm×1000 mm、300 mm×600 mm、600 mm×1200 mm。可用于会议中心、宾馆、饭店、展览馆、图书馆、商场、舞厅、酒吧、车站、飞机场、家居的墙地面装饰。

（3）黑瓷装饰板

黑瓷装饰板也称钒钛饰面板，是一种仿黑色花岗石的陶瓷饰面板材。该种饰面板比天然黑色花岗石更黑、更硬、更薄、更亮。其莫氏硬度、抗压强度、抗弯强度、密度、吸水率均好于天然花岗石。适用于宾馆、饭店、办公楼等大型建筑的内外墙面、地面的装饰，也可用作台面、铭牌等。

（4）金属釉面砖

金属釉面砖是一种表面呈金、银等金属色的釉面墙地砖。它突破了陶瓷传统的施釉工艺，采用了一种新的彩饰方法——釉面砖表面热喷涂着色工艺。该种面砖的规格同普通的陶瓷墙地砖，特别是条形砖的应用较为广泛。金属釉面砖是一种高级墙体饰面材料，适用于高级宾馆、饭店以及酒吧、咖啡厅等娱乐场所的内外墙饰面。

（5）渗花抛光砖

渗花抛光砖不同于在坯体表面施釉的墙地砖，它是采用在焙烧时渗入到坯体表面下

1 ～3 mm的着色颜料，使砖面呈现各种色彩或图案，然后经磨光或抛光表面而成。其强度高、吸水率低，具有良好的耐磨性。

渗花抛光砖常用的规格有300 mm×300 mm，400 mm×400 mm，450 mm×450 mm，500 mm×500 mm、600 mm×600 mm，800 mm×800 mm等，厚度为8 ～ 9 mm；特殊规格有：1000 mm×1000 mm、300 mm×600 mm、600 mm×1200 mm，渗花抛光砖适用于家居、商业建筑、写字楼、饭店、娱乐场所、车站等室内外地面及墙面的装饰。

（6）玻化墙地砖

玻化墙地砖亦称全瓷玻化砖或玻化砖。玻化砖烧结程度很高，坯体致密；吸水率低（小于0.5%）、强度高、耐磨、耐酸碱、不褪色、耐清洗、耐污染。调整其着色颜料的比例和制作工艺，可使砖面呈现不同的纹理、斑点，极似天然石材。

玻化砖有抛光和不抛光两种。主要规格有300 mm×300 mm，400 mm×400 mm，450 mm×450 mm，500 mm×500 mm、600 mm×600 mm，800 mm×800 mm等；特殊规格有：1000 mm×1000 mm、300 mm×600 mm、600 mm×1200 mm。适用于各类大中型商业建筑、旅游建筑，也适用于民用住宅的室内地面装饰。

（7）其他新型抛光砖

根据生产工艺，抛光砖可以分为渗花砖、微粉砖、聚晶微粉砖、透晶砖、多管微粉砖（仿真大理石抛光砖）等。

渗花砖为最早开发的产品，色米黄为主，一般仿大理石，纹理单一，价格较低。

微粉砖：是在生产过程中球磨环节将原料磨得更加细致，干燥造粉时，粉料粒径更小，然后将这种微粉通过压制成型后抛光制成的瓷砖。由于微粉砖质地更细密，因此吸水率更低，耐脏，耐磨，花色有立体感，更为逼真。其相对于渗花砖成本较高。

聚晶微粉砖：是指在微粉砖的基础上，其原料在烧制的过程中融入了一些颗粒状的有机树脂、无机硅胶等晶体熔块烧制而成。通常有机晶体与微粉的比率为1∶3，烧制后，瓷砖会呈现出类似大理石中的透明或半透明颗粒。

透晶砖：是在微粉砖的基础上，加入了更多的晶体熔块，通常晶体与微粉的比率为3∶1，烧制后呈现出大片的如同玉质的块状图案，表面效果可以与天然玉石媲美。

由于微粉、聚晶微粉等成本较高，市场上出现了一种降低成本的工艺，即用普通粉粒布料作为砖的底层，再将微粉颗粒布料于砖的面层，然后一次压制成型，微粉厚度通常为3 mm左右。该种类型的瓷砖成本较低，因表面仍是微粉材料，能够达到微粉砖的功效，但烧制不好的瓷砖容易出现分层情况。

多管微粉砖（仿真大理石抛光砖）：现在市场上出现了许多仿大理石纹理的瓷砖，花纹及色泽可以以假乱真，并且颜色、花纹均匀，易控制、辐射小。仿石材瓷砖的图案及颜色是通过多管随机布料而生产的，将粉料通过电脑随机布料，最终产生的瓷砖花纹自然立体，不存在重复，可以做出各种仿石、仿木纹理，比传统的渗花工艺形成的单一纹理或图案更有天然石材的效果。

另外，随着现代瓷砖工艺技术不断发展，还衍生出多种创意瓷砖来迎合人们不断更新的家居装修理念，如喷墨印花砖、木纹砖等。

4. 陶瓷锦砖

陶瓷锦砖俗称马赛克（Masaic 的译音）。陶瓷锦砖采用优质瓷土烧制而成，可上釉或不上釉，我国使用的产品一般不上釉。陶瓷锦砖的规格较小，直接粘贴很困难，故需预先反贴于牛皮纸上，故又俗称“纸皮砖”，所形成的一张张的产品，称为“联”。联的边长有 284 mm、295 mm、305 mm、325 mm 四种。适用于各类工厂厂房、化验室、卫生间等地面，也适用于各类建筑外墙的装饰。

陶瓷锦砖的常见拼花图案如图 1-5-3 所示。

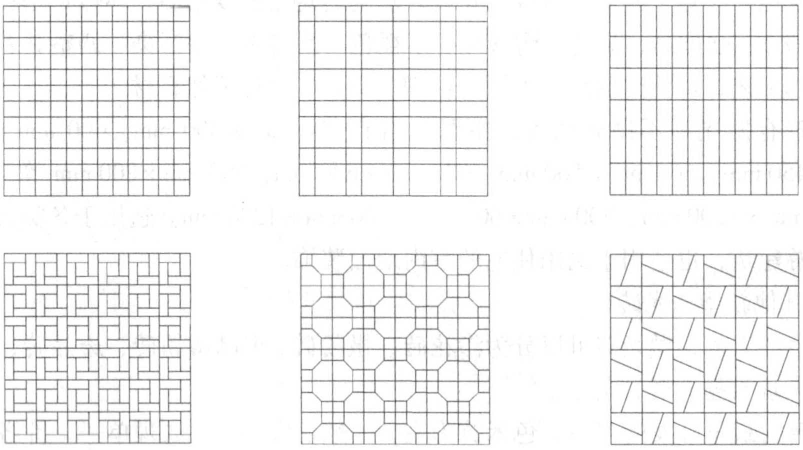

图 1-5-3　陶瓷锦砖的常见拼花图案

第六章 木 材

木材在建筑及装饰工程中的应用历史悠久，用途广泛，这和木材本身的特点有关。木材质轻、强度高、弹性韧性好，易加工，有其独特的纹理和颜色。但木材的湿胀干缩、易燃易腐等缺点也广为人知。现代建材制造业充分掌握木材这一特点，制造出各种使用功能的装饰型材，使木材得到充分的利用。

第一节 木材的相关知识

一、木材的分类和结构

1. 针叶树

针叶树树叶细长如针，多为常绿树，树干通直且高大，纹理平顺，材质均匀，木质较软且易于加工，故又称“软木材”。针叶树木材是主要的建筑用材，广泛用于各种构件、装修和装饰部件，常用的树种有红松、落叶松、云杉、冷杉、杉木、柏木等。

2. 阔叶树

阔叶树树叶宽大，叶脉成网状，大多为落叶树，树干通直部分一般较短，大部分树种的体积密度大，材质较硬，较难加工，故又称“硬木材”。建筑上常用作尺寸较小的构件，常用的树种有榉木、柞木、水曲柳、榆木以及质地较软的桦木、椴木等。由于阔叶树木材纹理美观、色彩艳丽，具有很好的装饰性，故常用于现代的实木家具制造、地板、胶合板面层饰面等。装饰中常用的国内树种及其性能见表 1-6-1，国外树种及其性能见表 1-6-2。

表 1-6-1 国内常用的树种及其性能

针叶树			阔叶树		
树种	硬度	性能	树种	硬度	性能
沙木	软	纹理直、结构细、质轻、耐腐朽，易加工	水曲柳	略硬	纹理直、花纹美、结构细
白松	软	纹理直、结构细、质轻	黄菠萝	略硬	纹理直、花纹美、收缩小

续表 1-6-1

针叶树			阔叶树		
树种	硬度	性能	树种	硬度	性能
鱼鳞云杉	略软	纹理直、结构细密、有弹性	柞木	硬	纹理斜行、结构粗、光泽美
臭冷杉	软	纹理直、结构细、易加工	色木	硬	纹理直、结构细密、质坚
泡杉	软	纹理直、结构细、质轻	桦木	硬	纹理斜、有花纹、易变形
红松	甚软	纹理直、耐水、耐腐、易加工	椴木	软	纹理直、质坚耐磨、易裂
马尾松	略硬	结构略粗、不耐油漆	樟木	略硬	纹理斜或交错、质坚实
柏木	略硬	纹理直、结构细、结构坚韧	山杨	甚软	纹理直、质轻、易加工
油杉	略软	纹理粗而不匀	木荷	硬	纹理直或斜、质轻、易加工
铁坚杉	略软	纹理粗而不匀	楠木	略硬	纹理斜、质细、有香气
落叶松	软	纹理粗而不匀、质坚、耐水	榉木	硬	纹理直、结构细、花纹美
樟子松	软	纹理直、结构细、易加工	黄杨木	硬	纹理直、结构细、材质有光泽
杉木	软	纹理直、韧而耐久、易加工	泡桐	硬	纹理直、质轻、易加工
银杏	软	纹理直、结构细、易加工	麻栎	硬	纹理直、质坚耐磨、易裂

表 1-6-2　国外常见的阔叶树种及其性能

树种	产地	性能	树种	产地	性能
洋松	美国	纹理直、结构致密、易干燥	紫檀	南亚	纹理斜、极细密、不易加工
柚木	南亚	纹理直、含油质、花纹美、耐久	花梨木	南亚	纹理粗、结构密、花纹美
柳桉	东南亚	纹理直、有带状花纹、易加工	乌木	南亚	纹理细密、质坚硬、耐磨损
红檀木	东南亚	纹理斜、质坚、有光泽、不易加工	桃花心木	中美洲	纹理斜、花纹美、易加工

3. 木材的宏观和微观构造

木材的宏观构造是指用肉眼或放大镜能看到的木材组织。图1-6-1a显示了木材的三个切面：横切面（垂直于树轴的切面）、径切面（通过树轴的纵切面）和弦切面（平行于树轴的纵切面）。木材的宏观构造主要由树皮、木质部和髓心三部分构成。

木材的微观构造是指用显微镜看到的木材组织，在显微镜下看到的木材结构见图1-6-1b。木材是由管状细胞紧密结合而成，管状细胞多为纵向排列，少数横向排列（如形成的骨髓线）。每个细胞由细胞壁和细胞腔两部分组成，细胞壁能吸附和渗透水分，并负责承受外力的作用。因此，细胞壁越厚的木材，其细胞腔越小，木材会越密实，密度和强度也越大，但干缩变形也越大。针叶树的微观构造简单而规则，髓线细而不明显；阔叶树的微观构造较复杂，髓线粗大而明显，因此，阔叶树的纹理比针叶树的纹理明显而丰富。

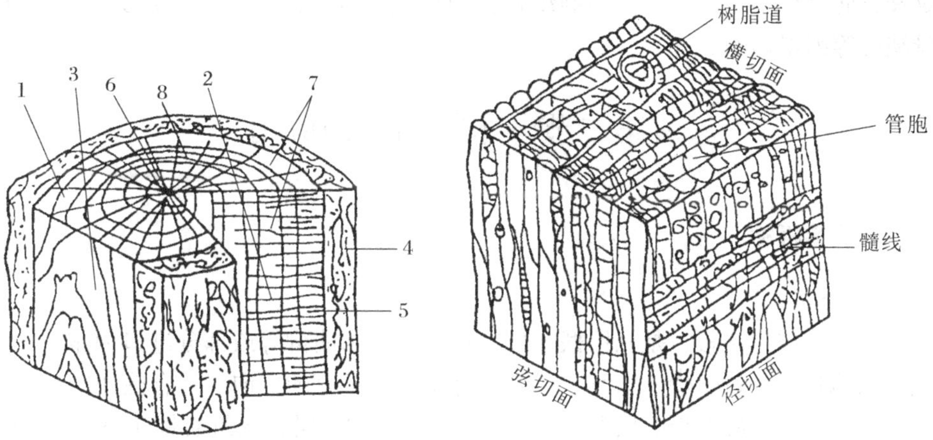

(a)木材的宏观构造

1—横切面；2—径切面；3—弦切面；4—树皮；
5—木质部；6—髓心；7—髓线；8—年轮。

(b)针叶树马尾松的微观构造

图1-6-1　木材的宏观和微观构造

二、木材的有关性质

1. 密度和体积密度

木材的密度平均约为1.55 g/cm^3。木材的体积密度因树种不同而不同，体积密度较大者为980 kg/m^3，较小者如河南泡桐为280 kg/m^3。台湾的二色轻木体积密度只有186 kg/m^3（最轻），广西的蚬木体积密度为1128 kg/m^3（最重）。同一树种，因产地、树龄的不同，体积密度也有所差异。

2. 含水率

木材中的水分可分为细胞壁中的吸附水和细胞腔与细胞间隙中的自由水两个部分，当木材细胞壁中的吸附水达到饱和，而细胞腔与细胞间隙中无自由水时的含水率，称为“纤维饱和点”。纤维饱和点因树种而异，一般为25%～35%，平均为30%，它是含水率是否影响强度和胀缩性能的临界点。如果潮湿木材长时间处于一定温度和湿度的空气中，木材便会干燥，达到相对恒定的含水率，这时木材的含水率，称为“平衡含水率”。

3. 湿胀和干缩

当木材从潮湿状态干燥至纤维饱和点时，其尺寸并不改变。当干燥至纤维饱和点以下时，细胞壁中的吸附水开始蒸发，木材发生收缩，它会使木材产生裂缝或翘曲变形，以致引起木结构的结合松弛、装修部件破坏等。反之，干燥木材吸湿后，将发生膨胀，直到含水率达到纤维饱和点为止，此后木材含水率继续增大，不再膨胀，由于木材构造的不均匀性，木材不同方向的干缩湿胀变形明显不同。

4. 木材强度

建筑装饰工程上通常利用的木材强度，主要有抗压强度、抗拉强度、抗弯强度和抗剪强度。因为木材构造的各向异性，木材强度又有顺纹和横纹之分。每一种强度在不同的纹理方向上均不相同，木材的顺纹强度与横纹强度差别很大，并且受木材的含水率、本身缺陷等因素影响。

第二节　木材的装饰应用

一、人造板材

1. 胶合板

胶合板，俗称夹板，是利用椴、桦、杨、松、水曲柳等或部分进口原木，沿年轮旋切成大张薄片，经过干燥、涂胶，以各层纤维互相垂直的方向，黏合热压而成的人造板材，见图 1-6-2a。胶合板的层数为奇数，最多已达 15 层，建筑装饰工程上常用的是三合板和五合板。

胶合板厚度从 2.7 ～ 18 mm 不等，长宽规格有 915 mm × 915 mm、915 mm × 1220 mm、915 mm × 1830 mm、915 mm × 2135 mm、1220 mm × 1220 mm、1220 mm × 1830 mm、1220 mm × 2135 mm、1220 mm × 2440 mm。装饰市场上大部分使用的是 1220 mm × 2440 mm 规格。胶合板是装饰工程使用最多的板材之一，常用于家具制作、护墙间墙的基层板、天棚吊顶基层板等。

(a) 三层胶合板构造示意图

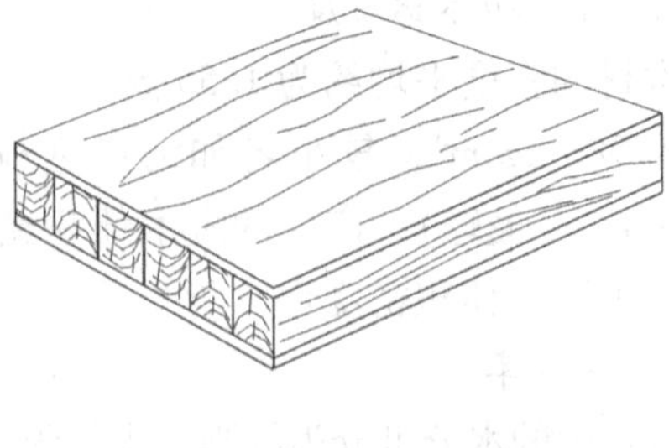

(b) 大芯板构造示意图

图 1-6-2　胶合板的构造

2. 薄木贴面板

薄木贴面板通常也称为木饰面板，是采用柚木、榉木、花梨木、樱桃木、枫木、水曲柳等纹理、色泽美丽的树材，经水煮软化后，旋切成厚 0.2 ～ 0.5 mm 的薄木片，再将薄木片用胶黏剂经先进的工艺贴在胶合板基材上，形成人们常说的“柚木胶合板、榉木胶合板等”。市场上大部分木饰面板厚为 3 mm、4 mm，规格为 1220 mm × 2440 mm 的最常用。薄木饰面板常用于家具饰面、门扇、护墙、护壁饰面等。

3. 纤维板

纤维板是以树皮、刨花、树枝为主要原料，经破碎浸泡、热压成型、干燥等工序制成的一种人造板材。按纤维板的体积密度分为硬质纤维板（体积密度大于 800 kg/m^3），软质纤维板（体积密度小于 500 kg/m^3）和中密度纤维板（体积密度大于 500 kg/m^3，小于 800 kg/m^3）。中密度纤维板在家具制造业用途广泛，规格为 1220 mm × 2440 mm，厚度有 9 mm、12 mm、15 mm、18 mm、20 mm 等。

4. 细木工板

细木工板，通常也称大芯板或木方板，一般板芯为松木或松木木方，上下表面胶贴 1 ～ 2 层木质单板，见图 1-6-2b。和胶合板相比，大芯板加工简单，成本低，但强度稍低。大芯板厚度常为 12 mm、15 mm、18 mm、20 mm，常用 1220 mm × 2440 mm 的规格。大芯板是家具制作、各种装修基层的主要材料。

5. 刨花板、木丝板、木屑板

刨花板、木丝板、木屑板又称碎木料板，是分别以刨花木渣、短小废料刨制的木丝、木屑等原料，经干燥后拌入胶料，再经热压而制成的人造板材。这类人造板材一般密度较小，强度较低，价格便宜，主要用作绝热和吸声材料。可用作吊顶、隔墙、家具等材料。

二、木制品

1. 木地板

(1) 实木地板

实木地板包括普通实木地板（如杉木、松木）和高级拼花实木地板。普通实木地板厚度为 20 ～ 30 mm，宽度不大于 120 mm，长度根据实际要求可做成 1 m 至 1.8 m 不等，此类地板可用作体育馆、普通舞台等装饰；高级实木地板（榉木、樱桃木、檀香等）厚为 20 ～ 25 mm，宽度为 60 ～ 180 mm，长度为 300 ～ 800 mm。一般来说，高级实木地板规格越大，价格越贵。高级实木拼花地板常用于别墅、写字楼、宾馆、展览馆、体育馆、民用住宅的装饰。实木地板断面结构如图 1-6-3a 所示。

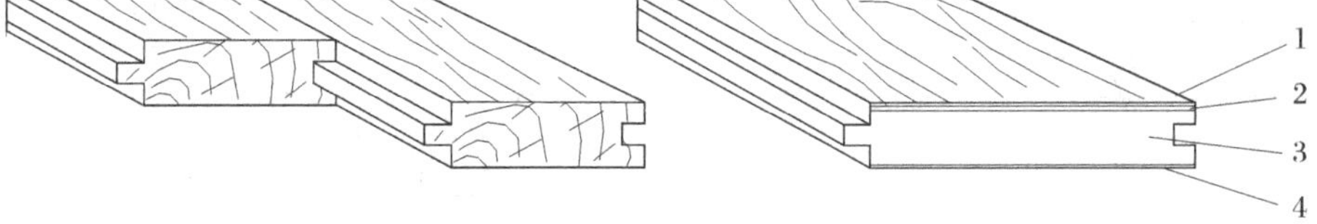

(a) 实木地板断面结构　　(b) 复合木地板断面结构

1—三氧化二铝耐磨层；2—装饰木纹层；3—中密度纤维板基材层；4—底面防潮保护层。

图 1-6-3　地板断面结构

(2) 复合木地板

复合木地板是以中密度纤维板为基材，采用树脂处理，贴一层薄木纹板或印刷木纹纸，经高温压制而成的新型地面装饰材料，表面用极薄的三氧化二铝作耐磨保护层，见图1-6-3b。这种地板具有光滑平整、结构均匀细密、耐磨损、强度高、简洁高雅、安装容易（安装时不用地板黏结剂，不用木垫层，不用铁钉固定）等优点。厚度为8～12 mm，宽度为180～250 mm，长度为1000～1800 mm。复合木地板长宽规格一般都比实木地板规格大。

(3) 其他木质地板

随着木地板加工工艺的不断发展以及人们在使用、审美方面的变化，近年来出现多种形式的木地板，如以12 mm或15 mm夹板作底板，面胶压3 mm厚的天然高级原木，形成另一形式的实木地板；或者面贴各种装饰木纹纸后经耐磨强化处理形成"实木复合地板"。这两种地板的长宽规格都参照天然实木地板的规格制作。

以竹加工而成的地板也是近年常见的品种，竹地板是以竹主杆先加工成宽20～30 mm、厚5～6 mm、长800～1000 mm的竹片，再在宽度上分4～5层、厚度分3～4层经机械胶压而成，制成宽90～150 mm、厚18 mm、长800～1000 mm的竹地板。竹地板的原色淡黄，适合在浅色调的场合使用；另外竹地板也可以加工成各种颜色和凹凸纹理等品种。

2. 三聚氰胺板

三聚氰胺板，全称是三聚氰胺浸渍胶膜纸饰面人造板。它是将带有不同颜色或纹理的纸放入三聚氰胺树脂胶黏剂中浸泡，然后干燥到一定固化程度，将其铺装在刨花板、中密度纤维板或硬质纤维板表面，经热压而成的装饰板。因其表面自然形成保护膜，具有较好的耐磨、耐划痕、耐酸碱、耐烫、耐污染的特性，在家具制造业中得到广泛应用，如家居的厨房吊柜、部分衣柜、办公家具、公共场所的卫生间隔断等。其厚度为3～20 mm，常用规格为1220 mm×2440 mm。

3. 木装饰线条

木装饰线条简称木线。木线种类繁多，主要有楼梯扶手、压边线、腰线、天花角线等。各种木线立体造型各异，常见断面类型如图1-6-4所示。

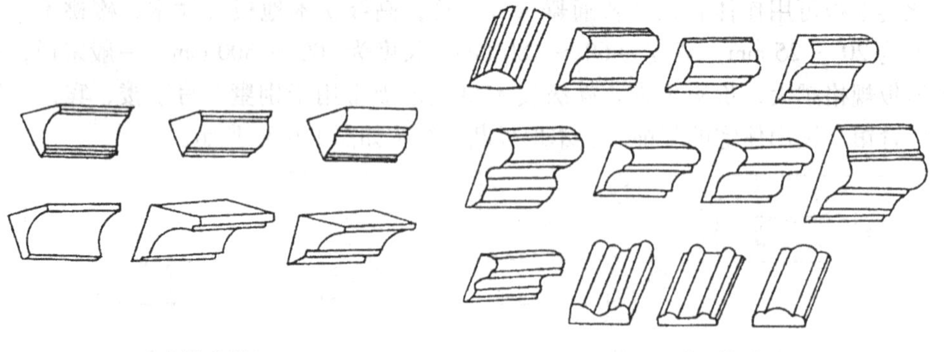

(a)角线系列　　(b)平压线系列

图1-6-4　木装饰线条断面类型

木线主要用于各类家具制作、门窗装饰等的收边和装饰。

4. 其他木工艺品

根据设计要求，用实木可制作成各种造型的花窗、花格、罗马柱、球体、各种花纹图案等，在室内装饰中也较为常用，对提高室内的装饰格调和艺术气氛都有一定的作用。

第三节 装饰及家具用木材

一、常见装饰用木材

1. 水曲柳

水曲柳属阔叶大乔木，主要产于我国东北、华北等地，树高25～30 m，直径40～60 cm，最大树径可超过1 m。边材呈黄白色，心材褐色略黄。树质略硬，纹理直、结构粗、花纹美丽，耐腐、耐水性较好，易加工但不易干燥，易翘曲，韧性大，胶接、油漆、着色性能均好，具有良好的装饰性能，是目前家具、饰面板等室内装饰用得较多的木材。

2. 榉木

榉木主要产于我国南方，树高可达25 m，分红榉和白榉两种，目前市场出售的榉木多产于欧洲和北美地区。榉木纹理细而直，或均匀点状。木质坚硬，强韧，耐磨、耐腐、耐冲击，易干燥但易翘曲，透明漆涂装效果颇佳。板、方材用于实木地板、楼梯扶手，以及各种装饰线材。薄片与胶合板结合用于壁面、柱面、门窗套以及家具饰面板。

3. 枫木

枫木主要产于长江流域以南直至台湾地区，我国东北华北也有出产，国外主要产于北美和欧洲地区。枫木按照硬度分为两大类：一类是硬枫，亦称为白枫、黑槭；另一类是软枫，亦称红枫、银槭等。花纹呈明显的水波纹，或呈细条纹。米白色，色泽淡雅均匀，硬度适中，涨缩率高，干燥时有翘曲现象。多用于实木地板，以及家具饰面板。

4. 柚木

柚木主要分布在福建、台湾、广东、广西、云南等地，国外主要分布于东南亚的一些国家，其中以泰国、缅甸的柚木最为著名。柚木属热带高大阔叶乔木，高达39～45 m，最大胸径约1.5 m。柚木心材金黄褐色，具油质感，纹理通直，质地坚硬，细密耐久，耐磨耐腐蚀，干湿变化较大的情况下不易翘曲开裂，耐水，干燥性能良好，不易变形，涨缩率是木材中最小的一种。柚木是实木地板的首选材料，饰面板、家具的使用也很多。

5. 胡桃木

胡桃木主要产自北美和欧洲，在我国主要分布于华北、西北和华中地区。平均高度20～30 m，直径1～1.5 m，国产的胡桃木，颜色较浅。边材为白黄色，心材从淡棕变化到深紫棕色，是阔叶树种中耐久性最好的木材之一。它的纹理直，纹理带有微小紧密的树节图案及波浪状光亮的条纹。在胡桃木中最受欢迎的属黑胡桃木。黑胡桃木重量中等，其硬度、强度和耐冲击性良好，并有良好的手工或机械加工性。黑胡桃木的颜色有淡灰棕色、巧克力色或紫棕色，适用于表现古典、高贵气质特色的家具及家居装饰。

6. 樱桃木

樱桃木主要产自北美，在我国的华北有种植，边材是白色，心材由艳红色至棕红色，日晒后颜色变深。樱桃木具有细致均匀直纹，纹理平滑，含有棕色树心斑点和细小的树胶窝，非常紧密细致，这些自然特色使樱桃木形成了独一无二的风格。樱桃木的重量中等，干燥快，干燥时收缩量大，但是烘干后尺寸稳定。樱桃木机械加工性好，但钉裂抵抗力一般。由于它具有细腻均匀的木材组织，因此涂装性极佳，涂装后的樱桃木会具有柔丝般的光泽。目前主要用于饰面板和家具制造。

7. 沙比利木

沙比利木别名香桃花心木、沙比利桃花心木，分布于非洲大部分地区。边材淡黄色，心材淡红色或暗红褐色，木质纹理粗犷，制成直纹后，纹理有闪光感和立体感，有时有波状纹理。硬度、强度、抗腐蚀性和耐用性中等。加工比较容易，胶黏、开榫、钉钉的性能良好，上漆等表面处理的性能良好。它是目前饰面板等室内装饰用得较多的木材，普通家具、镶板、门、楼梯等也常见使用。

8. 椴木

椴木种类较多，在我国南北都有种植，为普通木材。材色较浅，空隙较大，容易染色或漂白，干燥快且变形小，材质较软，有油脂，不易开裂，木纹细，易加工，韧性强。适用范围比较广，可用来制作木线、胶合板、木雕刻工艺品等。

9. 橡木

橡木主要产自欧洲及北美，目前大量产自俄罗斯及美国。在我国吉林、辽宁、陕西、湖北等地也分布有柞木，与橡木同科，质地相近。树心呈黄褐至红褐，生长轮明显，纹理直，结构粗，质重且硬，木材不易于干燥、锯解和切削。市场上橡木大致分为红橡与白橡两大类，主要用于家具和饰面板的制造。

10. 桦木

桦木主要生长于北半球寒冷地区，树高 25 ～ 30 m。桦木年轮比较明显，纹理直且明显，材质结构细腻而柔和光滑，质地较软或适中。桦木富有弹性，干燥时易开裂翘曲，不耐磨。加工性能好，切面光滑，油漆和胶合性能好，因此更多以胶合板、结构、内部框架等形式使用。

11. 榆木

榆木主要分布在北方，尤其是黄河流域。树高大，木性坚韧，纹理通达清晰，材质轻，较硬，刨面光滑，弦面花纹美丽。榆木有黄榆和紫榆之分，黄榆较多见，木料新剖开时呈淡黄色，随年代久远颜色逐步加深；而紫榆天生黑紫，色重者近似老红木的颜色，是主要家具用材之一。由古至今，榆木都是我国北方地区制造实木家具和雕刻工艺品的主要用材。

二、红木

目前市场上的红木家具及各种仿古屏风、窗花、地板非常流行，除了适合流行的古典装饰风格外，和红木本身性能稳定、不容易开裂变形、价格每年都上涨有很大关系。红木种类复杂繁多，按照国际标准分类，可分为紫檀木、花梨木、香枝木（黄花梨）、黑酸枝木、红酸枝木、乌木、条纹乌木和鸡翅木等8个种类。红木除了种类多，价格相差也极大，如紫檀木中印度小叶紫檀一吨的价钱可达人民币50万～90万元，非洲紫檀一吨却只有人民币三四万元。①

红木主要生长在热带、亚热带地区，在我国的海南省、云南省和台湾都有分布，但个别品种（如紫檀木、酸枝木、香枝木等）由于生长期长和过度的砍伐，在明清年代已经很少见，现在市场上这些品种很多是从东南亚国家进口。大部分红木都能发出本身特有的香味，有强有弱，如紫檀木、酸枝木、香枝木的木香味较强，用这类木材制造家具释放淡淡的木香味能使人心旷神怡。

1. 紫檀木

紫檀木为檀科紫檀属植物，以印度檀香（小叶）紫檀最优，我国两广和云南有分布，但数量很少。紫檀是世界上最名贵的木材之一，成材需数百年至上千年，最大的紫檀木直径仅为20 cm左右，在各种硬木中紫檀木质地最为细密，木材的单位质量最重，入水即沉，紫檀纹理纤细浮动，变化无穷，木质含油质有光泽，切削面光滑，色泽初为橘红色，久则深紫色，几乎看不出木纹。

2. 花梨木

在国标《GB/T 18107—2000 红木》中，花梨木类归为紫檀属。花梨木类木材又分为越柬紫檀（产于中南半岛）、安达曼紫檀（产于安达曼群岛）、刺猬紫檀（产于非洲）、印度紫檀（产于东南亚、台湾、海南、云南）、大果紫檀（产于中南半岛）、囊状紫檀（产于热带地区）、乌足紫檀（产于中南半岛）等七种树种。花梨木材质坚硬，纹理粗、直且较多，板材大，心材呈大红、黄褐色和红褐色，并且几种颜色交错分布，从纵切面上看带状长纹明显，结构中等，耐腐，不易干燥，切削面光滑。

3. 香枝木

香枝木为黄檀属，主要是海南产的降香黄檀，又名黄花梨，在成俊卿先生主编的《木材学》（1985年出版）及《中国木材志》（1992年出版）中，降香黄檀树种也以“香红木”为商品材名称。1997年颁布实施的国家标准《QB/T 16734—1997 中国主要木材名称》中，降香黄檀树种商品材正式定名为“香枝木”。海南黄花梨亦称“降压木”，《本草纲目》中叫降香，其木屑泡水可降血压、血脂，做枕头可舒筋活血。黄花梨极易成活，但极难成材，一棵碗口粗的树可用材仅擀面杖大小，真正成材需要成百上千年的生长期，颜色由浅黄到紫赤，纹理清晰美观，香味浓，是现在仿古家具的顶级材料，现在主要从越柬地区进口，其颜色较艳、味道较浓，但纹理、层次较乱，与海南黄花梨相比，价格甚至低至十分之一。另外，广东地区2017年5月海南黄花梨的报价行情是：口径15厘米左右、长1米的，每500克价格1万～1.3万元；口径20厘米左右、长1米至1.8米的，每500克1.2万～1.8万元；口径25厘米左右、长度超过2米的，每500克1.8万～2.5万元，相当于每吨2000万～4500万元。其珍稀程度导致其价格

注：①木材一般按体积（立方米）计算价格，但贵重木材在交易中常以公斤或吨计算。

暴涨。

4. 酸枝木

酸枝木为黄檀属，因有酸香气，广东称之为“酸枝”，因颜色大多为枣红色，长江以北多称之为“红木”或“老红木”。酸枝木心材淡红色至赤色，经长时间放置，颜色逐渐转化为紫红色，光泽变为暗沉，可沉于水。酸枝材质坚韧，纹理细密。酸枝木有红酸枝和黑酸枝之分，区别就在木材心材的颜色上，黑酸枝木的材色栗褐色，常带黑色条纹。红酸枝木主要产于东南亚和南美洲地区，有巴里黄檀（亚洲地区）、赛卅黄檀（巴西）、绒毛黄檀（巴西）、中美洲黄檀、微凹黄檀（墨西哥）、交趾黄檀（中南半岛）、奥氏黄檀（中南半岛）等七种树种；黑酸枝木世界各地热带都有分布，主要有刀状黑黄檀（缅甸、印度）、黑黄檀（中、缅、印、越）、阔叶黄檀（印度、印尼）、卢氏黑黄檀（马达加斯加）、东非黑黄檀（东非）、巴西黑黄檀（南美、巴西）、亚马孙黄檀（南美亚马孙）、伯利兹黄檀（中美洲伯利兹）等八种树种。

5. 乌木

乌木俗称阴沉木。远古时期，大片原始森林中的名贵古木，因地壳变迁等自然原因而被深埋于古河床之下，经千万年炭化，形成植物“木乃伊”。现在，由于挖沙、采石、施工挖掘、自然塌方等因素而使其重见天日，成为出土乌木，其原生古树为楠木、红椿、香樟等品种。真正的乌木，是在特定的地下水、土等自然条件下才能形成，且木材本身含有桉脂油等天然防腐剂，才能深埋千万年而不腐，其色泽大多通体乌黑。由于乌木质地坚硬细密，色泽丰富悦目，是制作乌木雕塑、乌木艺术品、收藏品的宝贵材料，也是制作古典极品的上等之材。

6. 鸡翅木

鸡翅木有非洲崖豆木（非洲刚果）、白花崖豆木（缅甸、泰国）、铁刀木（东南亚、福建、广东、广西、海南）三种。

(1) 非洲崖豆木，心材黑褐，略发黄，常带黑色条纹，管孔在三种鸡翅木里最粗，纹理最粗，密度也最小，不沉于水，硬度稍差，市场上又叫“黑鸡翅木”，或俗称为“东南亚鸡翅木”，原木较大较直，可以做粗大壮硕的大件家具。

(2) 白花崖豆木，紫褐色，有蟹爪纹，材质硬，大材少，所以多用于制作沙发、明式家具等。

(3) 铁刀木，心材栗褐或黑褐色，常带黑色条纹；管孔肉眼可见，材质介于白花崖豆木和非洲崖豆木之间。

第七章 玻　　璃

玻璃在建筑装饰工程中，原只作为一种采光、防尘的手段，现代建筑装饰中，除要满足以上要求外，在光线控制、噪声控制、温度控制和装饰性等方面有更高的要求。现代装饰市场，各种工艺玻璃层出不穷，为设计者及使用者提供了更多的选择。

第一节 玻璃的相关知识

一、玻璃的成分和生产

1. 玻璃的成分

玻璃是无定型非结晶体，为均质的各向同性材料。玻璃是以石英砂、纯碱、长石、石灰石等为主要原料，在 1550 ～ 1600 ℃高温下熔融、成型，并经急冷而成的固体材料。为了改善玻璃的某些性能和满足特种技术的要求，常常在玻璃的生产过程中加入某些辅助性原料（如助熔剂、着色剂等）或经特殊工艺处理，制得具有各种特殊性能的特种玻璃。

玻璃的化学组成复杂，其主要成分为 SiO_2（质量分数为 72% 左右）、Na_2O（质量分数为 15% 左右）、CaO（质量分数为 9% 左右），此外还含有少量 Al_2O_3、MgO、Li_2O、B_2O_3 等。各主要成分在玻璃中的作用见表 1-7-1。

表 1-7-1　几种主要氧化物对玻璃性能的影响

氧化物名称	作　用	
	增加	降低
二氧化硅（SiO_2）	熔融温度、化学稳定性、热稳定性、机械强度	密度、热膨胀系数
氧化钠（Na_2O）	热膨胀系数	化学稳定性、耐热性、熔融温度、退火温度、韧性
氧化钙（CaO）	硬度、机械强度、化学稳定性、退火温度	耐热性
三氧化二铝（Al_2O_3）	熔融温度、化学稳定性、机械强度	析晶倾向
氧化镁（MgO）	耐热性、化学稳定性、机械强度、退火温度	析晶倾向、韧性

此外，在生产中会加入少量辅助原料，以改变玻璃的性能，满足多种使用要求。常见的辅助原料及其作用见表1-7-2。

表1-7-2　玻璃原料中辅助材料种类及作用

种类	辅助材料名称	作　　用
助熔剂	萤石、硼砂、硝酸钠、纯碱等	缩短玻璃熔制时间，其中萤石与玻璃液中杂质FeO作用后，还可以增加玻璃的透明度
脱色剂	硒、硒酸钠、氧化钴、氧化镍等	在玻璃中呈现为原来的颜色补色，使玻璃达到无色的效果
澄清剂	白砒、硫酸钠、铵盐、硝酸钠、二氧化锰等	降低玻璃液黏度，有利于玻璃液消除气泡
着色剂	氧化铁（Fe_2O_3）、氧化钴、氧化锰、氧化铜、氧化铬等	赋予玻璃一定颜色，如氧化铁能使玻璃呈黄或绿色，氧化钴能使玻璃呈蓝色等
乳浊剂	冰晶石、氟硅酸钠、磷酸三钙、氧化锡等	使玻璃呈乳白色的半透明体

2. 玻璃的生产

普通玻璃的制造方法有多种，过去常用的有垂直引上法、水平引拉法、对辊法等，但现在国内外普遍流行浮法生产玻璃。

浮法生产的玻璃的最大特点是玻璃表面平整光洁、厚度均匀、极小的光学畸变，具有机械磨光玻璃的质量。它具有产量高、质量好、规模大、板的宽度和厚度可调范围大等优点。

二、玻璃的分类

玻璃有不同的分类方法，表1-7-3按玻璃的使用功能列举了常见的种类。随着玻璃加工工艺的不断发展，市场上玻璃也不断有新的品种出现。

表1-7-3　玻璃按使用功能分类

类　别		特　点
平板玻璃	普通平板玻璃	用引上、平拉等工艺生产，玻璃缺点多，厚度、宽度受限制
	浮法平板玻璃	平整光滑，厚度均匀，规格大
装饰玻璃	彩色玻璃	对光线产生不同的颜色效果
	磨（喷）砂玻璃	在玻璃一面加工成毛面，可做各种图案，使光线产生漫射
	压花玻璃	生产过程中热压成型，使光线产生漫射
	喷花玻璃	在玻璃一面贴上花纹图案，再贴上保护层，用喷砂工艺加工
	刻花玻璃	经涂漆、雕刻、围蜡、酸蚀、研磨而成

续表 1-7-3

类　　别		特　　点
装饰玻璃	镜面玻璃	在清玻璃或彩色清玻璃一面镀银，再涂上保护漆而成
	釉面玻璃	在玻璃一面涂敷一层易熔彩色釉料，经热加工而成
	冰花玻璃	具有冰花纹理，使光线产生漫射
	聚晶玻璃	在玻璃一面喷涂一层聚晶油漆，经热加工而成
	热熔玻璃	将平板玻璃二次等温熔化，多层黏结而成
安全玻璃	钢化玻璃	用平板玻璃加热再急冷却表面而成，强度、弹性、耐热性都大大提高
	夹丝玻璃	在玻璃熔融状态下压入钢丝或钢丝网，又称防火玻璃
	夹层玻璃	两片或以上的玻璃原片，中间夹以胶片
特种玻璃	吸热玻璃	一般都带有颜色，又称着色吸热玻璃
	热反射玻璃	又称镀膜玻璃，在平板玻璃的一面镀上金属膜或金属氧化物
	中空玻璃	用两片或以上的玻璃原片以边框隔开，中间充以空气
	光致变色玻璃	在光线照射下变色
	电致变色玻璃	在一定电压作用下变色
	铅玻璃	高铅含量的光学玻璃，具有很强的防辐射能力

第二节　玻璃的装饰应用

一、平板玻璃

1. 特点

普通平板玻璃的制造方法，过去常用引拉法、平拉法、对辊法等，其特点是：成型容易控制，可同时生产不同宽度和厚度的玻璃，但宽度和厚度也受到成型设备的限制，产品质量也不是很高，易产生很多的缺陷。现在国内外普遍流行浮法生产玻璃，其优点是：玻璃表面光滑平整、厚度均匀、不变形、规格大，宽度可达 2.4 ～ 4.6 m，厚度可达 20 mm。

2. 相关技术要求

相关技术要求见表 1-7-4、表 1-7-5 和表 1-7-6。

表 1-7-4　平板玻璃厚度允许偏差

引拉法玻璃		浮法玻璃	
厚度/mm	允许偏差/mm	厚度/mm	允许偏差/mm
2	±0.15	3	±0.20
3	±0.20	4	
4	±0.20	5	+0.20 −0.30
5	±0.25	6	
6	±0.30	8	±0.35
		10	
		12	±0.40

表 1-7-5　普通平板玻璃的可见光透射比

玻璃厚度/mm	2	3	4	5
可见光透射比/%，≥	88	87	86	84

表 1-7-6　浮法玻璃的可见光透射比

玻璃厚度/mm	3	4	5	6	8	10	12
可见光透射比/%，≥	87	86	84	83	80	78	75

3. 平板玻璃的应用

3～5 mm 厚的平板玻璃常用作普通的门窗采光，或二次加工成各种花玻璃；8～12 mm 厚的平板玻璃多用于隔断、幕墙等，亦是钢化、夹层、镀膜、中空等玻璃加工的原片。

二、装饰玻璃

1. 彩色平板玻璃

彩色平板玻璃又称为有色玻璃或饰面玻璃。彩色平板玻璃分为透明和不透明的两种。透明的彩色平板玻璃是在平板玻璃中加入一定量的着色金属氧化物，按一般的平板玻璃生产工艺生产而成。不透明的彩色平板玻璃又称为饰面玻璃。彩色平板玻璃的颜色有茶色、海洋蓝色、宝石蓝色、翡翠绿等，主要用于建筑物的内外墙、门窗装饰及对光线有特殊要求的部位。

2. 磨砂玻璃

磨砂玻璃又称为毛玻璃，是经研磨、喷砂加工，表面均匀粗糙的平板玻璃。由于表面粗糙，使透过的光线产生漫射，只透光而不透视。一般用于建筑物的卫生间、浴室、办公室等需要隐秘和不受干扰的房间，也可用于室内隔断和作为灯箱透光片使用。

3. 压花玻璃

压花玻璃又称花纹玻璃或滚花玻璃。压花玻璃有一般压花玻璃、真空镀膜压花玻璃、彩色膜压花玻璃等。一般压花玻璃是在玻璃成型过程中，使塑性状态的玻璃带通过一对刻有图案花纹的辊子，对玻璃的表面连续压延而成。真空镀膜压花玻璃是经真空镀膜加工而成。彩色膜压花玻璃是采用有机金属化合物或无机金属化合物进行热喷涂而成。

4. 喷花玻璃、刻花玻璃、冰花玻璃

喷花玻璃又称为胶花玻璃，是在平板玻璃表面贴以图案，抹以保护面层，经喷砂处理形成透明与不透明相间的图案而成。

刻花玻璃是由平板玻璃经涂漆、雕刻、围蜡与酸蚀、研磨而成。图案的立体感非常强，似浮雕一般。

冰花玻璃是一种利用平板玻璃经特殊处理形成具有自然冰花纹理的玻璃。它具有花纹自然、质感柔和、透光不透明、视感舒适的特点。其装饰效果优于压花玻璃，给人以典雅清新之感，是一种新型的室内装饰玻璃。

5. 镜面玻璃

镜面玻璃即镜子，是指在玻璃表面通过化学（银镜反应）或物理（真空镀铝）等方法形成反射率极强的镜面反射的玻璃制品。一般的镜面玻璃具有三层结构，面层为玻璃，中间层为镀铝膜或镀银膜，底层为镜背漆。在装饰工程中，常利用镜子的反射、折射来增加空间感和距离感，或改变光照效果。

三、安全玻璃

1. 钢化玻璃

钢化玻璃又称强化玻璃，按加工方法有物理钢化和化学钢化，以物理钢化最常用。物理钢化玻璃又称为淬火钢化玻璃。它是将普通平板玻璃在加热炉中加热到接近玻璃的软化温度（600 ℃），通过玻璃自身的形变消除内部应力，然后将玻璃移出加热炉，再用多头喷嘴将高压冷空气吹向玻璃的两面，使其迅速且均匀地冷却至室温，即可制得钢化玻璃。由于在冷却过程中玻璃的两个表面首先冷却硬化，待内部逐渐冷却并伴随着体积收缩时，外表已硬化，势必阻止内部的收缩，使玻璃处于内部受拉、外部受压的应力状态，即玻璃已被钢化。处于这种应力状态的玻璃，一旦局部发生破损，便会发生应力释放，玻璃被破碎成无数小块，这些小的碎块没有尖锐棱角，不易伤人。因此物理钢化玻璃是一种安全玻璃。普通玻璃与钢化玻璃应力分布状态比较如图 1-7-1 所示。

钢化玻璃具有强度高（比普通玻璃大 4 ～ 5 倍）、弹性好、热稳定性好（能承受 204 ℃的温差变化）。

钢化玻璃常用作建筑物的门窗、隔墙、幕墙及橱窗、家具等，曲面玻璃常用于汽车、飞机等。钢化玻璃的技术性能如表 1-7-7 所示。

2. 夹丝玻璃

夹丝玻璃也称防碎玻璃或钢丝玻璃，由压延法生产，即在玻璃熔融状态时将经预热处理的钢丝或钢丝网压入玻璃中间，再退火、切割而成。夹丝玻璃表面可以是压花的或磨光的。常用作建筑物的防火门窗、天窗、采光屋顶等。

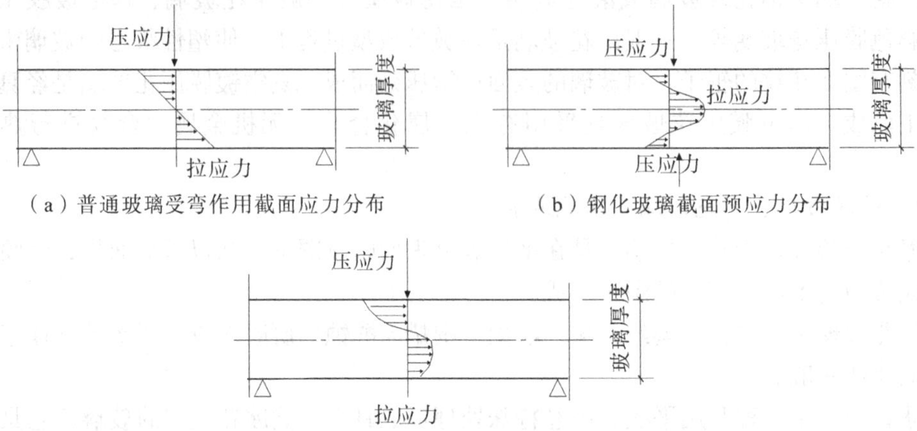

（c）钢化玻璃受弯作用截面应力分布

图 1-7-1　普通玻璃与钢化玻璃应力分布状态比较

表 1-7-7　钢化玻璃的技术性能

项　　目		性能指标	
抗冲击强度	厚度/mm	5	6
	钢球质量/g	500 ± 10	500 ± 10
	自由落下高度/m	1.3	1.9
	冲击结果	不碎	不碎
安全性	碎片形状	蜂窝状	蜂窝状
	碎片面积/mm²	<300	<200
	碎片最大长度/mm	<80	<50
抗弯曲强度/MPa		125	
耐急温变化性		将钢化玻璃置于 −40 ℃冷冻箱内，保持 2 h 取出后以熔化的金属铅浇铸其上，玻璃表面不碎不裂；将钢化玻璃置于 200 ℃炉内，取出投入 30 ℃水中，不碎不裂	

3. 夹层玻璃

夹层玻璃是在两片或多片玻璃原片之间，用 PVB（聚乙烯醇缩丁醛）树脂胶片，经过加热、加压黏合而成的平面或曲面的复合玻璃制品。用于生产夹层玻璃的原片可以是普通平板玻璃、浮法玻璃、钢化玻璃、彩色玻璃、吸热玻璃等。夹层玻璃常用作高层建筑物的门窗、天窗，商店、银行的隔墙、橱窗等，也用作汽车、飞机的挡风玻璃等。夹层玻璃结构如图 1-7-2 所示。

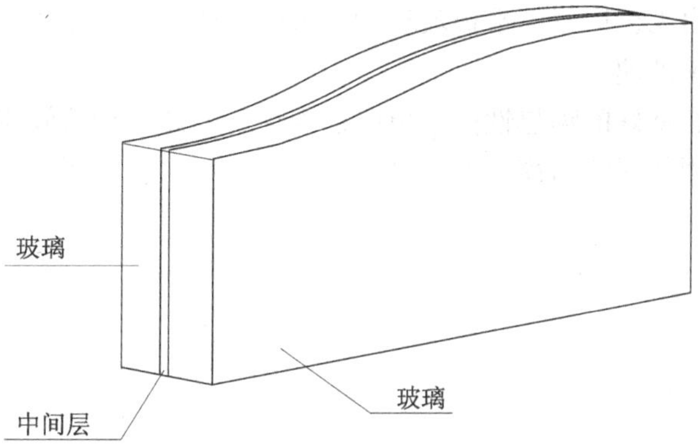

图 1-7-2 夹层玻璃结构

四、特种玻璃

1. 吸热玻璃

吸热玻璃是一种能控制阳光中热能透过的玻璃，它可以显著地吸收阳光中热作用较强的红外线、近红外线，而又保持良好的透明度。吸热玻璃通常都带有一定的颜色，所以也称为着色吸热玻璃。着色吸热玻璃的制造一般有两种方法，一种方法是在普通玻璃中加入一定量的着色剂，着色剂通常为金属氧化物（如氧化亚铁、氧化镍等），它们具有强烈吸收阳光中红外线辐射的能力，即吸热的能力；另一种方法是在玻璃的表面喷涂具有吸热和着色能力的氧化物薄膜（如氧化锡、氧化锑等）。

吸热玻璃有蓝色、茶色、灰色、绿色、古铜色等色泽。

吸热玻璃在建筑装修工程中应用比较广泛。凡既需采光又需隔热之处均可采用。一般多用作建筑物的门窗或玻璃幕墙。吸热玻璃和普通玻璃的吸热性能如图 1-7-3 所示。

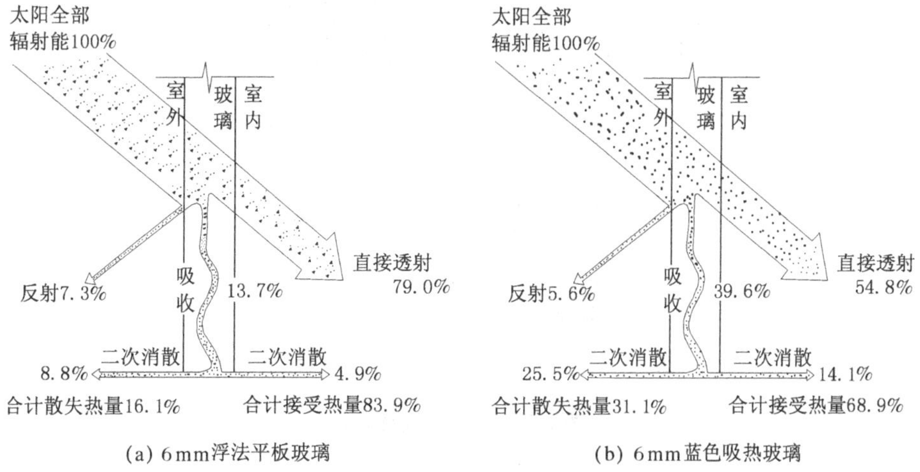

图 1-7-3 吸热玻璃的性能

2. 热反射玻璃

热反射玻璃是由无色透明的平板玻璃镀覆金属膜或金属氧化物膜而制得，又称为镀膜玻璃或阳光控制膜玻璃。

热反射玻璃具有良好的隔热性能、单向透视性、强烈的镜面效应等特点。

热反射玻璃可用作建筑门窗玻璃、幕墙玻璃，还可以用于制作高性能中空玻璃。热反射玻璃性能如图 1-7-4 所示。

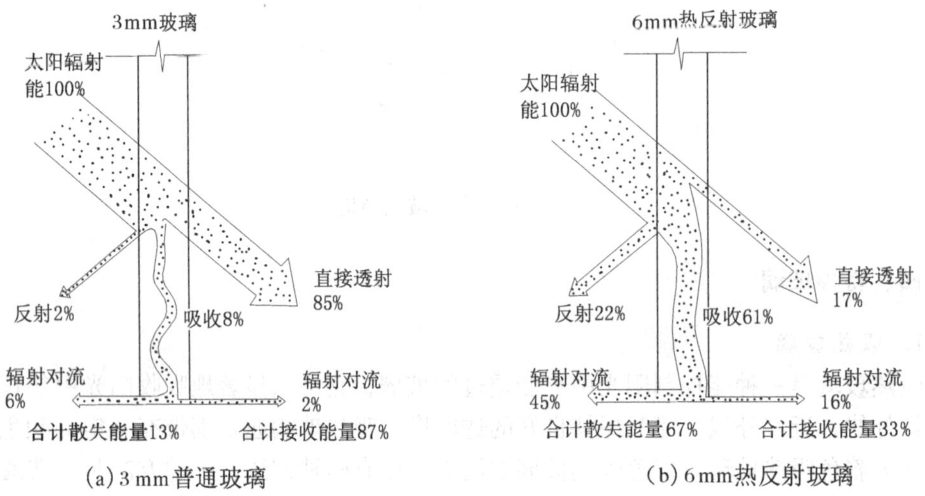

图 1-7-4　热反射玻璃性能

3. 中空玻璃

中空玻璃是由两片或多片平板玻璃用边框隔开，中间充以干燥的空气，四周边缘部分用胶结或焊接方法密封而成，其中以胶结方法应用最为普遍。中空玻璃按玻璃层数，有双层和多层之分，一般是双层结构，中空玻璃结构如图 1-7-5 所示。

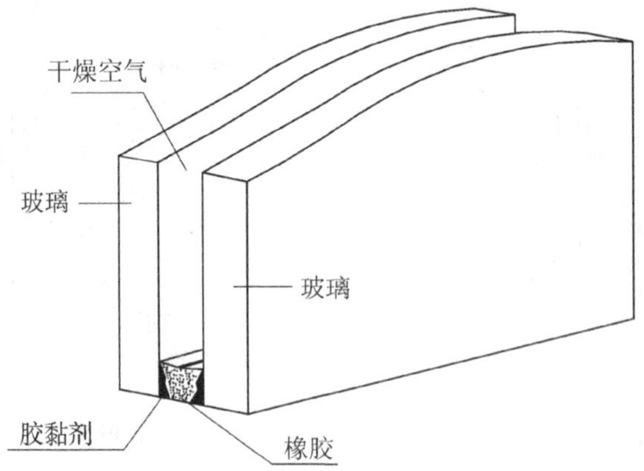

图 1-7-5　中空玻璃结构

中空玻璃的光学性能取决于所用的玻璃原片，一般比单层玻璃具有更好的隔热性能，大体相当于100 mm厚普通混凝土的保温效果。具有较好的隔声性能，一般可使噪声下降30 ～ 40 dB，中空玻璃主要用于需要保湿、恒温、隔声的建筑物上，或要求较高的建筑场所，如宾馆、住宅、医院、商场、写字楼等，也广泛用于车、船等交通工具。

第八章　建筑装饰塑料

第一节　塑料概况

塑料在建筑装饰中应用很广，它有轻质、绝缘、耐腐、耐磨等特点，并且原料来源丰富，生产工艺简单，便于大规模工业化生产。但塑料的耐热、耐火程度低、易老化变形等缺点也限制了它的使用范围。目前很多新技术都有针对性地改善上述缺点，使塑料得到更广泛的应用。

一、塑料的组成

塑料是以合成树脂为基本材料，再按一定比例加入填料、增塑剂、固化剂、着色剂及其他助剂等，经加工而成的材料。

1．合成树脂

合成树脂是塑料中主要的组成材料，起到胶黏剂的作用，是决定塑料特性和主要用途的最基本的因素。合成树脂在塑料中的质量分数为 30% ～ 60%，塑料常以所用的树脂命名。常用塑料的基本性质和应用见表 1-8-1。

表 1-8-1　常用塑料主要性能参数、特点和应用

树脂名称	密度/（g·cm^{-3}）	抗拉强度/MPa	耐热温度/℃	特性与用途
聚甲基丙烯酸甲酯（PMMA）	1.18 ～ 1.20	49.0 ～ 77.0	65 ～ 90	有较好的弹性、韧性和抗冲击强度，耐低温性好，透明度高，易燃，可制有机玻璃
聚丙烯（PP）	0.90 ～ 0.91	30.0 ～ 39.0	100 ～ 120	密度最低，耐热性较好，可制纤维、薄膜、管材、器具及工程配件
聚苯乙烯（PS）	1.04 ～ 1.07	35.0 ～ 63.0	65 ～ 95	耐水、耐腐蚀和电绝缘性好，透光、易加工和着色，但性脆，可制各种板材
聚氨酯发泡树脂（PU）	0.03 ～ 0.05	0.10 ～ 0.13	85	制泡沫塑料、保温、减震材料，可调制涂料、胶黏剂和防水材料等

续表 1-8-1

树脂名称	密度/($g \cdot cm^{-3}$)	抗拉强度/MPa	耐热温度/℃	特性与用途
聚氯乙烯(PVC)	1.16～1.45	10.5～63.3	66～79	耐酸碱、强度较低，对光和热不大稳定，可制管、板材、门窗、地板、防水材料
聚乙烯(PE)	0.91～0.97	8.4～31.7	49～82	耐水，耐低温，耐腐蚀，稳定性、绝缘性、物理机械性好，可燃，宜作防水材料
环氧树脂(EP)	1.12～1.15	70	150～260	耐热，化学稳定、黏结性好，吸水性低，强度高，宜作玻璃钢、胶黏剂和涂料
不饱和聚酯树脂(UP)	1.10～1.45	42.0～70.0	120	耐腐蚀，力学性和加工性较好，宜作玻璃钢管道和仿石材料
有机硅树脂(SI)	1.65～2.00	18.0～30.0	>250	耐高、低温，耐腐蚀，稳定性较好，绝缘性好，宜作高级绝缘或防水材料

2. 填料

填料又称填充剂，它是绝大多数塑料中不可缺少的原料，通常占塑料组成材料的40%～70%。其作用是提高塑料的强度、韧性、耐热性、耐老化性、抗冲击性等，同时也为了降低塑料的成本。

3. 增塑剂

增塑剂是增加塑料的可塑性、柔软性、弹性、抗震性、耐寒性及延伸率等，但会降低塑料的强度与耐热性。

4. 固化剂

固化剂又称硬化剂，其主要作用是使线型高聚物交联成体型高聚物，使树脂具有热固性。

5. 着色剂

着色剂是将塑料染制成所需要的颜色，能与树脂混熔和混溶，并在加热加工和使用过程中保持稳定。

6. 其他助剂

为了改善或调节塑料的某些性能，以适应使用和加工的特殊要求，可在塑料中掺加各种不同的助剂，如稳定剂、阻燃剂、发泡剂、润滑剂、抗老化剂等。

二、塑料的主要特性

塑料作为建筑材料使用具有许多特性，不仅能用来代替传统的建筑材料，而且还具有比传统材料更为优越的性能，用途比传统材料更广泛。塑料的主要特性包括以下几方面。

1. 质量轻

塑料的密度为0.22～8 g/cm³，是钢材的1/10～1/8、铝材的1/2、混凝土的1/3，与木材相近。

2. 优良的加工性能

塑料可以用各种简便的方法加工成各种形状的产品，如薄板、薄膜、管材、异型材料等。这些材料被广泛用于给排水、电气安装等工程。

3. 化学稳定性和电绝缘性好

塑料制品一般对酸、碱、盐及油脂有较好的耐腐蚀性。电绝缘性可与陶瓷、橡胶媲美。

4. 优良的装饰性

塑料制品在生产时，不仅可以着色，而且色彩鲜艳持久。可通过照相制版印刷，模仿天然材料的纹理，如木纹、大理石纹等；还可电镀、热压、烫金制成各种花型和图案，使其表面具有金属的质感和立体感，能满足不同场合的使用要求。

5. 功能的可设计性强

塑料在生产时，可以通过改变塑料的配方与生产工艺，制成具有各种特殊性能的工程材料。如强度超过钢材的碳纤维复合材料；具有承重、质轻、隔音、保温的复合板材；柔软而富有弹性的防水材料等。

6. 易燃、易老化、耐热性差

虽然塑料具有很多优越性，但塑料制品易燃、易老化、耐热性差，这是有机高分子材料的一般通病。近年来随着塑料改性添加剂以及加工工艺的不断发展，塑料制品的这些缺点也得到了很大的改善。如加入阻燃剂可制成具有自熄性和难燃性的建材产品。

在使用寿命方面，经改进后的建筑塑料制品，其使用寿命完全可以与其他建筑材料相媲美，有的甚至高于传统材料。建筑塑料在国外已有四十多年的历史，其使用年限至少20年，最高可达50年。如经改进的聚氯乙烯塑料管道，其使用寿命比铸铁管还长。

总体而言，塑料制品的优点多于缺点，且缺点在不断地改进。我国是石油化工工业大国，有机原材料丰富，塑料制品必将成为今后建筑材料发展的重要品种之一。

第二节　塑料装饰制品

一、塑料装饰板

1. 塑料贴面装饰板

塑料贴面装饰板又称防火板，它是以酚醛树脂的纸质压层为胎基，表面用三聚氰胺甲醛树脂浸渍过的印花纸，具有各种色彩、图案。经热压制成的塑料贴面装饰板，可覆盖于各种基材上，作为贴面装饰材料。适用于各种建筑室内、车船及家具等表面装饰。

2. 硬质PVC板

硬质PVC板有透明和不透明两种，按其断面型式可分为平板、波形板和异型板等。平板表面光滑、色泽鲜艳、不变形、易清洗、防水、耐腐蚀，常用于室内饰面、家具台面的装饰。

波形板是以 PVC 为基材，用挤出成型法制成各种波形断面的板材。其波形尺寸与一般石棉水泥波形瓦、彩色钢板波形板等相同，彩色硬质 PVC 波形板可用作墙面装饰和简单建筑的屋面防水。透明 PVC 横波板可用作发光平顶。

硬质 PVC 异型板，亦称 PVC 扣板，有两种基本结构，一种为单层异型板，另一种为中空异型板。硬质 PVC 异型板表面可印制或复合各种仿木纹、仿石纹的装饰几何图案，有良好的装饰性，常用作墙板和潮湿环境（盥洗室、卫生间）的吊顶板。

硬质 PVC 异型板常见的结构如图 1-8-1 所示。

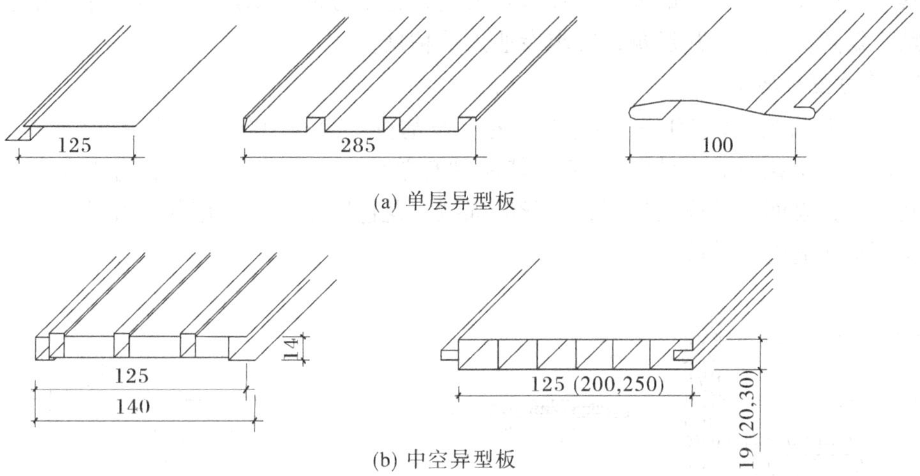

图 1-8-1　硬质 PVC 异型板结构

3. 有机玻璃板

有机玻璃板简称“有机玻璃”。这是以甲基丙烯酸甲酯为主要原料，加入外加剂，并经聚合而成的一种热塑性塑料板材，是一种具有极好透光性的高级塑料板。有机玻璃分为无色透明有机玻璃、有色有机玻璃和珠光有机玻璃三种。有机玻璃可用于灯具、灯箱、宣传牌、透明壁板、隔断的制作，还能用来制作各种彩色的文字图案。

4. 玻璃钢

玻璃钢是以热固性不饱和聚酯树脂或环氧树脂为黏结材料，以玻璃纤维织物为增强材料制作而成的一种复合性材料。玻璃钢具有质量较轻、强度较高、透光性强和装饰性好等特点。可制作玻璃钢屋面采光罩、玻璃钢卫生洁具、玻璃钢盒子卫生间等。

5. PC 采光板

PC 采光板是以聚碳酸酯塑料为基材，采用挤出成型工艺制成的栅格状中空结构异型断面板材，是近年由国外引进的优质透光装饰板材。其结构如断面为双层直栅格结构，厚度有 6 mm、8 mm、10 mm、16 mm 不同规格，常用的板面规格为 5800 mm × 1210 mm。聚碳酸酯采光板的特点为：轻、薄、刚性大，能承受暴风雨、冰雹、大雪引起的破坏性冲击；色调多、外观美丽，有良好的耐水性和耐湿性；透光性好，隔热、保温，阻燃性好，耐候性好，聚碳酸酯采光板适用于遮阳棚、大厅采光天幕、游泳池和体育场馆的顶棚、大型建筑和庭园的采光通道、温室花房或蔬菜大棚的顶罩等。

二、塑料墙纸

塑料墙纸是目前国内外使用较广泛的一种内墙装饰材料，是以一定材料为基材，在其表面进行涂塑后再经过印花、压花或发泡处理等多种工艺而制成的。墙纸规格一般有以下三种：

①幅宽 530 ～ 600 mm，长 10 ～ 12 mm，每卷面积为 5 ～ 6 m^2 的窄幅小卷；

②幅宽 760 ～ 900 mm，长 20 ～ 50 mm，每卷面积为 20 ～ 45 m^2 的中幅中卷；

③幅宽 920 ～ 1200 mm，长 50 mm，每卷面积为 46 ～ 90 m^2 的宽幅大卷。

其中，小卷墙纸生产最多，比较适合民用，施工方便，用户可自行粘贴。中卷、大卷粘贴工效高，适合公共建筑，要求专业人员粘贴。

1. 普通塑料墙纸

普通塑料墙纸是以 80 ～ 100 g/m^2 的纸作基材，涂布 100 g/m^2 的糊状聚氯乙烯树脂，经印花、压花而成，见图 1-8-2。其品种有单色压花、印花压花、有光印花和平光印花几种。其表面可组成天然石材、丝绸锦缎等花色图案，是民用住宅和公共建筑墙面装饰应用最普遍的一种墙纸。

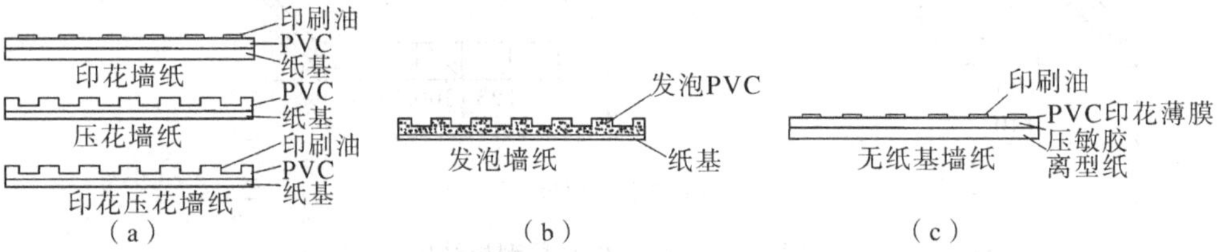

图 1-8-2　普通塑料墙纸结构

2. 发泡塑料墙纸

发泡塑料墙纸是以 100 g/m^2 的纸作基材，涂布 300 ～ 400 g/m^2 的掺有发泡剂的糊状聚氯乙烯树脂，印花后再加热发泡而制成，见图 1-8-2。品种有高发泡印花、低发泡印花、低发泡印花压花等。其立体感强，装饰效果好，弹性和吸声性能好。其表面可制成木纹、石墙、面砖等图案和花色，适用于室内吊顶、墙面的装饰。

3. 特种墙纸

特种墙纸是指具有耐水、防火的性能和特殊装饰效果的墙纸。耐水墙纸是用玻璃纤维毡作基材，在 PVC 涂塑材料中配以具有耐水性的胶黏剂制作而成。可用于卫生间等湿度较大场所的墙面装饰。防火墙纸则是以 100 ～ 200 g/m^2 石棉纸作基材，涂塑掺有阻燃剂的 PVC 糊而制成的，使墙纸具有一定的阻燃防火功能，适用于防火要求较高的场所。具有特殊装饰效果的壁纸和彩色沙粒墙纸，是在基材上均匀散布彩色沙粒，再涂胶黏剂，使表面呈沙粒毛面。它可用作门厅、柱头、走廊等处的局部装饰。

三、塑料地板

塑料地板是以合成树脂为原料，掺入各种填料和助剂，经一定工艺制作而成的块状卷材或现场铺涂整体状的地面材料。它具有弹性好、脚感舒适、耐磨耐污等特点，表面可做成绚丽多彩的图案，也可做成仿各种木材、天然石材、陶瓷地砖等花纹图案，同时，塑料地板的施工及维修都比其他地板材料方便。

塑料地板的规格各异，一般块状板材有正方形（边长有 200 ～ 480 mm），条形（宽 100 ～ 200 mm，长 300 ～ 900 mm），厚度 1.5 ～ 3 mm 不等；卷状塑料地板宽度有 1.2 m、1.5 m、1.8 m、2 m 等几种，长度有 15 m/卷、20 m/卷、30 m/卷等不同规格，厚度为 1. 5 ～ 3 mm 不等。

塑料地板主要应用于学校、幼儿园、各类实验室、电子加工厂等地面，也可用于各类专卖店、家居地面的装饰。

四、塑钢门窗

塑钢门窗是以聚氯乙烯（PVC）树脂为主要原料，加上一定比例的稳定剂、改性剂、填充剂、紫外线吸收剂等助剂，经挤出加工成型材，然后通过切割、焊接的方式制成门窗框、扇，配装上橡塑密封条、五金配件等附件而成。为增加型材的刚性，在型材空腔内添加钢衬，所以称之为塑钢门窗。种类有平开门、窗，推拉门、窗，特殊规格可根据用户需要加工订制。构造分类有单框单玻门窗、单框双玻门窗。

第九章　金属装饰材料

金属材料在装饰中的应用，主要有金、银、铜、铝、铁及其合金，特别是钢和铝合金，因其良好的机械性、低廉的价格而被广泛应用。本章介绍钢、铝合金及其制品。

第一节　钢材及其制品

一、钢材的相关知识

钢材实际上是一种铁碳合金，并含有少量的其他元素，如 Si、Mn、S、O、N 等，钢材中碳的质量分数在 2% 以下。钢是以生铁为原料，通过提炼，使生铁中的碳含量降低（$w(C)<2\%$），同时除去铁中的多种杂质而成。钢材根据其化学成分可分为非合金钢（即碳素钢）、低合金钢和合金钢三种，其中碳素钢又可分为低碳钢（$w(C)<0.25\%$）、中碳钢（$0.25\%<w(C)<0.6\%$）和高碳钢（$w(C)>0.6\%$）三种。

二、常用钢材品种

1. 热轧型钢

热轧型钢是普通碳素结构钢或普通低合金钢经热轧而成的异型断面钢材，在建筑装饰工程中常用作钢结构骨架、各种幕墙的钢骨架、包门包柱的骨架等。根据型钢截面形式的不同可分为角钢、扁钢、槽钢和工字钢，它们都是钢结构工程和建筑装饰中常用的钢材。

2. 冷弯型钢

冷弯型钢是制作轻型钢结构的材料，其用途广泛，常用于装饰工程如舞池上方的灯具架等具有装饰性兼有承重功能的钢架。冷弯型钢用普通碳素钢或普通低合金钢带、钢板，以冷弯、拼焊等方法制成。与普通热轧型钢相比，具有经济、受力合理和应用灵活的特点。

3. 钢筋

钢筋可分为热轧钢筋、冷加工钢筋、钢丝和钢绞线三大类。建筑装饰工程中常用的是热轧钢筋。主要应用于钢筋网片、小型混凝土构件和与型材共同制作的钢构架等。

4. 装饰工程常用钢材

装饰工程用钢材有专用于建筑装饰工程或制作装饰制品的特种性能钢材，有用于室内外墙面、柱面、各种饰面的不锈钢，有广泛用于室内外墙面、屋面的压型钢板、彩色涂层钢板，有广泛用于室内吊顶、间墙的轻钢龙骨等。

三、装饰工程的钢材制品

1. 不锈钢

普通钢材具有许多优越性能，但易被锈蚀是其致命缺点，钢材中的 Fe 很容易和空气中的 O_2、SO_2 等发生反应。为了防止钢材锈蚀，通常是在碳素钢中加入铬、镍、钛、铜等抗腐蚀能力强的元素，以制成不同的合金钢。不锈钢是在碳素钢中加入铬（其质量分数 >12%），使其在钢材表面生成惰性氧化铬保护膜，而且在使用中若被破坏，还可以重新生成，所以形成永不生锈的合金钢——不锈钢。

装饰材料使用不锈钢制品主要有板材和管材两种。

不锈钢板材通常按反光率分为镜面板、亚光板和浮雕板三种类型。镜面板（图 1－9－1）表面平滑光亮，光线的反射率可达 95% 以上，表面可形成独特的印象光影。亚光板的反光率在 50% 以下，其光泽柔和，不晃眼，用于室内外，可产生一种柔和、稳重的艺术效果。浮雕不锈钢板表面不仅具有金属光泽，还有富于立体感的浮雕纹路，它是经辊压、研磨、腐蚀或雕刻而成。常用装饰不锈钢板的厚度为 0.35 ～ 2 mm（薄板），幅面宽、长度以 1220 mm × 2440 mm 较多。不锈钢板材主要是冷加工成各种型材或板，用于室内外墙、柱饰面、幕墙、电梯间护壁、门口包镶等工程部位。

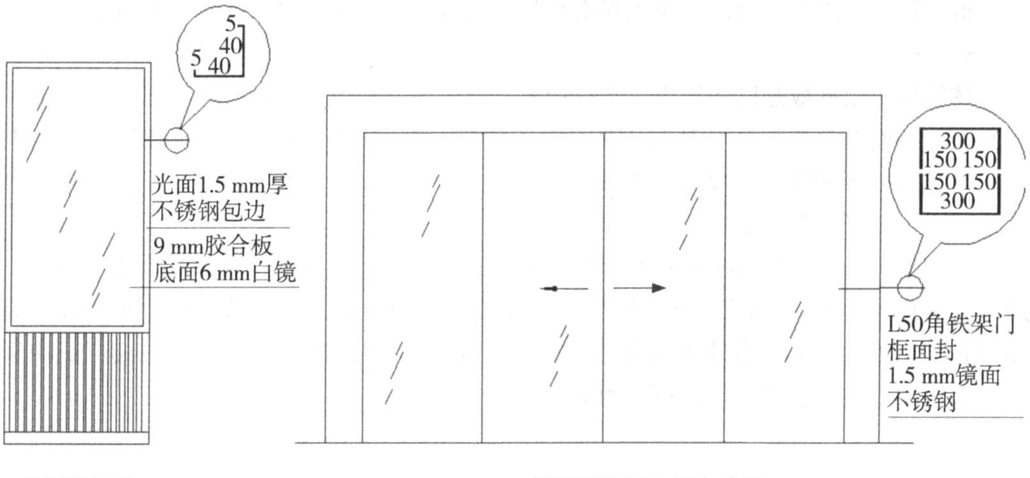

图 1-9-1　镜面板

不锈钢装饰管材按截面形状可分圆管和方管两大类。圆管分为等径圆管和变径花形管两种。装饰中常用的管径有 19 mm、22 mm、25 mm、32 mm、38 mm、51 mm、63 mm、76 mm等多种；方管有15 mm × 20 mm、25 mm × 25 mm、25 mm × 38 mm、44 mm × 76 mm等。不锈钢管材按管壁厚可分为薄壁管（小于2 mm）和厚壁管（大于4 mm）。不锈钢管材主要用于室内外楼梯扶手、护栏等装饰。

2. 彩色涂层钢板

彩色涂层钢板是以冷轧或镀锌钢板（钢带）为基材，经表面处理后涂以各种保护、装饰涂层而成的产品。常用的涂层材料有无机涂层、有机涂层和复合涂层三大类。以有机涂层钢板发展最快，主要原因是有机涂层原料种类丰富、色彩鲜艳、制作工艺简单。涂层附着力强，经二次机械加工，涂层也不破坏。彩色涂层钢板的结构如图 1-9-2 所示。

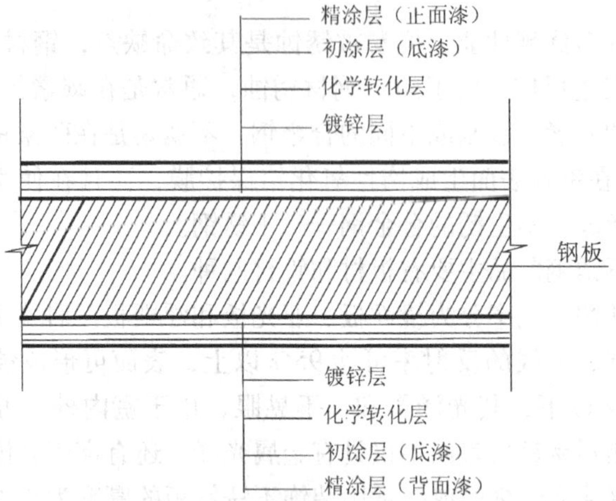

图 1-9-2　彩色涂层钢板的结构

彩色涂层钢板（钢带）主要应用于各类建筑物的外墙板、屋面板、室内的护壁板、吊顶板，还可作为排气管道、通风管道和其他类似的有耐腐蚀要求的构件及设备。

3．压型钢板

建筑用压型钢板是以冷轧板、镀锌钢板、彩色涂层钢板为基材，经辊压、冷弯成异型断面，断面形状有 V 形、M 形、N 形等。国家标准《GB/T 12755—91 建筑用压型钢板》对压型钢板的代号、尺寸、外形、允许偏差等技术指标都做了具体规定，并且指出该标准也适用于彩色压型钢板。

压型钢板结构如图 1-9-3 所示，H 表示波高，S 表示波距，B 表示有效覆盖宽度。压型钢板代号为 YX。常表示为 YX$H-S-B$，如 YX 75—250—900 表示压型钢板波高为 75 mm，波距 250 mm，有效覆盖宽度 900 mm。彩色涂层钢板、建筑压型钢板广泛用于外墙、屋面、吊顶及夹芯保温板材的面板等。

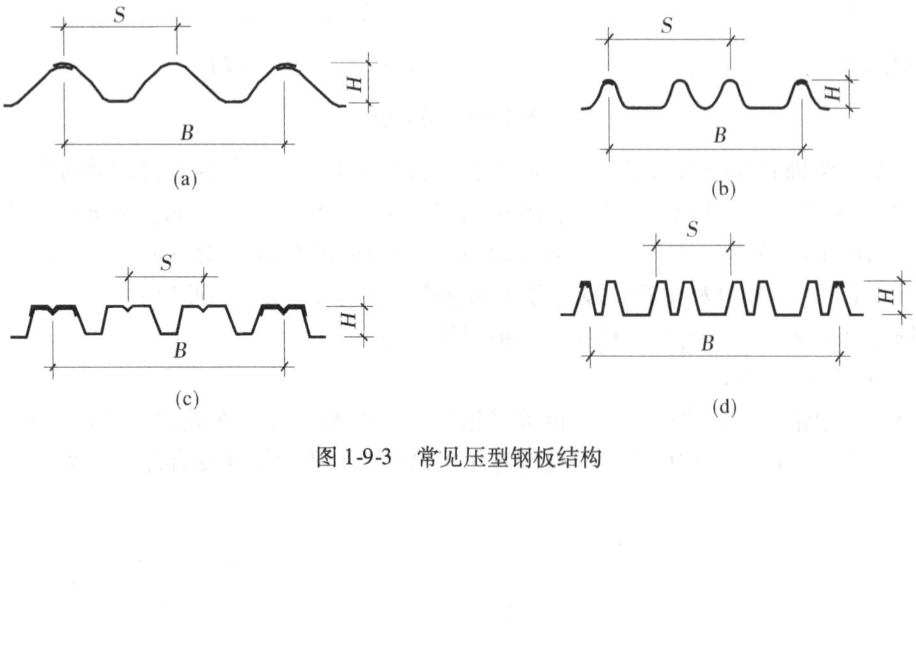

图 1-9-3　常见压型钢板结构

4. 轻钢龙骨

建筑用轻钢龙骨是以冷轧钢板（钢带）、镀锌钢板（钢带）或彩色喷塑钢板（钢带）为原料，采用冷弯工艺生产的薄壁型钢。常用作吊顶或墙体龙骨。

轻钢龙骨是木龙骨的换代产品，与各种饰面板（纸面石膏板、矿棉板等）相配合，构成的轻型吊顶或隔墙，以其优异的热学、声学、力学、工艺性能及多变的装饰风格在装饰工程中得到广泛的应用。

轻钢龙骨有各种分类方法：按荷载类型分有上人龙骨和不上人龙骨；按龙骨的断面形状，可分为C型龙骨、U型龙骨、T型龙骨和L型龙骨；按用途分，有吊顶龙骨和墙体龙骨（代号分别为D和Q）。吊顶龙骨又分为承载龙骨（又称主龙骨）、覆面龙骨（又称中龙骨或横撑龙骨），其中U型、C型形成一系列；L型、T型形成另一系列。墙体龙骨可分为横龙骨（又称沿顶、沿地龙骨）、竖龙骨和连贯龙骨，其中横龙骨是轻钢龙骨墙与结构（梁或楼板）的连接构件，竖龙骨为墙体的主要承重和与面板连接的构件。轻钢龙骨的断面形状如图1-9-4所示。

按龙骨的断面高度规格，墙体龙骨有50、75、100系列，吊顶龙骨有38、45、50、60系列。

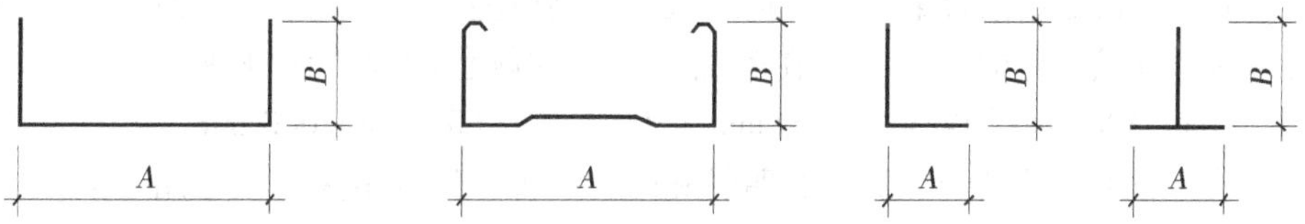

(a) 吊顶龙骨

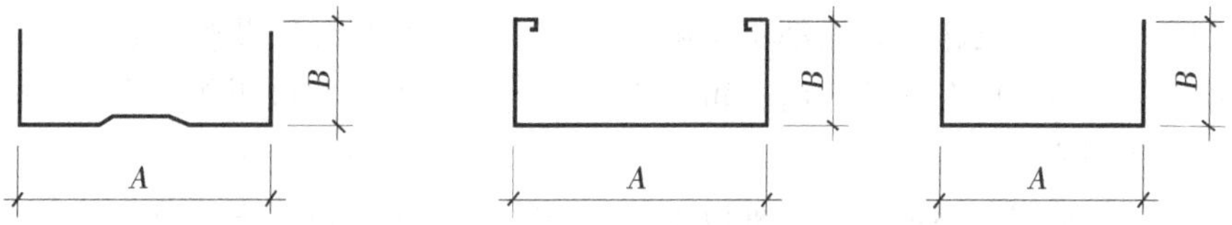

(b) 墙体龙骨

图1-9-4　轻钢龙骨的断面形状

轻钢龙骨除龙骨主体外，还有相应的配件。吊顶龙骨的配件有：吊杆、吊件、挂件、挂插件、接插件和连接件。

第二节　铝及铝制品

一、铝的相关知识

铝属于有色轻金属，密度为2.7 g/cm³，银白色。铝在空气中易与氧发生氧化反应，生成很薄的一层氧化膜，而起到一定的保护作用，因此，铝在空气中比钢铁稳定，但抵抗不了如盐酸等强酸的腐蚀。铝的强度和硬度较低，因此，装饰工程中采用的都是掺入其他合金元素如铜、镁、锰、硅、锌等的铝合金。

二、铝合金制品

1. 铝合金门窗

铝合金门窗在近年来得到广泛的应用，相对于传统的木门窗，无论在气密性、水密性、耐久性、耐磨蚀、施工工艺、装饰效果等方面，都有无可比拟的优点。近 20 年来，新建的民用住宅、商业建筑大多数都采用了铝合金门窗。

2. 铝合金装饰板

（1）花纹板

花纹板是采用防锈铝、纯铝或硬铝，用表面具有特制花纹的轧辊轧制而成。它具有花纹美观大方、纹高适中（0.5 ～ 0.8 mm）、不易磨损、防滑性能好、防腐能力强、易于清洗等优点。通过表面着色，可获美丽色彩。花纹板板面平整、裁剪尺寸准确、便于安装，广泛用于车辆、船舶、飞机等内墙装饰和楼梯、踏板等防滑部位。

（2）铝合金天花板

铝合金天花板是用铝合金平板，通过机械压制成型，或在铝合金表面冲出大小、形状、间距等一致或不等的孔洞，再在表面烤上不同颜色的油漆而制成。其厚度一般在 0.5 ～ 1.0 mm 之间，常用规格为 300 mm × 300 mm 或 600 mm × 600 mm。可根据用户的特殊要求进行加工，按其安装形式有明骨和暗骨两种。铝合金天花板常用于商场、办公室、宾馆等公共建筑。

近年家居装饰中，卫生间及厨房常用铝合金天花板。因卫生间及厨房的水汽大，清洁时用的清洁剂都带一点腐蚀性，对铝合金天花板表面的油漆造成一定的侵蚀，所以现在家居用的铝合金天花板表面都不烤漆，而是压一层塑料装饰薄膜。装饰薄膜有仿丝绒布、暗花等图案，也有纯色、白、黄、黑等颜色。这种天花也叫作铝合金覆膜天花板。

（3）铝塑板

铝塑板，又称塑铝板，是一种以 PVC 或 PE 塑料作芯板，正、背两表面为铝合金薄板的复合板材。厚度有 3 mm、4 mm、6 mm 3 种，规格以 1220 mm × 2440 mm 最常见。由于采用了复合结构，所以兼有金属材料和塑料的优点。其主要特点为重量轻，坚固耐久，比铝合金薄板有强得多的抗冲击性和抗凹陷性；可自由弯曲，弯曲后不反弹，因此成型方便，沿弧面基体弯曲时，不需特殊固定，即可与基体良好地贴紧，便于粘贴固定。铝塑板由于经过阳极氧化和着色、涂装表面处理，所以不但色彩、纹理多样，装饰性好，而且有较强的耐候性；铝塑板可锯、可铆、可刨（侧边）、可钻、可冷弯、可冷折，是一种新型金属塑料复合板材，广泛地应用于建筑物的外幕墙和室内外墙面、柱面和顶面的饰面处理。铝塑板的主要物理力学性能指标见表 1-9-1。

（4）蜂窝芯铝合金复合板

蜂窝芯铝合金复合板的整体结构和涂层结构如图 1-9-5 所示，其外表层为 0.2 ～ 0.7 mm 的铝合金薄板，中心层用铝箔、玻璃布或纤维纸制成蜂窝结构，铝板表面喷涂以聚合物着色保护涂料——聚偏二氟乙烯，在复合板的外表面覆以可剥离的塑料保护膜，以保护板材表面在加工和安装过程中不致受损。

表 1-9-1　铝塑板的主要物理力学性能指标

项　　目	单位	板厚/mm			标　准
		3	4	6	
密度	g/cm^3	1.52	1.37	1.22	ASTM D792
板重（面密度）	kg/m^2	4.55	5.48	7.34	ASTM D792
热膨胀系数（－20 ～ 60 ℃）	$10^{-6}℃^{-1}$	22	24	25	ASTM D696
热传导率（表观）	W/(m · K)	0.15 ～ 0.19			GB 10294—88
热变形温度	℃	113			ASTM D648
隔声性能（100 ～ 3200Hz）	dB	24	26	27	ASTM E413
抗拉强度	MPa	45.8	48.0	38.2	ASTM D638
屈服强度	MPa	43.4	44.2	30.4	ASTM D638
伸长率	%	12	14	17	ASTM D638
弯曲弹性模量	10^4MPa	3.2	4.2	2.8	ASTM C393
冲击剪切阻力（最大负荷）	kg	1320	1670	2120	ASTM D732
黏结强度	N/mm	8.8	9.0	9.2	ASTM D903

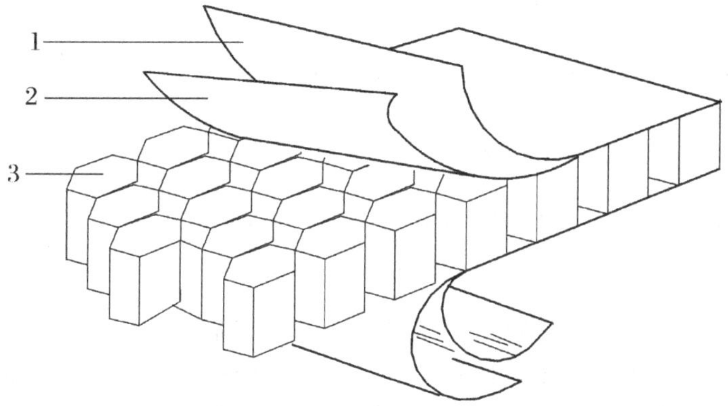

1—铝合金薄板；2—树脂黏结剂；3—蜂窝芯。

图 1-9-5　蜂窝芯铝合金复合板结构

蜂窝芯铝合金复合板主要有强度高、重量轻、隔声、防震、保温隔热、色泽鲜艳、易于成型等特点。可用于各种建筑的幕墙系统，也可用于室内墙面、屋顶、天棚、包柱等工程部位。铝合金蜂窝复合板、铝合金蜂窝芯板主要技术指标分别见表 1-9-2 和表1-9-3。

表 1-9-2　铝合金蜂窝复合板主要技术指标

项　　目	指标	项　　目	指标
厚度/mm	12	抗拉强度/MPa	2 ～ 3
剥离强度/（$N \cdot cm^{-1}$）	30 ～ 50		
剪切强度（板—板）/MPa	10 ～ 15	导热系数/［$W \cdot (m \cdot K)^{-1}$］	1.7

表 1-9-3　铝合金蜂窝芯板主要技术指标

类别	抗拉强度/MPa		剪切强度/MPa			
	强度	模量	*L* 方向		*W* 方向	
			强度	模量	强度	模量
Ⅰ	2.60	630	1.45	280	0.90	140
Ⅱ	0.90	165	0.65	110	0.40	55

3. 铝合金龙骨

铝合金龙骨是以铝合金挤压而成的顶棚骨架支承材料，其断面为 T 形和 L 形，按其位置和功能可分为 T 型主龙骨（代号 LT-23）、次龙骨（横撑龙骨）、边龙骨、异型龙骨和配件，T 型、L 型龙骨断面及外形如图 1-9-6 所示。

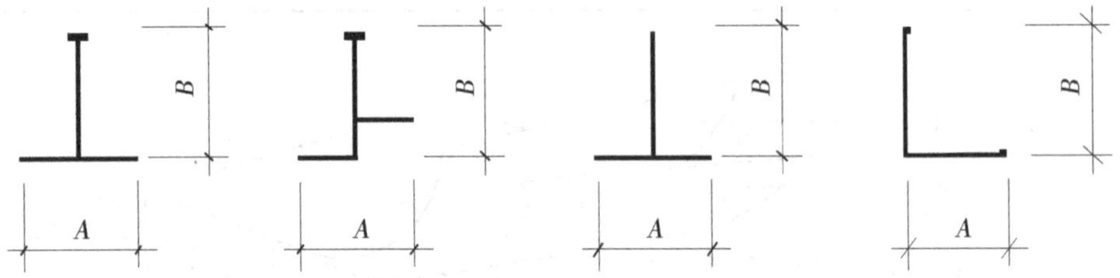

(a) T型（纵向）　(b) T型（异形）　(c)T型（横向）　(d)L型（边龙骨）

图 1-9-6　铝合金龙骨

T 型、L 型铝合金系列龙骨中，T 型为主龙骨，产品长度为 3 m 或 6 m，可用连接件接长。横撑次龙骨的断面与主龙骨大致相同，但长度是按板材规格而定的定长尺寸（如一般为 0.596 m）。T 型、L 型系列铝合金龙骨的使用和轻钢龙骨中的 T 型、L 型系列的使用是一样的，具有自重轻、防火、加工和安装方便等特点，常与小幅面石膏装饰板或岩棉（矿棉）吸声板或铝合金板、铝合金吸声板等配套使用。

第十章　建筑涂料

建筑涂料，习惯称油漆，是指覆盖于建筑物表面，和涂覆物表面牢固地黏结在一起，能增加建筑物的使用寿命，增强建筑物的色彩和质感的一种材料。它具有施工灵活、简单、造价低等特点，因此，在建筑装饰中得到广泛的应用。

第一节　涂料的组成和分类

一、涂料的组成

不同种类的涂料，其组成成分有较大差别。按照涂料中各种组成材料所起作用的不同，可将这些组成材料分为主要成膜物质、次要成膜物质和辅助成膜物质，具体如表 1 -10-1 所示。

表 1-10-1　涂料的组成材料和所起作用

涂料组成	组成品种		所起作用
主要成膜物质	天然树脂	虫胶、大漆	为涂料的主要材料，起结合作用，决定涂料的主要性能
	人造树脂	松香、甘油酯、硝化纤维	
	合成树脂	醇酸树脂、环氧树脂、聚氨酯、聚丙烯酸酯等	
	植物油料	桐油、亚麻仁油	
次要成膜物质	着色颜料	无机颜料，如铁红、铁黄等	预涂膜着色，使其有一定的遮盖力
	体质颜料	粉料（滑石粉）、粒料（石英砂）	减少涂膜固化收缩，增加厚度，提高耐久性等
	防锈颜料	红丹、铝粉、氧化铁红	防止被涂覆金属表面锈蚀
辅助成膜物质	分散介质（稀释剂）	水和有机溶剂（如酒精、苯、二甲苯、丙酮）	稀释涂料，方便施工
	助剂	催干剂、增塑剂、固化剂、流变剂、分散剂、抗氧化剂、防霉剂、阻燃剂等	改善涂料性能

二、涂料的分类

涂料的分类方式很多，常见的分类方式见表 1-10-2。

表 1-10-2　涂料的分类

涂料分类			涂料举例
按主要成膜物质的化学成分	有机涂料	溶剂型涂料	各类硝基漆、酚醛漆
		水溶型涂料	“106” 内墙涂料、“803” 内墙涂料
		乳胶型涂料	聚酯酸乙烯乳胶漆、丙烯酸酯乳胶漆
	无机涂料		JH 80-1、JH 80-2 无机外墙涂料
	有机—无机复合涂料		聚乙烯醇水玻璃内墙涂料、复层涂料
按装饰部位	内墙涂料		“803” 内墙涂料、乳胶漆、多彩涂料
	外墙涂料		合成树脂乳液外墙涂料、彩砂涂料
	地面涂料		聚氨酯地面涂料
	家具涂料		聚酯漆、硝基漆、磁漆
	天面防水涂料		氯丁橡胶防水涂料

第二节　内墙涂料

内墙涂料也可以用作顶棚涂料。内墙涂料的主要特点是：色彩丰富、协调，色调柔和，涂膜细腻，耐碱性、耐水性好，不易粉化，透气性好，涂刷方便，重涂性好。常用的内墙涂料有合成树脂乳液内墙涂料、水溶性内墙涂料、多彩花纹内墙涂料等。

一、合成树脂乳液内墙涂料（乳胶漆）

合成树脂乳液内墙涂料是以合成树脂乳液为主要成膜物质，加入着色颜料、体质颜料、助剂，经混合、研磨而制得的薄质内墙涂料。涂料具有下列特点：

（1）以水分为分散介质，随着水分的蒸发而干燥成膜；

（2）涂膜透气性好，因而可以避免因涂膜内外温度差而鼓泡。

乳胶漆的种类很多，通常以合成树脂乳液来命名，主要品种有：聚酯酸乙烯乳胶漆、丙烯酸酯乳胶漆、乙-丙乳胶漆、苯-丙乳胶漆、聚氨酯乳胶漆等。

合成树脂乳液内墙涂料的技术性能应符合表 1-10-3 的要求。

乳胶漆内墙涂料以其性能好、价格低廉、施工简便的特点，被广泛用于室内的墙面、天花饰面的装饰。随着生产工艺的不断提高，现代的乳胶漆各项技术性能都有很大的改进。

表 1-10-3 合成树脂乳液内墙涂料的技术性能

项次	技术性能	性能指标
1	在容器中的状态	无硬块，搅拌后呈均匀状态
2	固体含量/%，(120±20)℃，2 h	≥45
3	低温稳定性	不凝聚，不结块，不分离
4	遮盖力/Pa，白色或浅色	≤25 000
5	颜色与外观	表面平整，符合色差范围
6	干燥时间/h	≤2
7	耐刷洗性/次	≥300
8	耐碱性，48 h	不起泡，不掉粉，允许轻微失光和变色
9	耐水性，96 h	不起泡，不掉粉，允许轻微失光和变色

注：本表摘自国标《GB 9755—88 合成树脂乳液内墙涂料》。

二、水溶性内墙涂料

水溶性内墙涂料是以水溶性合成树脂聚乙烯醇及其衍生物为主要成膜物质，加入适量的着色颜料、体质颜料、少量助剂和水经研磨而成的水溶性涂料。这类内墙涂料国内原材料丰富，生产工艺简单，涂层具有一定的装饰效果，价格便宜，因而曾在国内内墙涂料市场中占有绝对优势，适用于一般民用建筑室内墙面的装饰，属低档涂料。水溶性内墙涂料主要分为聚乙烯醇水玻璃内墙涂料和聚乙烯醇缩甲醛内墙涂料两大类。

水溶性内墙涂料的质量要求见表 1-10-4。

三、多彩内墙涂料

多彩内墙涂料是由不相混溶的两个液相组成，其中一相为分散介质，常为加有稳定剂（增稠剂）的水相；另一相为分散相，由大小不等，由两种或两种以上不同颜色的着色液滴组成。两相不融合，分散相在含有稳定剂的水中均匀分散悬浮，呈稳定状态。涂装干燥后形成坚硬结实的多彩花纹涂层。多彩内墙涂料的技术质量指标应符合表 1-10-5的规定。

四、隐形幻彩涂料

隐形幻彩涂料一般由发光材料、基本树脂、溶剂及助剂组成。这种涂料中的发光材料可把自然光、灯光的能量储存起来，在夜间释放，起到低度照明和指示作用。因此，这种涂料可在医院、宾馆、舞厅、酒吧甚至军队营房等地方广泛使用。

表 1-10-4　水溶性内墙涂料的质量要求

序号	项　目	质量要求	
		Ⅰ类	Ⅱ类
1	在容器中的状态	无结块、沉淀和絮凝	
2	黏度（涂-4 黏度计）/（Pa·s）	30 ～ 75	
3	细度/μm	≤100	
4	遮盖力/Pa	≥30000	
5	白度/%，只适合于白色涂料	≥80	
6	涂膜外观	平整、色泽均匀	
7	附着力（划格法）/%	100	
8	耐水性	无脱落、起泡和皱皮	
9	耐干擦性（级）		≥1
10	耐洗刷性（次）	≥300	

注：本表摘自行业标准《JC/T 423—91 水溶性内墙涂料》。

表 1-10-5　多彩内墙涂料的技术性能指标

项　目		技术性能指标
涂料性能	在容器中的状态	经搅拌后均匀，无硬块
	储存稳定性，0 ～ 30 ℃	6 个月
	不挥发物含量/%	≥19
	黏度（涂-4 黏度计）/（Pa·s）	80 ～ 100
	施工性	喷涂无困难
涂层性能	实干燥时间/h	≤24
	外观	与标准样本基本相同
	耐水性，96 h	不起泡，不掉粉，允许轻微失光和变色
	耐碱性，48 h	不起泡，不掉粉，允许轻微失光和变色
	耐洗刷性（次）	≥300

注：本表摘自《JC/ 3003—93 多彩内墙涂料》。

五、仿壁毯涂料

仿壁毯涂料是由乳液胶结材料、粉状胶结材料、少量的粉状填料、助剂和纤维等组成。乳液和其他固体材料分开包装，施工前再混合。仿壁毯涂料成膜后外观类似毛毯或绒面，装饰效果非常独特。首先是质感丰富；其次是有吸声隔热效果。仿壁毯涂料涂层较厚，可达 1 ～ 2 mm，涂层由纤维构成，因此具有吸声性，适用于居室及对声学要求较高的场所。质量标准参照日本工业标准 JISA 6909—84 的规定，性能指标见表 1-10-6。

表 1-10-6　仿壁毯涂料性能指标

项　　目	指　　标
保水性/$g \cdot m^{-2}$	60
初期抗干燥性	不发生龟裂
附着强度/MPa	0. 196
耐磨性，1000 次	不因磨损脱落而使板基露出
耐湿性，浸水 1 h	涂装面不移动，无龟裂、起泡、起皱等，并且不变色
耐碱性	无龟裂、脱落、起泡、起皱，光泽无变色

注：本表摘自日本工业标准 JISA 6909—84。

第三节　外墙涂料

建筑外墙涂料的品种很多，主要分为石灰浆涂料、聚合物水泥涂料、乳液型涂料、溶剂型涂料和无机硅酸盐涂料 5 类。目前，建筑工程上常用的是后三类。

一、丙烯酸酯乳胶漆外墙涂料

丙烯酸酯乳胶漆是一种乳液型涂料，它是由甲基丙烯酸甲酯、丙烯酸丁酯、丙烯酸乙酯等丙烯酸系单体加入乳化剂、引发剂等，经过乳液共聚而制得的纯丙烯酸酯乳液，并以该乳液为主要成膜物质，加入颜料、填料及其他助剂，经分散、混合、过滤而制成的涂料，是优质外墙涂料之一。采用纯丙烯酸聚合物乳液生产的外墙涂料，在装饰工程使用中均显示出优良的性质。

这种涂料的特点是比其他乳液涂料的涂膜光泽柔和，耐候性与保光性、保色性优异，涂膜耐久性可达 10 年以上，但价格较贵。

二、溶剂型丙烯酸酯外墙涂料

丙烯酸酯外墙涂料是以热塑性丙烯酸酯合成树脂为主要成膜物质，加入溶剂、颜料、填料、助剂等，经研磨而制成的一种溶剂型外墙涂料。它是靠溶剂挥发而结膜干燥，有很好的耐久性，使用寿命可达 10 年以上，是目前外墙涂料中较为优良的品种之一，也是我国目前高层建筑外墙装饰涂料应用较多的品种之一。

丙烯酸酯外墙涂料具有良好的耐候性，在长期光照、日晒雨淋的条件下不易变色、粉化或脱落；耐碱性好，且对墙面有较好的渗透作用，施工方便，可刷、可滚、可喷，也可根据工程需要配制成各种颜色；比丙烯酸酯乳胶漆价格低得多。

三、YJ 聚氨酯外墙涂料

聚氨酯系列外墙涂料是以聚氨树脂或聚氨酯与其他树脂复合物为主要成膜物质，加入填料、助剂、颜料而制成的一种双组分固化型的优质外墙涂料。

聚氨酯外墙涂料的特点是固体含量高，不是靠溶剂挥发，而是双组分按比例混合固化成膜；涂膜相当柔软，弹性变形能力大，与混凝土、金属、木材等黏结牢固，对基层的裂缝有很好的适应性；具有极好的耐水、耐碱、耐酸等性能；表面光洁度极好，呈瓷状质感，耐候性、耐玷污性好，但价格较贵。

四、彩砂外墙涂料

彩砂外墙涂料又称彩砂漆、仿石漆，是以丙烯酸酯或其他合成树脂乳液为主要成膜物质，以彩砂为骨料，外加增稠剂、填料及助剂配制而成的一种外墙砂壁状涂料。

这种涂料的特点是：无毒、无溶剂污染；快干、不燃、耐强光、不褪色；利用内料的不同组成和颜色的搭配，可以使涂料色彩形成不同的层次，取得类似天然石材的质感和装饰效果，它是外墙涂料中颇有特色的一种装饰材料。

五、外墙无机建筑涂料

外墙无机建筑涂料是以碱金属硅酸盐及硅溶胶为基料，加入相应的固化剂或有机合成树脂乳液、色料、填料等配制而成。它一般用于建筑外墙装饰。

外墙无机建筑涂料按基料种类不同，可分为金属硅酸盐涂料（A 类）和硅溶胶涂料（B 类）。A 类硅酸盐涂料是以硅酸钾、硅酸钠、硅酸锂或其混合物为主要组成物质，代表产品为 JH 80—1 无机外墙涂料；B 类硅溶胶涂料是以硅溶胶为主要成膜物质，代表产品为 JH 80—2 外墙涂料。

六、复层外墙涂料

复层建筑涂料简称复层涂料，是以水泥硅溶胶和合成树脂乳液（包括反应型合成树脂乳液）等基料和集料为主要原料，用刷涂、滚涂或喷涂等方法，在墙面上布2 ～ 3层，形成 1 ～ 5 mm 厚的凹凸花纹或平状的涂料。一般由底涂层、主涂层和面涂层组成。底涂层主要用于封闭基层和增强主涂层与基层的黏结力；主涂层主要用于形成凹凸花纹立体质感；面涂层主要用于装饰面层，保护主涂层，提高复层的耐候性、耐污染性等。

复层涂料按主涂层所用黏结料不同，可分为聚合物水泥系复层涂料（CE）、硅酸盐系复层涂料（Si）、合成树脂乳液系复层涂料（E）和反应固化型合成乳液系复层涂料（RE）等。

第四节　地面涂料

一、溶剂型地面涂料

溶剂型地面涂料是以合成树脂为主要成膜物质，掺入着色颜料、体质颜料、各种助剂和有机溶剂配制而成的涂料。它属于薄质涂料，涂覆在水泥砂浆地面的抹面层上，对其起装饰和保护作用。

1. 过氯乙烯地面涂料

过氯乙烯地面涂料是以过氯乙烯为主要成膜物质，并用少量的改性树脂（如松香改性酚醛树脂），掺加增塑剂、涂料剂、着色颜料和体质颜料，经混炼、切片后溶解于二甲苯等有机溶剂中而制成的。

过氯乙烯地面涂料的特点是干燥快，与水泥地面结合好，耐水、耐磨、耐化学药品腐蚀。

2. 聚氨酯-丙烯酸酯地面涂料

聚氨酯-丙烯酸酯地面涂料是以聚氨酯-丙烯酸酯树脂溶液为主要成膜物质，添加一定量的着色颜料、体质颜料、助剂和溶剂等配制而成的一种双组分固化型地面涂料。

聚氨酯-丙烯酸酯地面涂料的特点是涂膜外观光亮平滑、有瓷质感，又称仿瓷地面涂料，具有良好的装饰性。

3. 丙烯酸硅树脂地面涂料

丙烯酸硅树脂地面涂料是以丙烯酸酯和硅树脂复合作为主要成膜物质，加入着色颜料、体质颜料、助剂、溶剂等配制而成的溶剂型地面涂料。这种涂料的特点是：

（1）含固量低，渗透性好，因而与水泥砂浆、混凝土、砖石等表面结合牢固，涂层耐磨性好；

（2）具有良好的耐水性、耐污染性、耐洗刷性；较好的耐化学药品性和耐热、耐火性；

（3）涂层的耐候性优良，可以用于室外的地面装饰，且重涂方便。

二、合成树脂厚质地面涂料

合成树脂厚质地面涂料是以环氧树脂、聚氨酯等合成树脂作为主要成膜物质，加入固化剂、适量的着色颜料、体质颜料和助剂制成的厚质地面涂料。这种涂料通常采用刮涂方法涂覆于地面上，形成地面涂层，称为无缝塑料地面或塑料涂布地板。

1. 环氧树脂厚质地面涂料

环氧树脂厚质地面涂料属反应固化型涂料，主要成膜物质采用黏度较小、可在室温固化的环氧树脂，以多烯多胺类物质作为固化剂，加入适量的增塑剂、稀释剂、着色颜料和体质颜料配制而成。这种涂料由甲、乙两个组分组成。

环氧树脂厚质地面涂料的特点是黏结力强，膜层坚硬耐磨，且具有一定的韧性，耐化学腐蚀、耐油、耐火及耐久性好，可涂饰成各种图案，装饰效果好。

2. 聚氨酯地面涂料

聚氨酯地面涂料有薄质罩面涂料与厚质弹性地面涂料两类，前者主要用于木质地板的罩面上光，也称为聚氨酯地板漆，实际施工中以不加颜料的透明“清漆”最常见；后者涂刷于水泥地面，能在地面上形成无缝弹性塑料状涂层，又称为聚氨酯弹性地面。

第五节　家具涂料及其他涂料

家具涂料人们常称油漆，其主要的成膜物质以油脂、天然树脂、分散于有机溶剂中的合成树脂或混合树脂为主，市场上使用的有天然树脂漆，但大多数为合成树脂或混合树脂，它们大都由有机溶剂稀释。下面介绍常见的几个品种。

一、天然树脂漆

天然树脂漆是指用天然树脂作主要成膜物质的涂料。在家具上应用较多的有虫胶漆、油基漆、腰果漆和大漆。

1. 虫胶漆

虫胶漆又称紫胶或漆片，是由东南亚地区的白腊树上的寄生虫分泌液提炼出来的一种天然树脂。虫胶漆中的主要成分是紫胶树脂，含量为90%～94%，商品虫胶片为浅棕色或棕色透明或半透明的不规则的硬而脆薄片，虫胶片溶于乙醇，不溶于松节油、松香水、苯类等有机溶剂。市场上有用乙醇溶解加工好的虫胶漆，也有虫胶片，可以根据需要的浓度用酒精溶解使用。虫胶片可以加入碱性颜料制成着色虫胶清漆，作木器底层的着色。虫胶漆调配简单，施工方便，干燥快，在10分钟左右可以进行第二遍的涂饰。但虫胶漆的耐热性、耐候性、耐水性差，因此，目前不用作面漆，只作底漆使用。由于是天然材料，其性能不能满足现代涂饰的要求，现在市场上已出现很多可以替代虫胶漆的合成材料。

2. 油基漆

油基漆是由植物油和天然树脂（主要是改性松香）共同组成成膜物质的涂料，有清漆、色漆。用干性油与改性松香经过加热提炼后，加入催干剂和溶剂，即可制成油基清漆，再加入颜料即可制成油基色漆。常见的清漆为酯胶（甘油松香）清漆，油基漆主要以200号溶剂汽油（松香水）作溶剂。油基漆的特点是原料丰富、价格低廉、施工方便，但因含植物油，漆膜干燥慢、耐久性差。可用于普通家具和建筑的涂饰，目前市场较少使用。

3. 腰果漆

腰果漆的主要成分是腰果酸，腰果酸是由热带植物腰果的果实外壳经压制而得到的一种黑色黏稠液体，它可以和醛类反应形成酚醛缩合物，还可以加入各种干性油进一步加工成许多改性树脂，并加入催干剂、松节油制成酚醛树脂。腰果漆优点很多，如耐酸碱、耐磨、耐高温，漆膜丰满坚硬，透明度好，无毒，价格低廉。缺点是颜色深，干燥慢。腰果漆是近年来国内外兴起的一种新型涂料，目前主要用于仿古家具、乐器等的涂饰。

4. 大漆

大漆又称土漆，是我国的著名特产。大漆来源于漆树割伤后的分泌物，组分包括漆酚、漆酶、树胶质、水分和油分等，其中漆酚是大漆的主要成分。大漆可以单独使用，也可以加入干性油混合使用。大漆可以用松节油、二甲苯、甲苯、酒精等稀释使用。大漆漆膜坚硬光亮，具有独特的耐久性、耐磨性、耐水性、耐酸性，但不耐碱和强氧化剂。大漆要在特定的温度和湿度下干燥，干燥时间长，毒性大，接触皮肤易得过敏性皮炎，施工工艺复杂。大漆主要用于个别仿古乐器及工艺品的涂饰。

二、酚醛树脂漆

酚醛树脂漆是指组分中含有酚醛树脂的一类涂料。家具用酚醛树脂漆主要是由松香改性酚醛树脂与干性油共同组成成膜物质的油性酚醛树脂漆，这种漆的光泽、硬度、干燥速度、耐水性、耐酸碱性等性能比油基漆都好。酚醛树脂漆含有大量的植物油，涂层干燥慢，漆膜较软，光泽度一般，易泛黄，不宜制作白漆。

酚醛树脂漆用松香水和松节油作稀释材料。品种有清漆、调和漆、瓷漆等，属于中低档涂料，可用于普通的木器家具、铁器防锈、防水防腐等方面的涂饰。

三、醇酸树脂漆

以多元醇、多元有机酸和干性植物油制成的醇酸树脂为主要成膜物质的一类涂料称为醇酸树脂漆。此类漆施工性能好，能常温干燥成膜，涂膜光亮丰满、附着力强、柔韧、坚固且不易老化。但漆膜硬度低、耐碱性较差。另外，可利用醇酸树脂与其他树脂混溶性好的特点，拼配成多种各具特色的涂料产品，以满足不同需要。

醇酸树脂可用松香水、苯类和松节油作稀释材料。品种有清漆、调和漆、瓷漆等，属于中等档次涂料，目前在普通的木器家具、建筑构件、防锈防腐等方面得到大量使用。

四、硝基漆（NC）

硝基漆又称蜡克、喷漆，是以硝化棉为主要成膜物质，加入其他合成树脂（醇酸树脂、改性松香树脂、丙烯酸树脂、氨基树脂等软硬树脂）、增塑剂、溶剂和稀释剂制成。硝基漆施工简便，干燥迅速，对涂装环境的要求不高，具有较好的硬度和亮度，不易出现漆膜弊病，修补容易。硝基清漆颜色很浅，可以作木器本色的涂饰，市场上高档的木装饰要求木本色的大都使用硝基清漆涂饰；硝基瓷漆色彩鲜艳，平滑细腻，装饰效果比油基漆、酚醛漆、醇酸漆都要好。硝基漆的缺点是固含量较低，需要较多的施工道数才能达到较好的效果。

硝基漆使用硝基稀释剂、天那水作稀释材料，品种有各种清漆、瓷漆、底漆等，根据用途有木器漆、用于皮革和织物的软性清漆、锤纹漆、裂纹漆等，漆膜有亮光、半光和亚光三种。属于中高档涂料，大部分中高档的室内木装饰、部分的木家具都在使用硝基漆，另外还可以用于金属、玻璃等表面的涂饰。

五、聚氨酯漆（PU）

聚氨酯漆是聚氨基甲酸酯漆的简称，是以聚氨酯树脂为主要成膜物质的一类涂料，是由多异氰酸酯和多羟基化合物反应制得的含有氨基甲酸酯链节的高分子化合物。其综合性能优于硝基漆，漆膜坚硬，耐磨性高，附着力强，耐酸碱，耐候性好，可以在 -40

～ 120 ℃条件下使用。

聚氨酯漆使用无水二甲苯、无水环己酮、无水醋酸丁酯作稀释材料，品种很多，有清漆、瓷漆、底漆等，目前市面上大多为双组分的羟基固化型聚氨酯漆，一组为主剂，一组为固化剂，另外再配有稀释剂，比例为 1∶0.5∶1，两组漆混合后 4 ～ 8 h 内要使用完，超过时间后漆会固化失效。聚氨酯漆属于中高档涂料，大部分木地板、家具厂都在使用。

六、聚酯漆（PE）

聚酯漆是以聚酯树脂为主要成膜物质的一种高档油漆涂料。聚酯树脂是多元醇与多元酸的缩聚产物。聚酯漆分为饱和聚酯漆和不饱和聚酯漆两类，其中不饱和聚酯漆是目前国内外木器用漆的重要品种。

不饱和聚酯漆的溶剂用苯乙烯，苯乙烯既是聚酯的溶剂又是聚合反应的交联单体，因此聚酯漆的固体成分含量为 100%，使聚酯漆成为无溶剂型漆，涂饰一次就可以形成较厚的漆膜，简化了施工工艺，施工过程基本无有害气体挥发。

聚酯漆有清漆、调和漆、瓷漆、底漆，有各种珠光、闪光漆等，具有优异的综合物理化学性能，属高档涂料，是涂料中的上品，目前主要用于钢琴等乐器、高档家具的涂饰。

聚酯漆和聚氨酯漆是两种不同的材料。聚酯漆为无溶剂型漆，固体成分含量接近 100%，固化成膜过程无有害气体挥发，而聚氨酯漆是溶剂型漆，漆中含 30% ～ 60% 溶剂，固体成分含量 40% ～ 70%，固化成膜过程溶剂全部挥发；传统聚酯漆是厌氧型，漆膜固化时需要用浮蜡或薄膜隔氧固化，新型的聚酯漆多为气干型，不需要隔氧固化。而聚氨酯漆可常温气干或低温烘干。目前很多地板、家具厂家常称自己的产品用的是聚酯漆，其实不准确，有部分厂家用的是聚酯漆，也有部分用的是聚氨酯漆，当然前者比后者性能要好，价格要贵。

七、水性木器漆

水性漆是以水作分散介质，采用水性乳液或水性分散体为成膜物质，辅以助剂、颜料和助成膜溶剂构成。

水性漆按成膜物质的不同分为醇酸类、丙烯酸类、聚氨酯类及双组分聚氨酯类。按使用方法的差异又可分为单组分自干型和双组分型。相对于油性漆而言，水性漆具有明显的环保、健康、安全优势。但水性漆个别品种的耐水性、耐腐蚀性及光泽都不及溶剂型漆，国内市场上水性漆的品种不多。

八、其他功能涂料

1. 防水涂料

建筑防水涂料是指形成的涂膜能够防止雨水或地下水渗漏的一类涂料。主要包括屋面防水涂料和地下工程防水涂料。按其成膜物质的状态与成膜的形式，可分为三类：乳液型、溶剂型和反应型。

乳液型防水涂料的主要品种有：水乳型再生胶沥青防水涂料、阳离子型氯丁胶漆沥青防水涂料、丙烯酸乳液沥青防水涂料等。溶剂型防水涂料的品种有氯丁橡胶防水涂料、氯磺化聚乙烯防水涂料等。反应型防水涂料主要品种有聚氨酯系防水涂料、环氧树脂系防水涂料等。

2. 防火涂料

防火涂料又称阻燃涂料，一般涂刷在建筑物某些易燃材料表面上，能够提高易燃材料的耐火能力，为人们提供一定的灭火时间。防火涂料按其组成的材料不同，一般可分为非膨胀型防火涂料和膨胀型防火涂料两大类。膨胀型防火涂料阻止燃烧的效果优于非膨胀型防火涂料。目前，国内膨胀型防火涂料的主要品种是膨胀型丙烯酸乳胶防火涂料。

防火涂料种类很多，按不同的分类方法可以有不同种类的防火涂料，其中，尤以按涂料的组成成分分类和按被保护基材类别分类的分类方法较为常用，如表 1-10-7。

表 1-10-7

涂料分类方法	涂料种类
按涂料组成成分分类	膨胀型防火涂料、非膨胀型防火涂料
按分散介质种类分类	溶剂型防火涂料、水性防火涂料
按涂膜装饰效果分类	透明防火涂料、非透明防火涂料
按被保护基材类别分类	钢结构防火涂料、饰面型防火涂料、预应力混凝土楼板防火涂料
按成膜物质种类分类	有机防火涂料、无机防火涂料、有机－无机复合型防火涂料

第十一章　纤维织物与制品

纤维织物具有独特的质感，舒适柔软，是其他材料所不能代替的，在现代装饰中应用广泛。纤维织物主要包括墙布、挂毡、窗帘、地毯等；纤维制品主要包括矿棉板、玻璃棉板等，这些材料在天花装饰、吸音隔音、保温工程等都有广泛应用。

第一节　纤维的分类和特点

装饰织物纤维可以分为天然纤维、化学纤维、玻璃纤维三大类。这些纤维详细的分类和特点见表 1-11-1。

表 1-11-1　纤维的分类和特点

<table>
<tr><th colspan="3">分　类</th><th>特　点</th><th>产品举例</th></tr>
<tr><td rowspan="4">天然纤维</td><td colspan="2">羊毛纤维</td><td>弹性好，不易变形，不易污染，易清洗，易上色，豪华耐用，保温，但易虫蛀</td><td>羊毛衫、羊毛被、羊毛地毯等</td></tr>
<tr><td colspan="2">棉、麻纤维</td><td>棉布性柔、易污、易皱，麻刚性好、强度高，但价格高</td><td>窗帘、墙布</td></tr>
<tr><td colspan="2">丝纤维</td><td>柔韧、滑润、半透明、易上色</td><td>丝绸制品</td></tr>
<tr><td colspan="2">其他纤维</td><td>如木质纤维、苇纤维、椰壳纤维</td><td>纤维板、席、床垫</td></tr>
<tr><td rowspan="7">化学纤维</td><td rowspan="3">人造纤维</td><td>黏胶纤维</td><td rowspan="3">仿制羊毛纤维、天然棉、麻纤维、丝纤维等，对天然纤维的缺点加以改进，优点加以完善</td><td rowspan="3">人造棉，人造毛、丝</td></tr>
<tr><td>铜氨纤维</td></tr>
<tr><td>醋酯纤维</td></tr>
<tr><td rowspan="4">合成纤维</td><td>聚酯纤维（涤纶）</td><td>耐磨性好、耐热、耐晒，但易褪色</td><td rowspan="4">化纤地毯，混纺地毯</td></tr>
<tr><td>聚酰胺纤维（锦纶）</td><td>耐磨性好，易变形，吸尘</td></tr>
<tr><td>聚丙烯腈纤维（腈纶）</td><td>耐晒、耐磨性较差</td></tr>
<tr><td>聚丙烯纤维（丙纶）</td><td>质轻高强，弹性好，耐磨性好</td></tr>
<tr><td colspan="3">玻璃纤维</td><td>性脆、易折断，不耐磨，抗拉强度高，耐高温，耐腐蚀，吸音性能好</td><td>玻璃棉天花，玻璃棉保温材料</td></tr>
</table>

在单一的纤维中，或多或少都存在某些缺点，因此在实际的纤维制品中，为了改善天然纤维和化学纤维的性能，通常按一定比例，两种或多种纤维互相掺和生产。例如，由于天然棉、麻植物纤维资源不足，价格高，常掺入化学纤维制成混纺制品；又如混纺地毯，是在羊毛纤维中掺入20%的尼龙纤维，可使羊毛纤维的耐磨性提高5倍，价格比纯毛地毯降低许多，其装饰性不亚于纯毛地毯。

第二节　墙面织物

一、纸基织物壁纸

纸基织物壁纸是由棉、毛、麻、丝等天然纤维及化纤制成的各种色泽、花色的粗细纱或织物再与纸基层黏合而成。这种壁纸是用各色纺线的排列达到艺术装饰效果，有的品种为绒面，可以排成各种花纹，有的带有荧光，有的线中编进金、银丝线，使壁面金光闪闪，还可制成浮雕图案，别具一格。

纸基织物的特点是：色彩柔和幽雅，质朴、自然，墙面立体感强，吸声效果好，耐日晒，不褪色，无毒无害，无静电，不反光，而且具有调湿性和透气性。适用于宾馆、饭店、家居卧室等室内的墙面装饰。

二、麻草壁纸

麻草壁纸是以纸为基底，以编织的麻草为面层，经复合加工而成的墙面装饰材料。麻草壁纸具有吸声、阻燃、散潮气、不吸尘、不变形等特点，并且具有古朴、自然、粗犷的大自然之美，给人以置身原野之中、回归自然的感觉。它适用于会议室、影剧院、接待室、酒吧、舞厅以及饭店、宾馆的客房等室内的墙面装饰，也用于商店的橱窗设计。

三、棉纺装饰墙布

棉纺装饰墙布是用纯棉平布经过处理、印花，涂以耐磨树脂制作而成。其特点是墙布强度大、静电小、蠕变形小、无光、无味、无毒、吸声、花型色泽美观大方，可用于宾馆、饭店及其他公共建筑和较高级的民用建筑中的室内墙面装饰。棉纺装饰墙布还常用作窗帘，夏季采用薄型的淡色窗帘，无论是自然下垂或双开平拉成半弧形，均会给室内创造出清新和舒适的氛围。

四、高级墙面装饰织物

高级墙面装饰织物是丝绒、锦缎、呢料等织物。丝绒色彩华丽，质感厚实温暖，格调高雅，适用于做高级建筑室内窗帘、软隔断或浮挂，可营造出富贵、豪华的氛围。锦缎也称织锦缎，是我国的一种传统丝织装饰品，基面上织有绚丽多彩、古雅精致的各种图案，常被用于高档室内墙面裱糊，但因其价格高，柔软易变形，施工难度大，不能擦洗，所以在应用方面受到一定的限制。精毛呢料或仿毛化纤织物和麻类织物，质感粗实厚重，具有温暖感，吸声性能好，还能从质地上、纹理上显示出古朴、厚实等特色，适用于高级宾馆等公共建筑的厅堂柱面的裱糊装饰。

五、窗帘

窗帘一般功能是遮挡外来光线，现代装饰中除了这种基本用途外，还有防止灰尘进入，保持室内清静以及消音隔声等作用。如窗帘采用厚质织物，尺寸宽大，折皱较多，其隔声吸音效果好，同时还起到调节室内温度的作用。此外，窗帘还是室内装饰不可缺少的一个重要元素，个别室内装饰中其装饰功能远比其使用功能要大，如大型餐厅、酒吧、酒店大堂等。窗帘一般按材质分四大类：

（1）粗料：包括毛料、仿毛化纤织物和麻料编织物等。

（2）薄料：包括花布、府绸、丝绸、的确良、乔其纱和尼龙纱等。

（3）绒料：包括平绒、条绒、毛巾布等。

（4）网扣及抽纱。

第三节　地面织物——地毯

一、地毯的分类和特点

地毯有不同的分类方法，按地毯的材质分，有纯毛地毯、混纺地毯、化纤地毯和塑料地毯；按编织工艺分，有手工编织地毯、簇绒地毯和无纺地毯；按规格尺寸可分为块状地毯和卷状地毯。各分类名称和特点见表 1-11-2。

表 1-11-2　地毯的分类和特点

分类		特　点
按材质分	纯毛地毯	纯毛地毯即羊毛地毯，是以粗绵羊毛为主要原料而制成的。纯毛地毯质地厚实，经久耐用，装饰效果好，为高档铺地装饰材料，价格较高
	混纺地毯	混纺地毯是以羊毛纤维与合成纤维混编而成的地毯。如在羊毛纤维中加入 20% 的尼龙纤维，可使耐磨性提高 5 倍，装饰性能不次于纯毛地毯，并且价格较便宜
	化纤地毯	化纤地毯也叫“合成纤维地毯”，是用簇绒法或机织法将合成纤维制成面层，再与麻布底层缝合而成。常用的合成纤维材料有丙纶、腈纶等。化纤地毯的外观和触感酷似纯毛地毯，耐磨而富有弹性，为目前用量最大的中、低档地毯品种，价格比其他品种都要便宜
	塑料地毯	是以聚氯乙烯树脂为基料，加入填料、增塑剂等多种辅助材料和添加剂，然后经混炼、塑化，并在地毯模具中成型而制成的一种新型地毯。它质地柔软，色彩鲜艳，自熄不燃，污染后可水洗，经久耐用，为宾馆、商场、浴室等一般公共建造和住宅地面使用的装饰材料

续表 1-11-2

分类		特　　点
按编织工艺分	手工编织地毯	它是采用双经双纬，通过人工打结栽绒，将绒毛层与基底一起织做而成，做工精细，图案千变万化，是地毯中的高档品，但成本高，价格贵
	簇绒地毯	簇绒地毯，又称栽绒地毯，是目前生产化纤地毯的主要工艺，它是通过往复式穿针的纺机，生产出厚实的圈绒地毯，再用刀片横向切割毛圈顶部而成的，故又称“割绒地毯”或“切绒地毯”
	无纺地毯	无纺地毯，是指无经纬编织的短毛地毯，是生产化纤地毯的方法之一。这种地毯工艺简单，价格低，但弹性和耐磨性较差。为提高其强度和弹性，可在毯底加贴一层麻布底衬
按规格尺寸分	块状地毯	不同材质的地毯均可成块供应，形状多为方形及长方形，通用规格尺寸为（610 mm × 610 mm）～（3660 mm × 6710 mm），共计 56 种，另外还有椭圆形、圆形等
	卷状地毯	化纤地毯、剑麻地毯及无纺纯毛地毯等常按整幅成卷供货，其幅宽有 1 ～ 4 m 等多种，每卷长度一般为 20 ～ 50 m，也可按要求加工，这种地毯一般适合于室内满铺固定式铺设

二、纯毛地毯

纯毛地毯一般是指纯羊毛地毯，是传统的手工工艺品之一。具有历史悠久、图案优美、色彩鲜艳、质地厚实、经久耐用的特点。人行其上感到柔软舒适，而且富丽堂皇，装饰效果极佳，被广泛用于高级宾馆、会堂及其他公共建筑物楼地面的装饰。

纯毛地毯一般由手工编织而成，也有机织而成的。机织纯毛地毯比手工编织的价格要低，功能相似。手工编织地毯是自下而上垒织栽绒打结制成，每垒织打结完成一层称为一道，通常以 1 英尺①高的毯面垒织的道数来表示栽绒密度，道数越多，栽绒密度越大，地毯质量越好，价格也就越贵。地毯档次与编织道数成正比关系。一般家用地毯为 90 ～ 150 道，高级的在 200 道以上，个别可达 400 道。

三、化纤地毯

化纤地毯结构由面层、防松涂层、背衬三部分组成。面层是由聚酯纤维（涤纶）、聚酰胺纤维（锦纶）、聚丙烯腈纤维（腈纶）、聚丙烯纤维（丙纶）等化学纤维经机织、簇绒法加工而成；防松涂层是涂刷于面层背面初级背衬的涂层，增加面层纤维和初级背衬的牢固度；背衬有初级背衬和次级背衬，背衬一般为麻布，和面层化纤紧密黏合在一起，增加了地毯背面的耐磨性和地毯的厚实度。

注：①英尺为非法定计量单位，1 英尺约为 0. 3 米。

化纤地毯主要技术性能要求包括如下七个方面，它是鉴定其质量的标准，也是用户挑选地毯的依据。

1．剥离强度

剥离强度是反映地毯面层与背衬间黏结能力大小的参数，通常以背衬剥离强度表示，化纤簇绒地毯要求剥离强度大于25 N。

2．绒毛黏合力

绒毛黏合力是织物地毯绒毛固着于背衬上的牢度。簇绒地毯以簇绒拔出力来表示，要求平绒毯拔出力大于12 N，圈绒毯拔出力大于20 N。

3．耐磨性

地毯的耐磨性是其使用耐久性的重要指标，通常是以地毯在固定压力下，摩擦至露出背衬时所需的摩擦次数来表示，耐磨次数越多，表示耐磨性越好。地毯的耐磨性优劣与所用面层材料、绒毛长度有关，如绒毛厚度为6～10 mm的簇绒化纤地毯耐磨次数可达5000～10000次，其耐磨性优于机织羊毛地毯。

4．弹性

弹性即耐倒伏性，是反映地毯受压力后，其厚度产生压缩变形的程度，这是地毯脚感舒适的重要性能指标。地毯的弹性通常用动态负荷下（即周期性外加荷载撞击达到规定次数后）地毯厚度减少值及中等静负荷加压后地毯的厚度减少值来表示。我国生产的化纤地毯，一般受压后的厚度损失为20%～40%，稍逊于国外同类产品。就弹性比较，纯毛地毯优于化纤地毯，腈纶地毯优于丙纶地毯。

5．抗静电性

静电性是指地毯带电和放电的性能。化纤地毯未经抗静电处理时，其导电性差，致使化纤地毯静电大、易吸尘、清扫灰尘比较困难。这是因为有机高分子材料受到摩擦后易产生静电，而本身又具绝缘性，使静电不容易放出所致。为此，在生产合成纤维时，常掺入一定量的抗静电剂，或采用增加导电性处理等措施，以提高化纤地毯的抗静电性。化纤地毯的静电大小，常以其表面电阻和静电压来表示。

6．耐燃性

耐燃性是指化纤地毯遇到火种时，在一定时间内可燃烧的程度。由于化纤地毯一般属易燃物，故在生产化学纤维时须加入阻燃剂，以使地毯具有自熄性和阻燃性。当化纤地毯在燃烧12 min的时间内，其燃烧直径不大于17.96 cm时，则认为耐燃性合格。

7．抗老化及抗菌性

化学纤维是有机物，有机物在大气环境的长期作用下，一定会逐渐老化。化纤地毯老化后，摩擦时会产生粉末。

地毯作为地面覆盖材料，在使用过程中容易被虫、细菌等侵蚀引起霉变。因此，地毯在使用过程中，要经常作防霉、防菌等处理。一般而言，化纤地毯的抗菌性优于纯毛地毯。

四、挂毯

挂在墙上供人观赏的毛毯称为挂毯，又称艺术挂毯或壁毯，是一种珍贵的艺术品和装饰品。用艺术挂毯装点室内，不仅产生高雅艺术的美感，还可以增加室内和谐气氛。除了装饰功能外，它还具有吸声、保温、隔热等实用功能。

挂毯的花色、图案精美，材质上乘，一般为纯毛和丝，按高级纯毛地毯的制作方法编织。挂毯的规格尺寸多样，大的可达上百平方米，小的则不足一平方米。挂毯的图案题材十分广泛，包括国画、油画、水彩画等，多为动物花鸟、山水风光，这些图案往往取材于优秀的绘画名作和摄影作品。

第四节　纤维质板材

一、矿棉装饰板

矿棉装饰板又称矿渣棉装饰板，或矿渣棉装饰吸声板，是以矿渣为主要原料，经熔化、高速离心或喷吹等工序制成的一种棉状人造无机纤维。矿渣棉的直径为 4 ～ 8 μm。它具有优良的隔热、保温、吸声、抗震、不燃等性能，其主要技术性能指标见表 1-11-3。矿渣棉装饰吸声板的规格尺寸主要有600 mm × 600 mm、600 mm × 1200 mm两种，厚度分为12 mm、15 mm、20 mm。矿渣棉装饰吸声板作为吊顶材料，广泛应用于影剧院、音乐厅、商场、播音室、录音室、医院、办公室、会议室及噪声较大的工厂车间等。

表 1-11-3　矿棉装饰吸声板主要技术性能

技术性能		企业标准	实测数据	检测标准
项目	单位			
表观密度	kg/m^3	≤500	456	京 QJZZQ 25 －0059
抗折强度	MPa	厚 9 mm，≥0.73 厚 12 mm，≥0.83 厚 15 mm，≥0.78	2.4 2.56 2.27	
含水率	%	≤2	0.8	
导热系数	W/(m · K)	≤0.0814	0.0581	GB 10294
吸声系数		0.4 ～ 0.6	0.49 ～ 0.66	GBJ 47—83
燃烧性能	级别	B1 级	B1 级	GB 8625—88

二、岩棉装饰吸声板

岩棉是采用玄武岩为主要原料生产的人造无机纤维，其生产工艺与矿渣棉相同。岩棉的性能略优于矿渣棉。岩棉装饰吸声板的生产工艺与矿渣棉装饰吸声板相同，其板材的规格、性能及应用也相同。

三、玻璃棉装饰吸声板

玻璃棉装饰吸声板是玻璃棉深加工产品，它所用的原料是玻璃棉半成品，经磨光、喷胶、贴纸、加工等工序制成。为了使其具有一定的装饰效果，表面基本上均作处理，有两种处理办法：一是贴上塑料面纸，二是在其表面喷涂。玻璃棉装饰吸声板具有质轻、吸声、保湿、隔热、防火、阻燃等特点。它的用途同矿棉板，也可作为室内的保湿材料。与其有相似性能和用途的还有膨胀珍珠岩及其制品、膨胀蛭石及其制品、泡沫石棉等材料。

第二篇

施工工艺

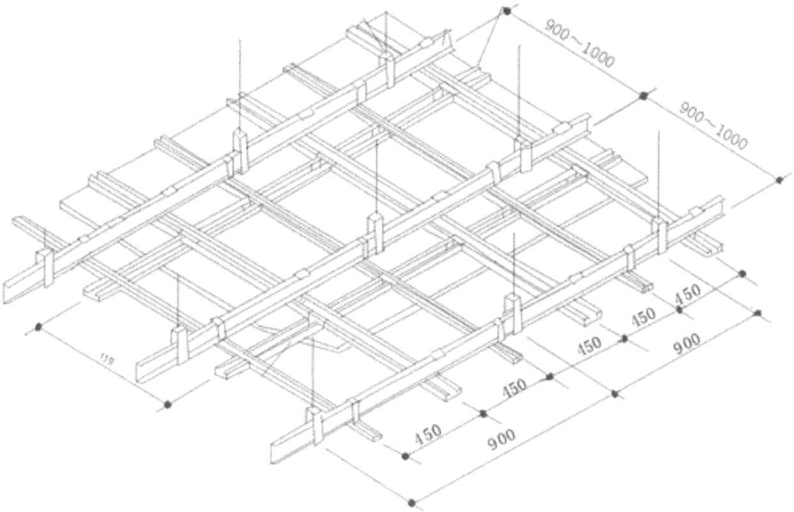

第一章　地面装饰工程

第一节　整体面层地面

整体面层地面是指以水泥为主要材料的传统地面装饰施工，它包括普通水泥砂浆地面、彩色水泥砂浆地面、混凝土地面、水磨石（现制）地面等，其中彩色水泥砂浆、水磨石（现制）地面较常使用。这种地面装饰造价低，施工简单，取材方便。

一、水泥砂浆和混凝土地面

水泥砂浆地面装饰施工时，厚度应符合要求，且不应小于 20 mm。水泥选用硅酸盐水泥、普通硅酸盐水泥，其强度等级不应小于 32.5，不同品种、不同强度等级的水泥禁止混用；砂子为中粗砂，当采用碎石时，其粒径为 1 ～ 5 mm，且含泥量不应大于 3%；水泥砂浆面层的体积比（强度等级）必须符合设计要求，且体积比为 1∶2，强度等级不应小于 M15。

混凝土地面施工厚度应符合设计要求。采用的粗骨料最大粒径不应大于混凝土厚度的 2/3，细石混凝土采用的石子粒径不应大于 15 mm。混凝土面层的强度等级应符合设计要求，且面层强度等级不应小于 C20，混凝土垫层兼面层强度等级不应小于 C15。

二、水磨石地面

水磨石地面有现制和预制两种，整体面层地面所采用的是现制水磨石。它是以水泥或彩色水泥作为胶凝材料，天然碎石（一般为白色）作为骨料，经搅拌铺抹在地面，待其硬化到一定程度后，在其表面打磨、抛光而成。现制水磨石地面工艺可归纳为：基层清理→铺找平层→做分格→铺面层→打磨→上蜡。

1. 基层清理

对施工现场进行清理和处理，包括场地清扫，去除油污，检查原基层是否有空鼓层，铲凿基层高出部分，修补凹陷部分，洒水湿透基层等。

2. 铺找平层

用 1∶3 水泥砂浆铺设找平层，铺设前做好水平线的弹放，水泥砂浆强度等级应不小于 M10，厚度不小于 20 mm，常温下养护 2 ～ 3 天。

3. 做分格

用铜条在找平层面做地面的分格布局，铜条用水泥膏固定，铜条的宽度由设计定，一般为 12 ～ 18 mm。

4. 铺面层

在找平层面上抹一道水泥浆，铺上已拌好的水泥石粒浆（水泥∶石粒为 1∶1.5 ～

1 : 2. 5)，厚度一般为 12 ～ 18 mm，用木压板推压，使水泥石粒浆结实。

5. 打磨

打磨要分三次进行。第一次，水泥石粒浆抹完后，常温下养护 2 ～ 3 天即可开始第一次打磨，具体的开磨时间以打磨时石子不松动、不脱落、表面不过硬为准。初磨一般用 60 号粗砂轮，磨到石子露出来后再用 80 或 100 号砂轮磨一遍，用水清洗干净后用同颜色水泥浆在表面抹一遍，将砂眼填满，如有石子掉落，应将其补上，然后加以养护。

第二次，养护 2 ～ 3 天后，用 80 或 100 号砂轮按上述方法打磨第二遍，磨完后用同颜色水泥浆在表面抹一遍，将砂眼填满，然后加以养护。

第三次，养护 2 ～ 3 天后，用 150 或 180 号砂轮打磨第三遍，然后用 220 或 280 号油石磨光。用水冲洗，经检查合格后随即擦草酸（乙二酸）。草酸能清除石子表面残留的水泥浆，使石子显露更清晰。

6. 上蜡

待面层干燥发白后，即可打蜡。将地板蜡用碎布均匀地薄薄地擦一遍，隔 2 小时后用手工或手提打磨机将地面磨光。

完工后的水磨石地面表面应平整、光滑，石子显露均匀，不得有砂眼、磨纹，不得有漏磨的地方。

三、整体面层的允许偏差

整体面层的允许偏差和检查方法见表 2-1-1。

表 2-1-1　整体面层的允许偏差和检查方法

项目	允许偏差/mm						检验方法
	水泥混凝土面层	水泥砂浆面层	普通水磨石面层	高级水磨石面层	水泥钢屑面层	防油渗混凝土和不发火面层	
表面平整度	5	4	3	2	4	5	用 2 m 靠尺和楔形塞尺检查
踢脚线上口平直	4	4	3	3	4	4	拉 5 m 线和用钢尺检查
缝格平直	3	3	3	2	3	3	

第二节　石材和陶瓷地面砖

一、石材地面

石材地面包括天然石材地面和人造石材（这里指块状板材）地面两种，它们的规格、厚度、吸水性、硬度等性质比较接近，因此，此两类材料的施工方法是一样的。

天然石材普遍色泽和纹理相差较大，个别甚至纹理有铺贴先后顺序和方向的要求，在加工厂进行规格加工时，应根据施工图纸要求进行排版、标记，包装好后才运到施工现场。

1. 施工准备和工艺顺序

石材地面施工前应对施工现场进行清理，防止有其他工序交叉作业，同时，检查石材的规格和质量。在检查时应特别注意分类堆放。现场试排试拼，将石材分类标号、堆放，浇水将石材湿透，晾干，检查施工工具和施工机械是否齐备。

石材地面施工的工艺顺序可归纳为：清理→弹线→铺贴→灌缝→保护。

（1）清理

清理即对施工现场进行清理和处理。应包括如下几方面的工作内容：场地清扫；检查原基层是否有空鼓层；凿除基层高出部分，修补凹陷部分，必要时做水泥砂浆找平层；现场提前 1 天浇水湿透施工基层面。

（2）弹线

地面水平线的弹放；布局线的弹放，根据设计要求，结合施工面的特点，确定施工方向顺序。

（3）铺贴

石材的铺贴，包括如下几方面工作内容：

①地面刷素水泥浆一遍，拌 20 mm 厚、1∶3 干硬性水泥砂浆作为粘贴基层；

②试铺，确定厚度是否合适；

③掀起石材，在石材背面抹一道水泥膏，厚 5 ～ 8 mm，铺贴，用橡皮锤震动石材四周，使石材和水泥膏、水泥膏和砂浆之间粘贴牢固，用水平尺测量水平情况，根据通拉横竖方向线，控制接缝的大小和平直。

（4）灌缝

铺贴完毕，对石材表面进行清洁，用钢片勾刮缝中的砂浆或水泥膏，根据不同要求，对接缝灌填不同颜色的水泥膏。

（5）保护

成品保护，施工完毕 1 天内必须清扫、抹净表面水泥砂浆，打蜡上光，3 天内严禁践踏作业，铺放纤维板或薄胶合板或地毯做保护层。

2. 施工中应注意的质量问题

（1）防止基层面光滑造成与水泥砂浆黏结不牢固。

（2）接缝要大小一致且平直，石材规格常有 1 ～ 2 mm 的差异，施工前要试铺试拼。

（3）虽然石材吸水率小于 1%，但水泥浆等很容易粘固在表面，特别是有其他颜色时，水分很容易渗入石材内部，造成彻底的破坏，因此，在铺贴完毕 1 天内即做表面的清洁及其他保护措施。

3. 楼地面构造做法

花岗石、大理石楼地面构造做法如图 2-1-1 所示。

二、陶瓷地面砖

陶瓷地面砖包含大规格砖（如边长 500 ～ 800 mm 或更大的抛光砖）和小规格砖

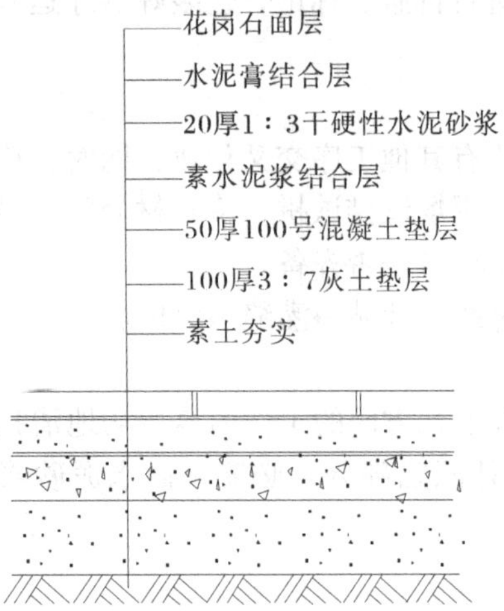

（a）地面构造做法

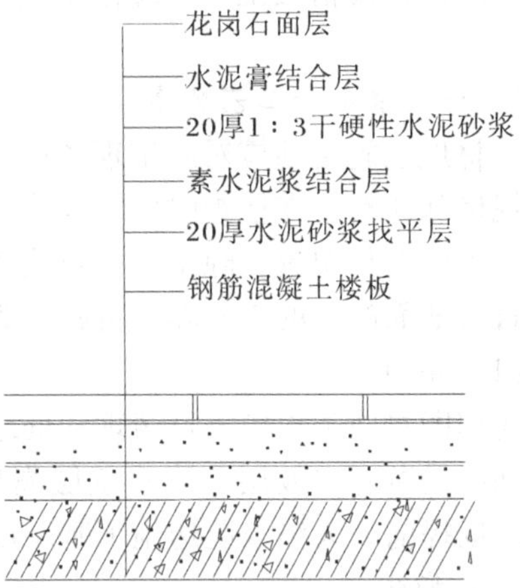

（b）楼面构造做法

图 2-1-1 花岗石、大理石楼地面构造做法

（如边长 60 ～ 200 mm 的广场砖、劈离砖）以及陶瓷锦砖（陶瓷马赛克）。大规格砖一般可以采取和石材地面相同的施工方法，小规格砖以及陶瓷锦砖（陶瓷马赛克）的施工方法稍有差别。以下分别介绍它们的施工方法。

1. 小规格砖施工准备和工艺顺序

施工前应将施工场地进行清理，防止有其他工序交叉作业，同时，检查砖的规格、质量，注意砖的色号、图案的分类标号等，浇水将砖湿透、晾干，检查施工工具和施工机械是否齐备。工艺顺序可归纳为：清理→弹线→找平→弹线→铺贴→灌缝→保护。

（1）清理

同石材地面施工工艺。

（2）弹线

地面水平线标高线的弹放。

（3）找平

铺水泥砂浆找平层，地面刷素水泥浆一遍，拌 1∶3(4) 水泥砂浆层找平，厚 20 ～ 30 mm，起毛面，养护 2 ～ 3 天。

（4）弹线

在找平层表面弹出地面砖布局线。

（5）铺贴

在砖背抹一道水泥膏，厚 5 ～ 8 mm，铺贴，用橡皮锤四周震动地面砖，使地面砖和水泥膏、水泥膏和砂浆之间粘贴牢固，用水平尺测量水平情况，根据通拉横竖方向线，控制接缝的大小和平直。

（6）灌缝

铺贴完毕，对地面砖表面进行清洁，根据不同要求，对砖缝填不同颜色的水泥膏。

（7）保护

成品保护，养护 2 ～ 3 天，3 天内严禁大量人员践踏作业，1 天内必须清扫、抹净表面水泥砂浆，铺放保护层。

2. *陶瓷锦砖地面施工准备和工艺顺序*

施工前应对施工场地进行清理，防止有其他工序交叉作业，同时，检查砖的规格、质量，注意马赛克的色号、图案的分类标号等。工艺顺序可归纳为：清理→弹线→找平→弹线→铺贴→灌缝→保护。

（1）清理

同石材地面施工工艺。

（2）弹线

地面水平线标高线的弹放。

（3）找平

铺水泥砂浆找平层，地面刷素水泥浆一遍，拌 1∶3（4）水泥砂浆层，厚 20 ～ 30 mm，养护 2 ～ 3 天。

（4）弹线

在找平层表面弹出地面砖的布局线。

（5）铺贴

在锦砖背抹一道白水泥膏，铺贴，用方木板四周震动锦砖，使其粘贴牢固，用水平尺测量水平情况。

（6）灌缝

铺贴完毕，常温下 15 ～ 20 min 后可洒水对锦砖表面进行湿润，再将面纸撕去，对砖缝填白色的水泥膏。根据不同要求，也可对砖缝填不同颜色的水泥膏。

（7）保护

成品保护，养护 2 ～ 3 天，3 天内严禁大量人员践踏作业，1 天内必须抹净表面水泥砂浆，铺放保护层。

3. *施工结构*

陶瓷锦砖的楼、地面构造做法如图 2-1-2 所示。

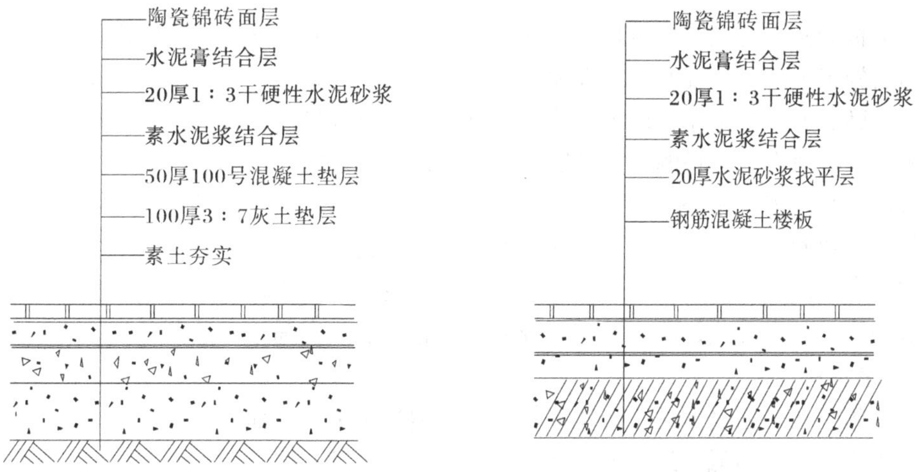

（a）地面构造做法　　（b）楼面构造做法

图 2-1-2　陶瓷锦砖的楼、地面构造做法

三、板块面层的允许偏差

板块面层的允许偏差和检验方法见表 2-1-2。

表 2-1-2　板块面层的允许偏差和检验方法

项目	允许偏差 /mm							检验方法
	陶瓷锦砖地砖高级水磨石板	缸砖地面	水磨石板块面层	磨光大理石花岗石面层	塑料板面层	活动地板面层	碎拼大理石花岗石面层	
表面平整度	2.0	4.0	3.0	1.0	2.0	2.0	3.0	用 2 m 靠尺和楔形塞尺检查
缝格平直	3.0	3.0	3.0	2.0	3.0	2.5	—	拉 5 m 线和用钢尺检查
接缝高低差	0.5	1.5	1.0	0.5	0.5	0.4	—	用钢尺检查和楔形塞尺检查
踢脚线上口平直	3.0	4.0	4.0	1.0	2.0	—	1.0	拉 5 m 线和用钢尺检查
板块间隙宽度	2.0	2.0	2.0	1.0	—	0.3	—	用钢尺检查

第三节　竹木地板

一、实木地板、竹地板的施工工艺

竹地板和实木地板的规格是一样的，性能也基本相同，这里以较常用的实木地板为例介绍其施工工艺。传统实木地板为未经磨光、上漆的素板，此种地板铺贴好后要经过刨平、打磨、上漆等工序，现场安装较费时，油漆对现场污染大，但价格相对较低。此种地板现在一般在大面积的公共场所地面使用，家庭装饰使用较少。现在市场上的实木地板大部分是在工厂里经过刨平、打磨、上好漆的成品地板，这种地板无论质量或表面漆面效果都比素板好，施工简单快捷，但价格相对较高。

实木地板施工基面可以是木板，也可以是水泥地面、石材、陶瓷砖地面等。根据实木地板垫层的处理方式，施工工艺可分为架空施工法和实铺施工法两种。

1. 架空施工法

架空施工法是通过木枋、砖地垄等将实木地板架离楼地面的一种安装方法，根据设计要求确定架空的高低。施工前应检查楼地面的平整度，必要时做水泥砂浆找平层养护15 天并充分干燥，做好底层木件、连接铁件等的防腐防锈处理，检查施工工具和施工机械是否齐备。施工顺序可归纳为：清理→架装→铺贴→保护。

（1）清理

基层清理和处理：将基层清扫干净，用防水砂浆或防水涂料做防潮处理，基层表面撒上防虫药物。当基层是石材或陶瓷地砖等旧装饰时，可以不用拆除旧地面而直接在其上面做防潮处理。楼层较高时也可铺上 PVC 薄膜作防潮层。

（2）架装

基层架空骨架及底板的安装，主要工作有：

①架空木搁栅（或其他架空地垄）的安装、固定、找平；

②底基层安装毛地板（常安装 9 mm 或 12 mm 胶合板），注意接口错开，离开四周清边 10 ～ 20 mm 缝；

③在底板面弹出安装木地板的布局方向线。

（3）铺贴

实木地板的铺贴及踢脚线的安装，主要工作有：

①在底板上涂上胶黏剂（乳液或专用胶黏剂），铺上实木地板，再用气钉在木地板企口内辅助固定，注意地板铺贴过程的平整度控制；墙体四周留缝 8 ～ 10 mm；

②踢脚线的安装，注意平直度。

如果铺贴的实木地板为未经上漆的素板，此时应对地板进行刨平、打磨，用调好颜色的腻子灰将木地板的孔隙、接缝补平，再经打磨后刷地板漆 2 ～ 3 遍。

（4）保护

成品保护，安装完毕做地面的清扫、上蜡，注意地面不能堆放硬物，需穿软底鞋工作。

架空施工法的实木地板楼、地面构造如图 2-1-3 所示。

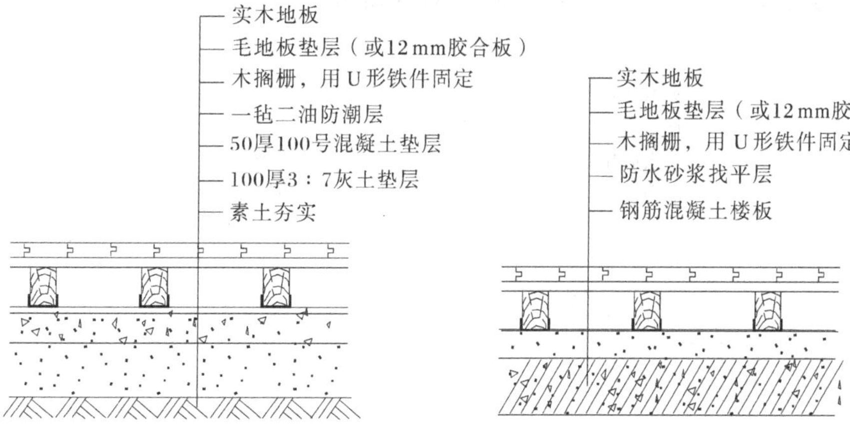

图 2-1-3 实木地板楼、地面构造做法（1）——架空施工法

2. 实铺施工法

实木地板的实铺施工法施工工艺比架空施工法简单，它省去了“架空”这一工序，

但基层处理比架空施工法要求高，除要求平整、干燥外，表面不能有油渍、浮尘。实铺施工法根据垫层处理不同又可分为无垫板式和有垫板式两种（见图2-1-4），施工工艺都可以归纳为：清理→铺贴→保护。

（1）清理

基层清理和处理：清扫，补、凿，必要时做水泥砂浆找平层，要求平整、干燥、洁净、不起砂。用防水砂浆或防水涂料做防潮处理，也可铺上 PVC 薄膜作防潮层。当基层是石材或陶瓷地砖又能达到设计标高要求时，可以不用拆除旧地面而直接在其上面做防潮处理。但当采用无垫板式安装时，要把原地面打磨成毛面，增加黏结胶和基层的黏结强度。

（2）铺贴

实木地板的铺贴及踢脚线的安装：

①用沥青黏结胶或其他专用黏结胶均匀地在基层涂刮一层，铺上实木地板，注意地板的平整度；四周墙身留缝 8 ～ 10 mm；有垫板的先将垫板通过塑料膨胀螺栓固定于基层，再用专用黏结胶均匀地在垫层板涂刮一层，铺上实木地板。垫板有满铺 12 mm 胶合板的，也有铺 12 mm 胶合板条的，板条宽 100 mm，中心间距为 200 ～ 300 mm，板条铺装方向和木地板方向成 90°。

②踢脚线的安装，注意平直度。

如果铺贴的实木地板为未经上漆的素板，此时应对地板进行刨平、打磨，用调好颜色的腻子灰将木地板的孔隙、接缝补平，再经打磨后刷地板漆两到三遍。

（3）保护

成品保护，安装完毕后进行地面清扫、上蜡，注意地面不能堆放硬物，工作人员必须穿软底鞋工作。

实铺法的实木地板的楼、地面构造如图 2-1-4 所示。

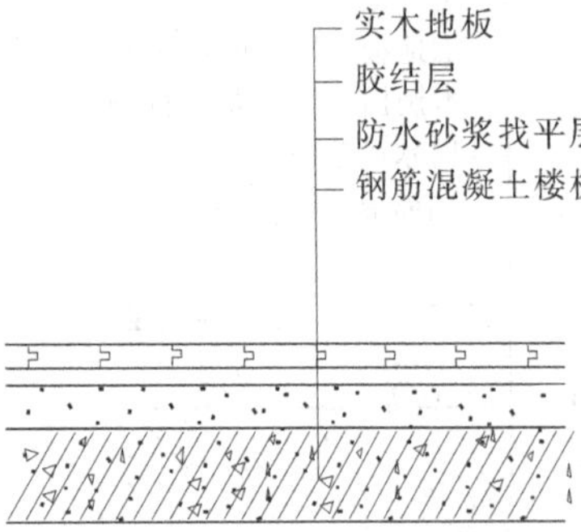

（a）楼面构造做法——无垫板实铺法

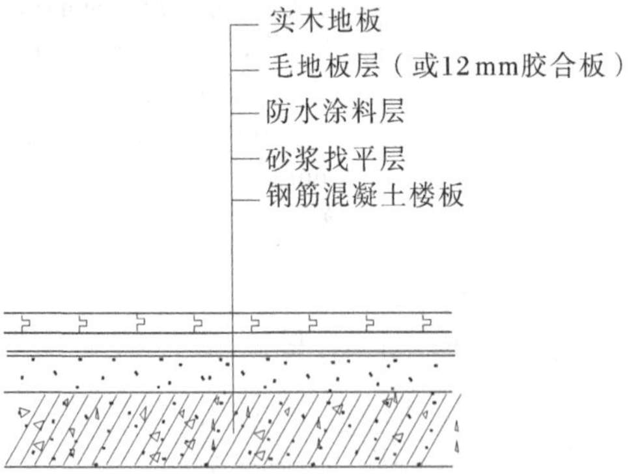

（b）楼面构造做法——有垫板实铺法

图 2-1-4　实木地板楼、地面构造做法（2）——实铺法

3．木地板施工时要注意的质量问题

①确保施工基层做好防潮处理，四周墙脚无渗漏，特别是检查外墙及靠卫生间的墙脚。日后的许多质量问题都是上述疏忽造成的。根据实际情况做防虫处理。

②架空木搁栅（或其他架空地垄）安装牢固，垫平垫实，否则日后使用会产生松动、异响等现象。

③架空木搁栅（或其他架空地垄）中若要求填充吸声材料，材料应干燥、平实。

④底层架空木件做好防腐处理，木搁栅、木地垄、毛地板、面板等与四周墙身留伸缩缝，根据施工面积的大小，伸缩缝的大小要适当调整。

⑤实木地板和垫层板粘贴选用的胶黏剂应选用专用胶或选用质量好的胶黏剂。质量差的胶黏剂含水量大，会使木地板产生黑斑、变形，影响施工质量及日后的使用。

4. 旧实木地板翻新施工工艺

实木地板在使用一段时间后，其表面油漆会有很多细小划痕，无光泽，影响使用效果。这时，可以对实木地板进行翻新，翻新后的使用效果可达到和新装的一样。在平常施工中，经常遇到实木地板翻新，在旧实木地板没有变腐发黑且没有松动的情况下，可以将其表面油漆及地板表层打磨掉，再重新上漆使用。可以如此反复多次进行翻新，延长实木地板使用寿命，这是实木地板不同于复合木地板的一大特点。其施工工艺见表 2-1-3。

表 2-1-3　旧实木地板翻新施工工艺

工序	施工工艺	质量标准
1. 涂前处理	（1）清扫浮尘 （2）用打磨机打磨，把原地板面漆全部磨掉、平整 （3）用湿布抹地面，清扫浮尘	地面平整、光滑、洁净、干燥
2. 底子处理	（1）刷地板漆一遍 （2）用地板漆与地板硝混合成腻子，刮抹地板一遍，修补缝、洞等 （3）用砂纸打磨、平滑	缝内腻子饱满，涂刷均匀
3. 涂刷地板漆	将地板漆充分调拌均匀后在地板表面涂刷，刷子用力均匀，漆厚度一致，无刷痕，一遍完成后用砂纸打磨光滑、清洁，再刷第二遍	色泽厚薄均匀，无刷纹痕迹

二、复合木地板的施工工艺

复合木地板的施工工艺较实木地板简单，它可以用架空施工法，也可以用实铺法，以实铺法较常见。无论用哪种方法，它都是“悬浮”于基层之上。复合木地板常用专用的泡沫塑料软胶作垫层及防潮层，地板直接铺在垫层上，在安装施工时底面不用乳胶粘贴（传统企口处要用乳胶粘贴，新型企口处不要用乳胶粘贴），不用气钉固定，只需按企口拼装于底板或垫胶之上。其他施工条件和要求与实木地板是一样的。施工构造见图 2-1-5。

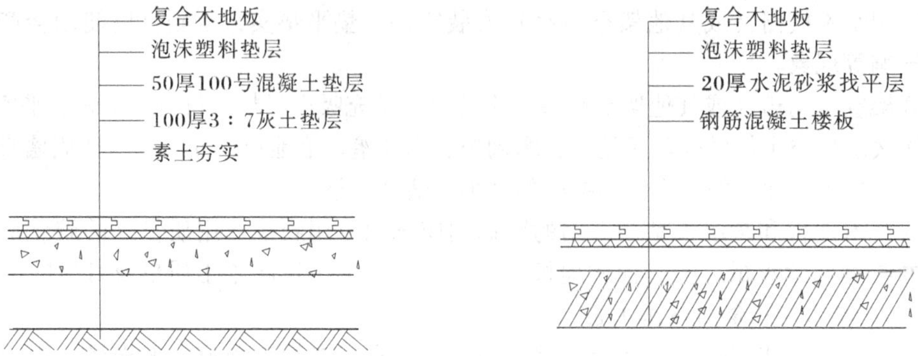

图 2-1-5　复合木地板楼、地面构造做法

三、木、竹地板面层的允许偏差

木、竹地板面层的允许偏差和检验方法见表 2-1-4。

表 2-1-4　木、竹地板面层的允许偏差和检验方法

项　　目	允许偏差/mm				检验方法
	实木地板面层			实木复合地板、中密度（强化）复合地板、竹地板面层	
	松木地板	硬木地板	拼花地板		
板面缝隙度	1.0	0.5	0.2	0.5	用钢尺检查
表面平整度	3.0	2.0			2 m 靠尺检查
踢脚线上方齐	3.0				拉5 m通线，不足5 m拉通线，用钢直尺检查
板面拼缝平直	3.0				
相邻板材高差	0.5				钢尺和楔形塞尺检查
踢脚线与面层的接缝	1.0				楔形塞尺检查

第四节　塑料地板

塑料地板根据外形有卷状和块状之分，以块状使用较多。块状规格以边长 300 ～ 400 mm 最常见，个别进口仿实木地板产品和实木地板的规格一样，且它们的安装方法也一样。以下以块状塑料地板为例，介绍其施工工艺。

1. 施工准备和工艺顺序

施工前应对施工现场地进行清理。塑料地板厚度一般在 1 ～ 4 mm 之间，用胶黏剂粘贴在基层上，因此，塑料地板要求基层强度、平整度较高，干燥，不能有浮尘，可以在水泥砂浆或混凝土、陶瓷地砖或水磨石地面、木地板等基层面上施工。但对于基层面光滑的陶瓷地砖或水磨石地面，应对表面进行清洗后再用砂轮打磨，使表面变粗，以增加黏结层的黏结强度，黏结剂应选用专用的黏结剂。此外还要检查施工工具是否齐备。

塑料地板施工工艺可归纳为：清理→弹线→试铺→刮胶→铺贴→保护。

（1）清理

基层清理包括清扫、凿、补，必要时做水泥砂浆找平层养护 15 天并充分干燥，才能保证胶黏剂的黏结性。

（2）弹线

弹出地板的铺贴布局线，顺序为由内至外，或由外至内，或中心至四周。

（3）试铺

试铺地板，观察接口是否平整、密封。

（4）刮胶

刮胶前基层再次清扫，刮胶要均匀，厚度要适中；刮胶后，铺贴前要防止有灰尘、物碎散落于胶表面。

（5）铺贴

地板铺贴时将地板一侧对准基准边，压实粘贴牢固，再用滚压筒从一边滚压到另一边，或从中心移压四周。

（6）保护

清洁表面因手触摸留下的胶印，禁止人员在上大量行走，避免玷污或水洗。

2．施工

塑料地板的粘贴和压实施工如图 2-1-6 所示。

3．塑料地板的允许偏差和检验方法

塑料地板面层的允许偏差和检验方法见表 2-1-2。

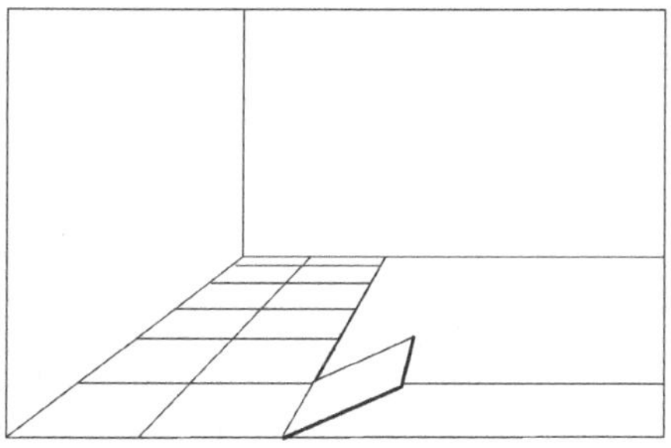

（a）地板一侧边角对齐粘贴

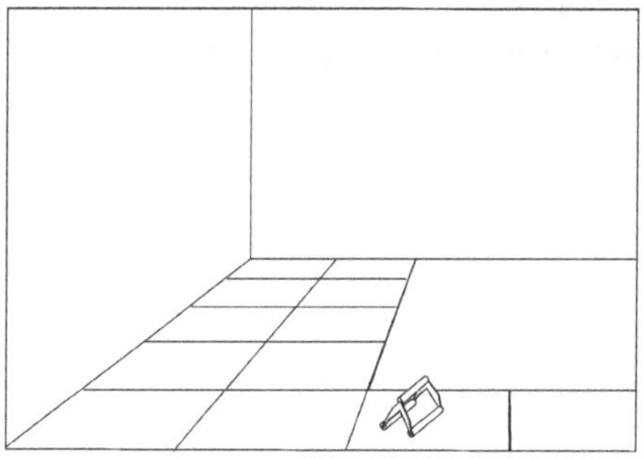

（b）用橡胶滚筒赶气泡、压实

图 2-1-6　塑料地板的粘贴和压实示意图

第五节　地　　毯

地毯的施工工艺较石材地面、陶瓷地砖、木地板等的工艺都要简单。地毯按规格有卷状和块状之分，以卷状使用较多。卷状地毯是通过墙体四周固定在地面的倒刺板条固定，直接铺在泡沫垫层上，地毯之间通过专门的接缝胶带（俗称接口胶）连接；而块状地毯是用胶黏剂粘贴于基层上，施工方法和块状塑料地板是一样的。以下以卷状地毯为例，介绍其施工工艺。

1. 施工准备和工艺顺序

地毯施工基层应平整、光滑、干燥、干净，可以在水泥砂浆或混凝土、陶瓷地砖或水磨石地面、木地板等基层面上施工，其施工工艺可归纳为：清理→固板→裁剪→铺贴→保护。

（1）清理

清理基层，包括扫、凿、补等，使地面清洁、平整。

（2）固板

房间四周用钢钉固定倒刺板条。

（3）裁剪

因卷状地毯的规格较宽（4 m），故需根据房间尺寸规格在仓库大致裁剪地毯，多预留约 20 cm 长度。

（4）铺贴

先铺设泡沫垫胶（如地毯本身带有底垫时可省略），再铺地毯。地毯铺放好后用电烫斗加热连接地毯之间的接缝胶带，使接缝胶带表面黏胶溶化，再将地毯通过接缝胶带连接。注意地毯与地毯之间接口要整齐，束绒方向一致，如有图案的，图案要对齐，接口处黏结牢固，最后用地毯撑子把地毯向四周充分拉伸，用地毯刀（地毯扁铲）固定在墙边倒刺板条上。

（5）保护

对地毯表面吸尘清理，禁止大量人员在上走动。

2. 施工

地毯的施工方法见图 2-1-7。

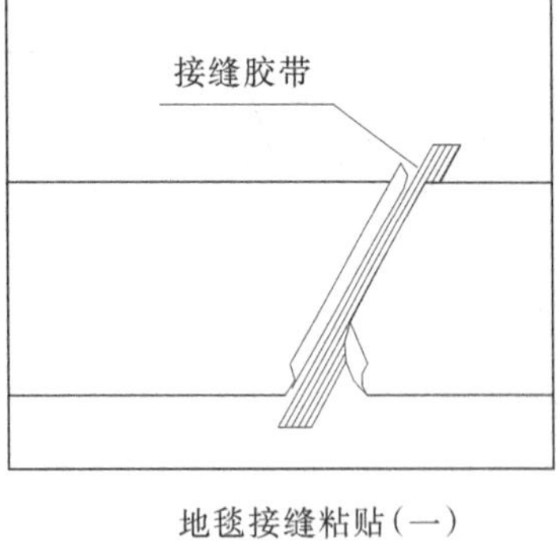

地毯接缝粘贴（一）

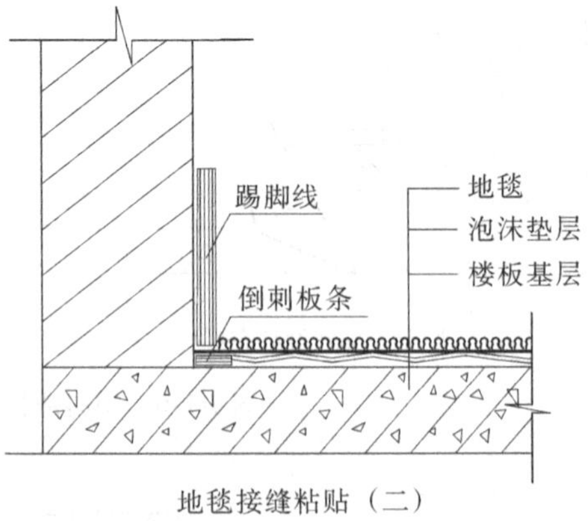

地毯接缝粘贴（二）

图 2-1-7　地毯施工图

第六节 地面工程施工中质量通病及防治措施

一、水泥地面

1．地面起砂

（1）现象

地面表面粗糙，光洁度差，颜色发白，不坚实。走动后，表面先有松散的水泥灰，用手摸时像干水泥面。随着走动次数的增多，砂粒逐步松动或有成片水泥硬壳剥落，露出松散的水泥和砂子。

（2）防治措施

①原材料的选择必须符合施工规范规定，严格控制水灰比。

②垫层事前要充分湿润。掌握好面层的压光时间。水泥地面压光后，应加强养护，养护时间不应少于7 d，抗压强度应达到5 MPa方准上人行走。合理安排施工流程，避免上人过早。

冬季施工时，环境温度不应低于5 ℃，若在0 ℃以下抹水泥地面，应防止早期受冻。

2．地面空鼓

（1）现象

地面空鼓多发生于面层和垫层之间，或垫层与基层之间，用小锤敲击有空洞声。使用一段时间后，容易开裂。严重时大片剥落，破坏地面使用功能。

（2）防治措施

①严格处理底层（垫层或基层）。

②认真清理表面的浮灰、浆膜以及其他污物，并冲洗干净。控制基层平整度。面层施工前，应对基层认真进行浇水湿润，使基层具有清洁、湿润、粗糙的表面。

二、板块地面

1．天然石材地面色泽纹理不协调

（1）现象

铺好后的地面板块面层，色泽、纹理不协调一致。一个空间的板块地面中，有的色泽较深或较浅，纹理各异，观感较差。

（2）防治措施

①不同产地的天然石材不应混杂使用。在进料、贮存、使用中应予区别，避免混杂使用。

②同一产地的天然石材，铺设前也应进行色泽、纹理的挑选工作，将色泽、纹理一致或大致接近地用于同一空间地面，铺设后容易协调一致。

③同一空间地面正式铺贴前，应进行试铺。

2．地面空鼓

（1）现象

水磨石、大理石、花岗石等板块铺设的地面黏结不牢，人走动时有空洞声或板块松动，有的板块断裂。

（2）防治措施

①地面基层清理必须认真，并充分湿润，以保证垫层与基层结合良好，垫层与基层的纯水泥浆结合层应涂刷均匀。

②板块铺设 24 h 后，应洒水养护，以补充水泥砂浆在硬化过程中所需的水分，保证板块与砂浆黏结牢固。养护时间不应少于 7 d，养护期间禁止上人走动。

3. 地砖地面爆裂或起拱

①现象

地砖地面由夏季进入秋、冬季节时，易在夜间发生地面地砖爆裂或起拱现象。

②防治措施

基层严格按施工规范规定施工。地砖铺设时不宜拼缝过紧，宜留缝 1 ～ 2 mm。地砖铺设时，四周与砖墙间宜留 2 ～ 3 mm 空隙。

三、木地板

1. 踩踏时有响声

（1）现象

人行走时，地板发出响声。轻度的响声只在较安静时才能发现，施工中往往被忽略。

（2）防治措施

①采用预埋铁丝法锚固木格栅栏，施工时要注意保护铁丝，不要将铁丝弄断。

②木格栅栏及毛地板必须用干燥料。木格栅栏、毛地板的含水率应符合现行国家标准《GB 50206—2012 木结构工程施工质量验收规范》的有关规定。材料进场后最好入库保存，如码放在室外，底部应架空，并铺一层油毡，上面再用苫布加以覆盖，避免日晒雨淋。

③木格栅栏应在室内环境比较干燥的情况下铺设。室内湿作业完成后，应将地面清理干净。保温隔音材料如焦渣、泡沫混凝土块等要晾干或烘干。

④木格栅栏铺钉完，要认真检查有无响声，不合要求不得进行下道工序。

2. 地板缝不严

（1）现象

木地板面层板缝不严，板缝宽度大于 0. 3 mm。

（2）防治措施

①地板条拼装前，须经严格挑选，有腐朽、疖疤、劈裂、翘曲等疵弊者应剔除，宽窄不一、企口不合要求的应修理再用。

②慎用硬杂木材作长条木地板的面层板条。

3. 表面不平整

（1）现象

走廊与房间、相邻两房间或两种不同材料的地面相交处高低不平，以及整个房间不水平等。

（2）防治措施

①木格栅栏铺设后，应严格验收，合格后方可铺设毛地板或面层。粘贴拼花地板的基层平整度应符合要求。

②施工前校正一下水平线（室内 +50 cm），有误差要先调整。

③相邻房间的地面标高应以先施工的为准。人工修边要尽量找平。

4. 地板起鼓

（1）现象

地板局部隆起，轻则影响美观，重则影响使用。

（2）防治措施

①木地板施工必须合理安排工序，门厅或带阳台房间的木地板，门口要采取措施，以免雨水倒流。

②地板面层留通气孔，每间不少于 2 处，踢脚板上通气孔每边不少于 2 处，通气孔一般为 $\phi 12 \times 3$ 或设通风箅子。

③室内上水或暖气片试水，应在木地板刷油或烫蜡后进行。试水时要有专人看管，采用有效措施，使木地板免遭浸泡。

5. 木踢脚板安装缺陷

（1）现象

木踢脚板表面不平，与地面不垂直，接茬高低不平、不严密。

（2）防治措施

①钉木踢脚板前先在木砖上钉垫木，垫木要平整，并拉通线找平，然后再钉踢脚板。

②为防止木踢脚板翘曲，应在其靠墙的一面设两道变形槽，槽深 3 ～ 5 mm，宽度不少于 10 mm。

③踢脚板应在木地板面层刨平、磨光后再安装。

6. 搁栅、地板条腐烂

（1）现象

木地板使用年限不长，地板条就因腐烂而损坏，特别是四周墙角处。如撬开观察，地板条背面往往有凝结水和白色的霉菇物。此种现象大多发生在空铺木地板工程。

（2）防治措施

①空铺木地板下的地面填土应予夯实，使其平整干燥。铺钉面层地板条时，板下杂物应清理干净。

②四周墙上应留有通风洞。通风洞应设有格栅，防止老鼠等小动物钻入其内。

③木格栅栏和木地板的背面，铺钉前应做防腐处理。

④室外地面应做好散水或明沟，进行有组织地排水，墙脚处应做好防潮层处理，避免室外雨水、潮湿气渗透到板下空间中去。

第二章　室内轻质隔墙隔断工程

室内装饰施工中，为了便于建筑空间的功能划分，要做各种隔墙或隔断。这些隔墙或隔断不是承重墙，其体积小、自重轻、施工方便灵活，并能达到隔声、防潮、防火等要求。一般以木龙骨隔墙隔断和轻钢龙骨隔墙隔断最常见。本章主要介绍木龙骨隔墙隔断和轻钢龙骨隔墙隔断的施工。

第一节　木龙骨隔墙

木龙骨隔墙一般以规格方木作为龙骨架，以胶合板、纤维板等作基层面板，面板表面可以用涂料、墙纸、薄木饰面板等作表面装饰。其施工轻便、造型灵活、速度快，广泛应用在中小型施工面积、造型多的隔墙隔断施工。

1. 施工准备和工艺顺序

市场上的木龙骨一般都是已加工好的规格型材，根据施工要求也可以定做更大规格型材。木龙骨隔墙隔断施工方便快捷，但木龙骨及板材都是可燃材料，因此在施工前要刷上防火涂料，个别可能有潮气的施工位置还要做防腐防虫等处理。

施工工艺可归结为：清理→弹线→钻孔→架装→封板。

（1）清理

将施工场地清扫干净，检查施工面是否有较大的平整度偏差，超出允许偏差范围的要进行凿、补处理。

（2）弹线

弹出隔墙隔断所在位置的地面、墙面、天棚的水平线和对应的垂直线。

（3）钻孔

沿线边用冲击钻打 $\phi 10 \sim \phi 12$ 的孔，深约 50 mm，再打入木楔或放入膨胀螺栓，作为木龙骨的固定点。

（4）架装

木龙骨架的安装，根据尺寸在地面上将木龙骨拼装牢固、方正、平整，将整个骨架竖起安装，调整龙骨的垂直度并与弹线位置吻合，再用铁钉或螺栓螺母固定骨架。

（5）封板

面板的封固，龙骨面涂刷乳胶，将面板用气钉固定在龙骨上，面板饰面可以用涂料、墙纸、薄木饰面板等作表面装饰（面板饰面工艺见有关章节）。

2. 施工

木龙骨隔墙结构施工见图 2-2-1。

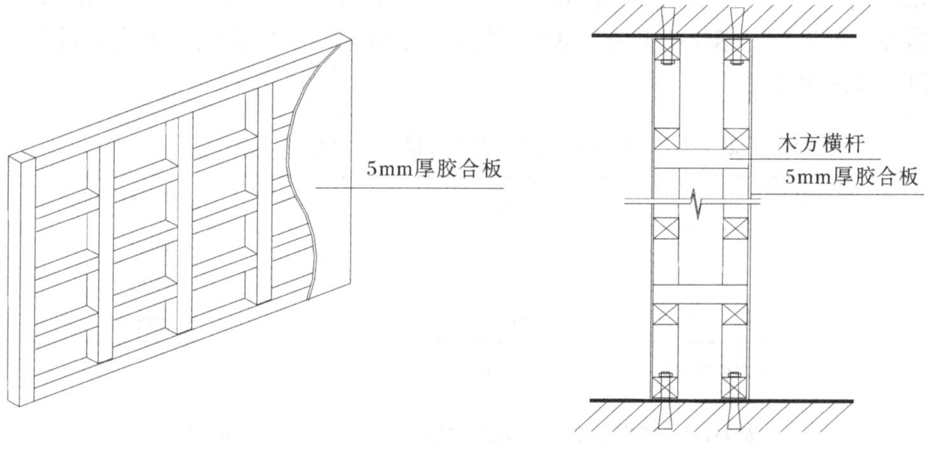

大木方单层结构　　　　小木方双层结构

图 2-2-1　木龙骨隔墙施工图

第二节　轻钢龙骨隔墙

轻钢龙骨隔墙的施工工艺和木龙骨隔墙的施工工艺基本相似，只是使用材料有所不同。轻钢龙骨隔墙面板封的是纸面石膏板或硅钙板，和木龙骨相比，轻钢龙骨隔墙防火性能好，常用在公共场所的隔断，但造型单一。此种隔墙的轻钢龙骨的形式和规格见表 2-2-1。

表 2-2-1　墙体的轻钢龙骨主件的形式和规格　　mm

名称	横截面形状		50 系列		75 系列		100 系列		150 系列	
	类型	简图	*a*	*b*	*a*	*b*	*a*	*b*	*a*	*b*
横龙骨	U 型	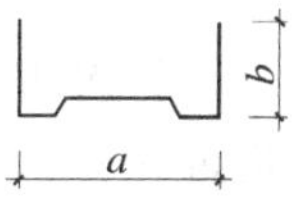	52 (50)	40	77 (75)	40	102 (100)	40	152 (150)	40
竖龙骨	C 型	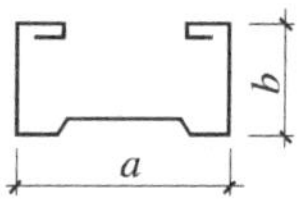	50	(45) 50	75	(45) 50	100	(45) 50	150	(45) 50
通贯龙骨	U 型	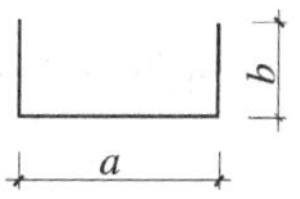	20	12	38	12	38	12	38	12
加强龙骨	C 型	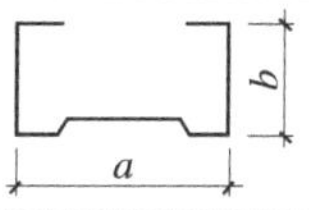	47.8	35 (40)	62	35 (40)	72.8 (75)	35 (40)	97.8	35

如表 2-2-1 所示，墙体龙骨有 50、75、100、150 等系列，规格越大，允许安装的高度就越大。表 2-2-2、表 2-2-3 是北京新型材料厂和北京灯具厂提供的隔墙限制高度的有关数值，可供参考。

表 2-2-2　隔墙限制高度有关数值（北京灯具厂提供）　mm

龙骨间距	单层石膏板墙高	双层石膏板墙高
300	5300	5900
450	4900	5500
600	4300	4800

注：如在龙骨中增加两道横撑时，则高度可增加 10% ～ 15%。

表 2-2-3　隔墙限制高度有关数值（北京新型建材厂提供）　mm

名称	竖龙骨规格	墙体厚	石膏板厚	隔墙最大高度		备　注
				A	B	
单排龙骨单层石膏板	50 × 50 × 0.63	74	12	3000	2750	适用于住宅、旅馆、办公室、病房及这些建筑的走廊
	75 × 50 × 0.63	100	12	4000	3500	
	100 × 50 × 0.63	125	12	4500	4000	
	150 × 50 × 0.63	172	12	5500	5000	
双层龙骨双层石膏板	50 × 50 × 0.63	100	2 × 12	3250	2750	适用于会议室、教室、展览室、商店等
	75 × 50 × 0.63	125	2 × 12	4250	3750	
	100 × 50 × 0.63	150	2 × 12	5000	4500	
	150 × 50 × 0.63	200	2 × 12	6000	5500	

注：此表所列数据为竖龙骨间距为 600 mm 的限制高度，当龙骨间距缩小时，高度可增加。

1. 施工准备和工艺顺序

和木龙骨架安装相比，轻钢龙骨架安装要稍简单，它不用做防火防潮处理，施工前检查龙骨、面板、连接、固定配件等材料及施工机械、工具是否齐备就可以了。其施工过程和木龙骨架隔墙的施工过程基本相同。

轻钢龙骨隔墙施工工艺可归结为：清理→弹线→钻孔→架装→封板。

清理、弹线、钻孔三道工艺和木龙骨架隔墙施工一样。架装，根据弹线位置，先安装沿顶龙骨和沿地龙骨（固定沿顶龙骨和沿地龙骨常用射钉固定，此时前面的“钻孔”工序可省略），再安装竖龙骨，最后安装横撑龙骨（竖龙骨和沿顶龙骨、沿地龙骨的连接及横撑龙骨和竖龙骨的连接常用铆钉固定）、通贯龙骨、加强龙骨等；封板，用自攻螺丝将石膏板或硅钙板安装在龙骨上。

2. 构造

轻钢龙骨隔墙构造如图 2-2-2 所示。

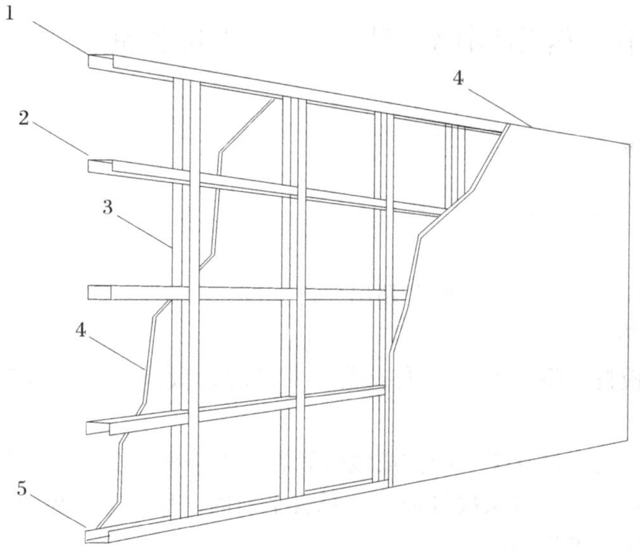

1—沿顶龙骨；2—横撑龙骨；3—竖龙骨；4—石膏板；5—沿地龙骨。
（注：图中省略通贯龙骨）

图 2-2-2 轻钢龙骨隔墙构造示意图

3. *允许偏差及检验方法*

木龙骨和轻钢龙骨隔墙安装的允许偏差及检验方法见表 2-2-4。

表 2-2-4 骨架隔墙安装的允许偏差及检验方法

项次	项目	允许偏差/mm		检验方法
		纸面石膏板	人造木板、水泥纤维	
1	立面垂直度	3	4	用 2 cm 垂直检测尺检查
2	表面平整度	3	3	用 2 cm 靠尺和塞尺检查
3	阴阳角方正	3	3	用直角检测尺检查
4	接缝直线度	—	3	拉 5 m 线，不足 5 m 拉通线，用钢直尺检查
5	压条直线度	—	3	拉 5 m 线，不足 5 m 拉通线，用钢直尺检查
6	接缝高低差	1	1	用钢直尺和塞尺检查

第三节　轻质隔墙工程施工中质量通病及防治措施

一、板材隔墙

1. 石膏空心板隔墙墙面不平整

（1）现象

板材接缝处高低不平，凹凸偏差超出允许范围。

（2）防治措施

①合理选配板材，将厚度误差大或受潮变形的条板挑出，在门口上或窗下作短板使用。

②安装时应采用简易支架。即按放线位置在墙的一侧（最好在主要使用房间墙的一面）支一简单木排架，其两根横杠应在一垂直平面内，作为立墙板的靠架，以保证墙体的平整度，也可防止墙板倾倒。

2. 石膏空心板隔墙墙板与结构连接不牢

（1）现象

墙板与楼顶板、外墙板（或柱）、地面局部连接不牢，出现缝隙。

（2）防治措施

①切锯板材时，一定要找方正。

②使用下楔法立板时，要在板宽各1/3处背两组木楔，使板垂直向上挤严粘实。

③隔墙下大楼板的光滑表面必须凿毛，在填注湿混凝土前，应把杂物及碎板块清扫干净，并用干硬性细石混凝土填塞严实。

3. 预制陶粒混凝土板隔墙门框固定不牢

（1）现象

门框松动，灰缝脱落。

（2）防治措施

①预留木砖的钉子应与板内钢筋焊在一起，每侧不少于4个。

②门框缝隙每侧不应超过10 mm，如超过时，应附加一根$\phi 6$立筋，并用高强度砂浆填实，缝宽超过20 mm时，除附加一根$\phi 6$立筋外，还应用豆石混凝土填实。

二、骨架隔墙

1. 纸面石膏板隔墙门口上角墙面裂缝

（1）现象

在门口两个上角出现垂直裂缝，裂缝长度、宽度和出现的早晚有所不同，复合板和工字龙骨板都会发生这种现象。

（2）防治措施

①当采用复合石膏板时，由于预留缝隙较大，后填入的聚醋酸乙烯乳液水泥砂浆不严实，且收缩较大，再加上门扇振动，在使用阶段门口上角出现垂直裂缝。

②当采用工字龙骨时，接缝处嵌入以石膏为主的脆性材料，在门扇撞击作用下，嵌缝材料与墙体不能协同工作，也会出现裂缝。

2. 纸面石膏板隔墙板缝开裂

（1）现象

竣工 5 ～ 6 个月以后，纸面石膏板接缝陆续出现开裂，开始时有不很明显的发丝裂缝，随着时间的延续，裂缝宽有的可达到 1 ～ 2 mm。

（2）防治措施

①首先应选择合理的节点构造。

②板缝节点上部做法为清除缝内杂物，填嵌缝腻子，待腻子初凝时，再刮一层较稀的腻子，厚度为 1 mm，随即贴穿孔纸带，纸带贴好后放置一段时间，待水分蒸发后，在纸带上再刮一层腻子，将纸带压住，同时把接缝再找平。

③板缝节点下部做法为：在对头缝中勾嵌缝腻子，用特制工具把主缝勾成明缝，安装时应将多余的胶黏剂及时刮净，保持明缝顺直清晰。

3. 轻钢龙骨石膏板隔墙板与墙体、顶板、地面连接处有裂缝

（1）现象

隔墙板与结构主体的墙（柱）、顶板、地面连接处出现裂缝。

（2）防治措施

①根据设计放出隔墙位置线，并引测到主体结构侧面墙体及顶板上。

②将边框龙骨与主体结构固定，固定前先铺垫一层橡胶条或沥青泡沫塑料条。根据设置要求，在沿顶、沿地龙骨上分档画线，按分档位置安装竖龙骨，调整垂直，定位后用铆钉或射钉固定。

③安装门窗洞口的加强龙骨后，再安装通贯横撑龙骨和支撑卡。

④石膏板的安装，两侧面的石膏板应错缝排列，石膏板与龙骨采用十字头自攻螺丝固定。

⑤与墙体顶板接缝处粘贴 50 mm 宽玻璃纤维带，再分层刮腻子，以避免出现裂缝隙。

⑥隔墙下端的石膏板不应直接与地面接触，要严格按照施工工艺进行操作，才能确保隔墙的施工质量。

第三章　墙柱面装饰工程

第一节　石材饰面

石材饰面包括天然石材，如大理石、花岗石、青石板等饰面和人造石材饰面，如人造大理石、预制水磨石等饰面的安装。根据饰面石材规格大小、施工设计要求、施工部位不同，施工方法可分为粘贴法、挂贴法、干挂法。

一、粘贴法施工工艺

石材粘贴法施工简单快捷，占用空间少，造价低。粘贴法根据使用粘贴材料不同，可分为水泥砂浆粘贴法和大力胶粘贴法。

1. 水泥砂浆粘贴法

石材和陶瓷墙面砖相比，石材规格较大（一般厚 20 mm，边长一般大于 500 mm），背面较光滑，和水泥砂浆的黏结强度较差。因此，水泥砂浆粘贴法只适用石材规格小于 400 mm × 400 mm、安装高度不超过 2 m 时的施工。其工艺顺序可总结为：清理→弹线→粘贴→保护。

（1）清理

基层处理。基层应有足够的强度、平整度，表面粗糙，不空鼓，表面的残砂、浮尘、油渍等应冲洗干净；在墙面批荡厚约 15 mm 水泥砂浆（1∶3），刮平，起毛面。

（2）弹线

根据图纸要求及石材规格，弹出水平线和垂直线，注意接缝的宽度。

（3）粘贴

在基层刮上一道素水泥浆，再在经挑选、湿润并晾干的石板背上刮一道厚约 3 mm 的素水泥浆，贴上后用塑料锤轻敲震动，使之稳固；用水平尺测量其平整度，从缝中流出来的水泥浆要即时清洁干净。

（4）保护

粘贴完毕要做整体的清洁，抛光上蜡。

水泥砂浆粘贴法施工结构见图 2-3-1。

2. 大力胶粘贴法施工工艺

大力胶作为新型的装饰材料，打破了传统墙面石材施工工艺的各种限制，其施工速度、方法、成本等都优于传统的“干挂法”。但大力胶生产厂家及品牌非常重要，目前市场上有进口品牌及国产品牌，其中以进口品牌较为常用。在澳洲、中国香港、意大利、新加坡，大力胶的使用已有 20 多年历史。我国内地，特别是沿海发达城市近年也经常使用。

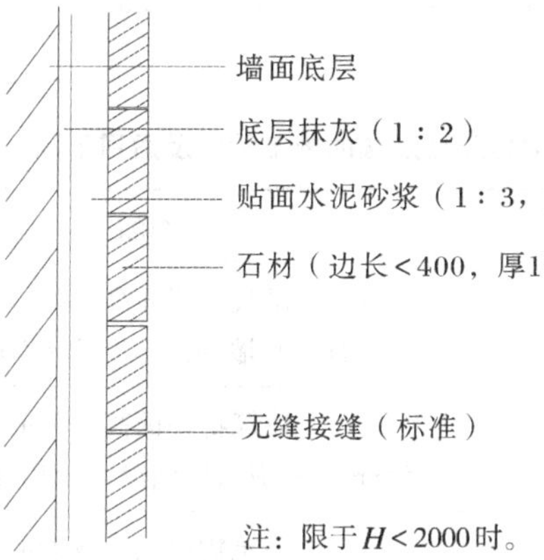

图 2-3-1 直接粘贴法

用大力胶粘贴法装修各种石材墙面，安全性、耐久性、坚固性、抗老化、抗风雨及抗侵蚀等全部达到几种技术性能要求的大力胶，国内品牌较少见。大力胶须有如下几方面特点：①拉力保险系数 25 倍以上；②伸缩性、韧性强；③黏结性能稳定；④黏合强度高；⑤抗震、抗冲击性能优越；⑥耐老化性优良、不变脆；⑦耐腐蚀性强；⑧施工温度范围宽，可在 0 ～ 70 ℃环境下施工。大力胶的主要技术性能指标见表 2-3-1。

表 2-3-1 大力胶技术性能指标参考表

项 目	参考指标			备注
	慢干型（PM）	快干型（PF）	透明型（69DEL）	
23 ℃施工有效期/min	45	3	45	过时即不能用
23 ℃初凝时间/h	12	1	12	
23 ℃终凝时间/d	4	6	4	
最高使用温度/℃	70	70	70	
最低使用温度/℃	10	0	10	
干后稳定性/℃	-30 ～ 90	-30 ～ 90	-30 ～ 90	
抗拉强度/MPa	25	25	25	
抗压强度/MPa	47	47	46.7	广东省建筑工程质量检测中心检测
黏合抗拉强度/MPa	6.0	4.8	5.4	
剪切强度/MPa	16	14.7	15.9	
线膨胀系数/［mm·（mm·℃）$^{-1}$×10］	60	60	60	
吸水率（25 ℃浸水 10 d）	0.5%×质量	0.5%×质量	0.5%×质量	

根据施工高度、施工基层条件不同，大力胶粘贴法的施工工艺又可分为四种，其适用范围见表2-3-2。

表2-3-2　大力胶粘贴法的施工种类及适用范围

序号	粘贴法种类	适用范围
1	直接粘贴法	建筑物墙面高≤9 m 石板与墙面净空距离≤5 mm
2	加厚粘贴法	建筑物墙面高≤9 m 5 mm＜石板与墙面净空距离≤20 mm
3	锚固粘贴法	建筑物墙面高＞9 m
4	钢架粘贴法	适用于石材直接粘贴于钢架之上的墙（柱）体

（1）大力胶直接粘贴法

大力胶直接粘贴法适用于建筑物墙面高≤9 m，垂直及平整度差距＜10 mm的墙面，其施工工艺可归纳为：清理→弹线→粘贴→嵌缝→保护。

①清理。清理基层浮尘、污垢、油污等。

②弹线。在基层弹出垂直线及水平线。弹线前检查墙身的垂直及平整度，垂直及平整度差距＜10 mm者可不予处理，但在该处要做好标记，以便在该处增加大力胶厚度和粘贴用量。差距＞10 mm者，要做适当处理（如用大力胶石屑补平）。

③粘贴。石材的粘贴，在石材背及墙面将上胶处用砂纸磨干净，磨粗糙，有利于大力胶粘牢固；按比例严格调制大力胶在石背作点涂胶，点涂直径不小于40 mm，每块石材点涂面积总和不少于120 cm^2/50 kg石板。

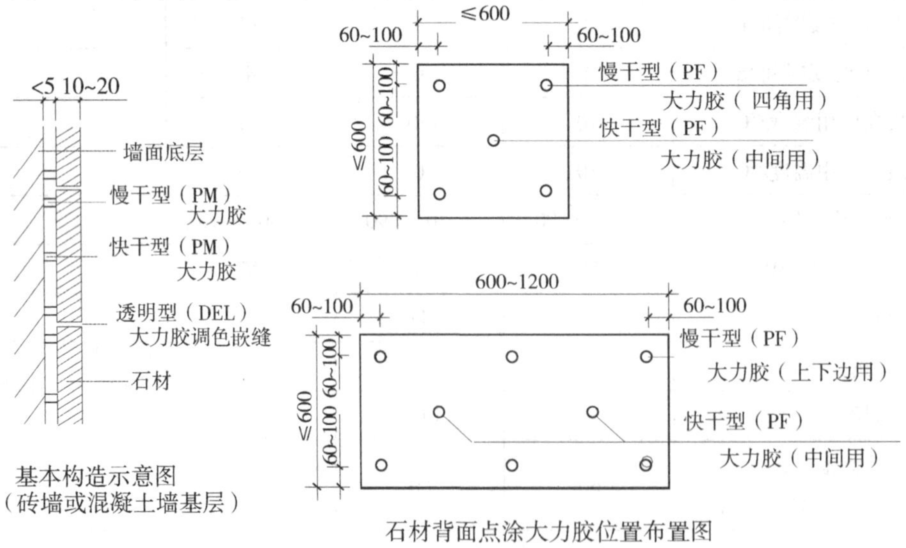

图2-3-2　大力胶直接粘贴法

④嵌缝。初步固定石板后，对个别点用快干型胶进行补胶加固。将石板表面清理干净，用69DEL调入颜料进行嵌缝。

⑤保护。粘贴完毕后清洁石板面，打蜡抛光。

大力胶直接粘贴、石板背点涂胶布置如图2-3-2所示。

（2）大力胶加厚粘贴法施工工艺

加厚粘贴法适用条件如表2-3-2所示，施工顺序和方法与直接粘贴法基本相同，只是在涂胶工艺及石材就位粘贴两道工序稍有差别，其施工构造及涂胶布置如图2-3-3所示。

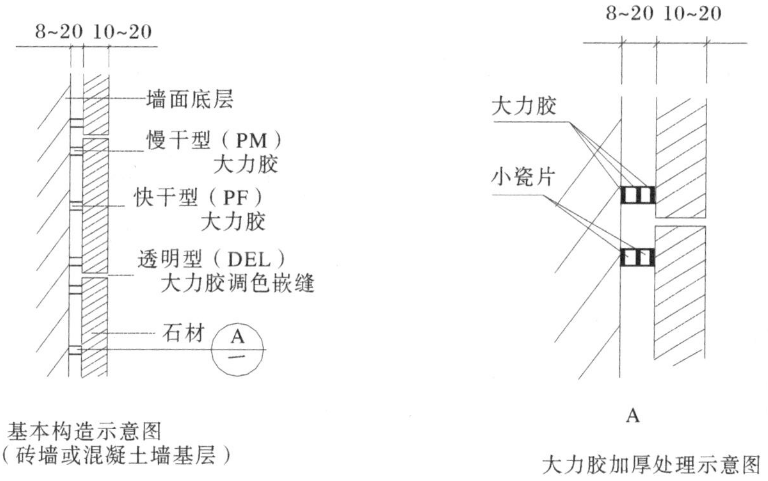

图2-3-3　大力胶加厚粘贴法

（3）大力胶锚固粘贴法施工工艺

大力胶锚固粘贴法施工工艺与直接粘贴法基本相同，只是在粘贴前要对墙面进行钻孔剔槽，安装不锈钢锚固件，其施工构造及涂胶布置如图2-3-4所示。

（4）大力胶钢架粘贴法施工工艺

大力胶钢架粘贴法施工工艺与锚固粘贴法施工工艺基本相同，只是钻孔剔槽锚件安装等工艺变为钢架安装焊接工艺，近年在装饰市场有专门用于石材挂装工艺的钢架及钢架配件，安装比传统的焊接工艺方便快捷，钢架焊接安装及有关工艺，在此不再介绍，其构造如图2-3-5所示。

二、挂贴法施工工艺

挂贴法是石材饰面装饰的传统施工工艺，即用铜丝将石板挂在已安装于墙上的钢筋网之上，调校平整后灌入水泥砂浆。其施工工艺可归纳为：清理→焊接→安装→灌浆→保护。

（1）清理

清理基层浮尘、污垢、油污等。

（2）焊接

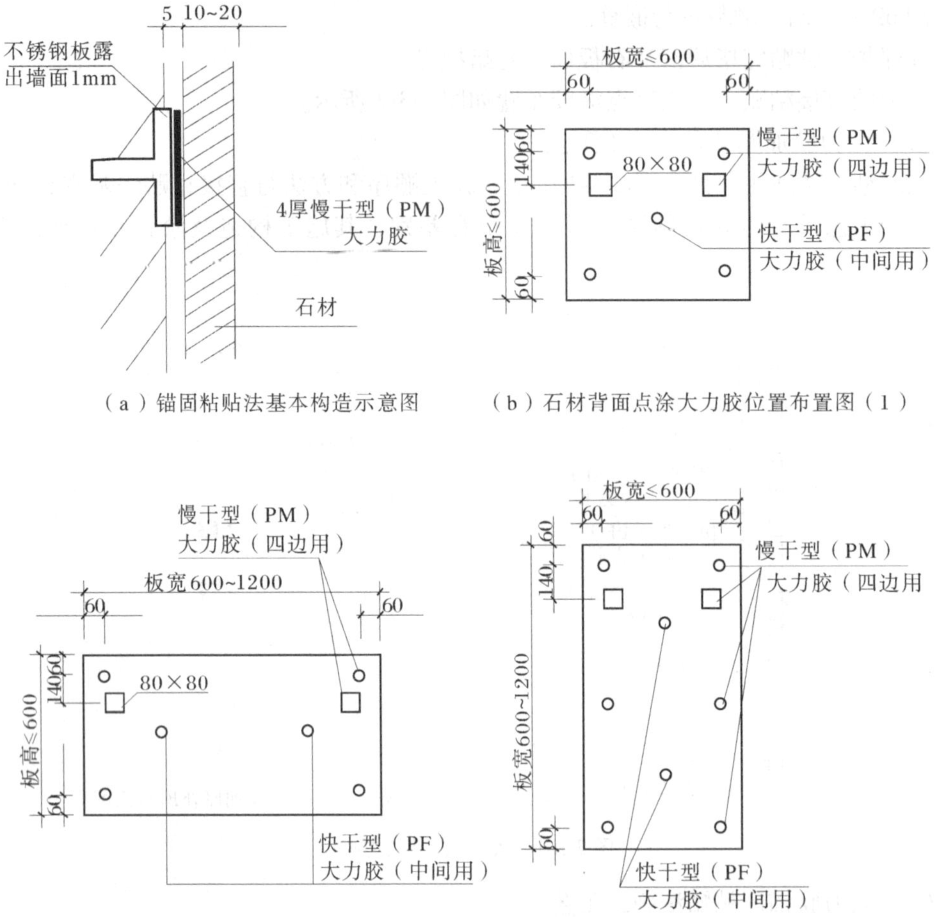

（a）锚固粘贴法基本构造示意图　（b）石材背面点涂大力胶位置布置图（1）

（c）石材背面点涂大力胶位置布置图（2）　（d）石材背面点涂大力胶位置布置图（3）

图 2-3-4　大力胶锚固粘贴法

钢筋焊接。根据石板规格、设计要求在墙上钻孔，打入不锈钢膨胀螺栓，用 $\phi 6(8)$ 钢筋在垂直、水平方向与不锈钢膨胀螺栓焊接（钢筋焊接前做好除锈防锈工作）。

（3）安装

石板安装。安装前对石板编号标记，上下两侧开槽，绑扎铜丝，分别将下侧、上侧铜丝绑扎在下侧、上侧钢筋上；调校平整，上口及边侧用木楔垫稳，再向石板与墙面间灌入 1∶2(3) 水泥砂浆，每次注入高度≤100 cm；每次灌注完毕都要清理板面及板缝中的水泥砂浆。

（4）灌浆

填缝灌浆，全部挂贴完毕后对板面进行清理、刮缝、填缝处理。

（5）保护

成品保护，清洁干净，抛光上蜡。

基本构造如图 2-3-6、图 2-3-7 所示。

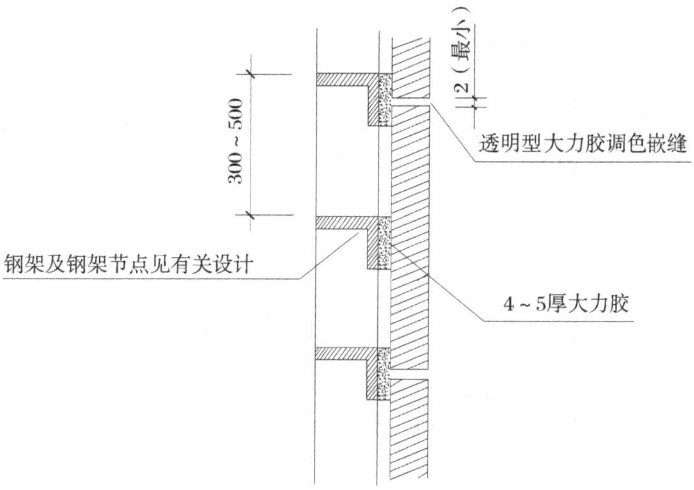

（a）适用于钢架高度小于或等于 9m 者

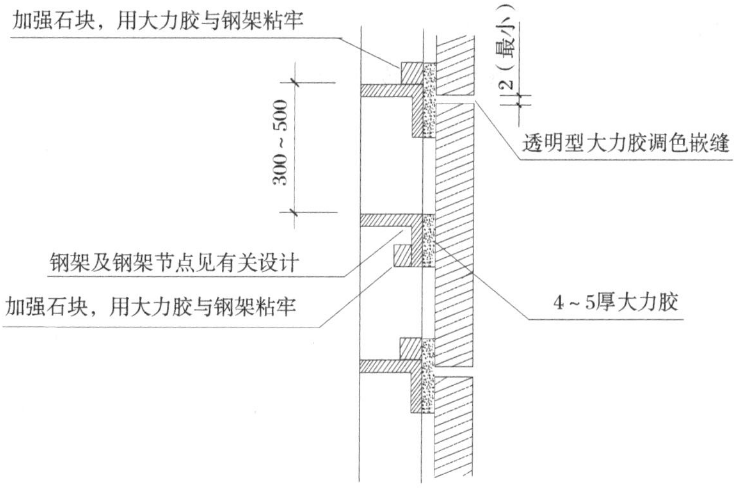

（b）适用于钢架高度大于 9m 或悬空挂装者

图 2-3-5　大力胶钢架粘贴法基本构造示意图

三、干挂法施工工艺

石材干挂法施工工艺与挂贴法施工工艺顺序、过程基本相同，只是其挂件、固定、承重方式有所不同，干挂法少了灌浆这一工序。挂贴法依靠铜丝固定在钢筋网上，水泥砂浆辅助粘贴；干挂法依靠挂件、螺栓直接固定在墙面或钢架上。根据施工基层不同，干挂法可分为无龙骨干挂法及有龙骨干挂法。

1. *无龙骨干挂法*

无龙骨干挂法是指不用钢架或钢筋网固定、支撑石板，而是用钢挂件作为承重体，将石板直接固定支撑在墙面上，挂件本身可调节石板的水平度及垂直度。此方法施工速

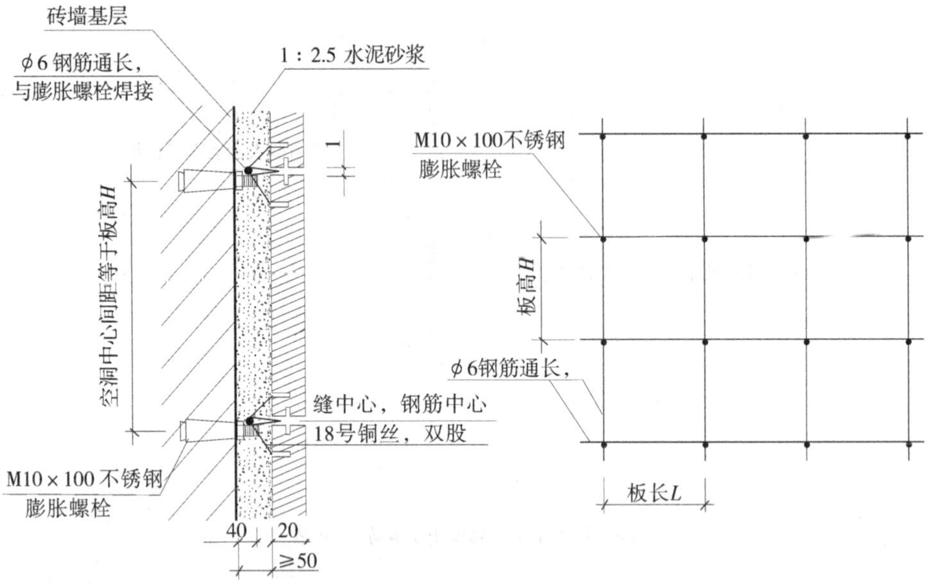

（a）传统钢筋挂贴法基本构造示意图　　（b）传统钢筋挂贴法平面布置示意图

图 2-3-6　传统钢筋挂贴法

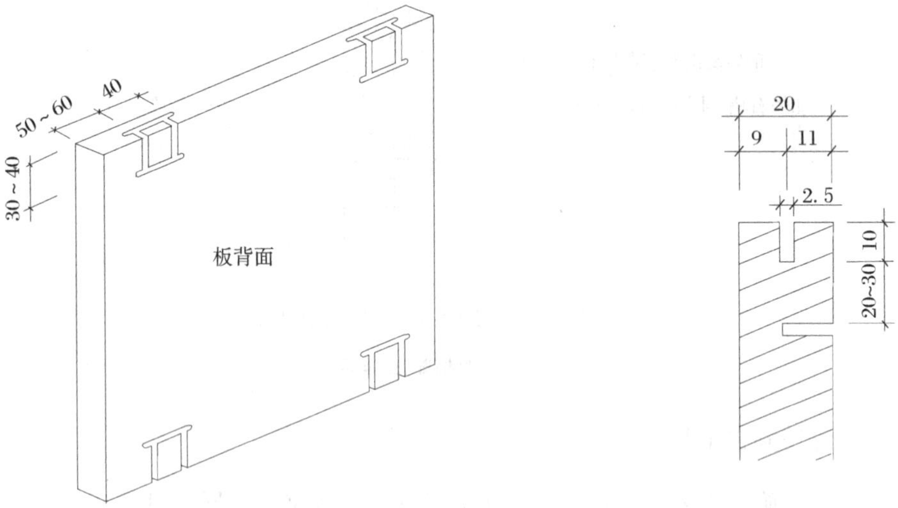

图 2-3-7　石板剔槽示意图（钢筋网挂贴法）

度快，造价低，但对墙面的强度、平整度要求较高，一般为混凝土墙或立面变化幅度较小的情况。如墙体是砖墙，应加强砖墙的强度，在墙体安装挂件位置砌筑强度等级不小于 C20 的预制混凝土块。

无龙骨干挂法的结构如图 2-3-8、图 2-3-9 所示。

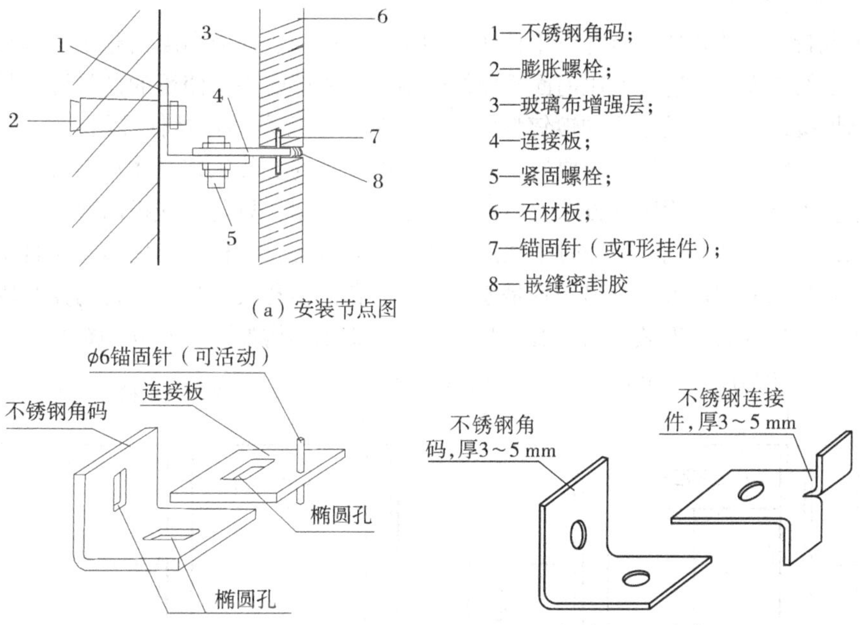

（a）安装节点图

（b）组合挂件（1）

（c）组合挂件（2）

图 2-3-8　石材无龙骨干挂法结构图

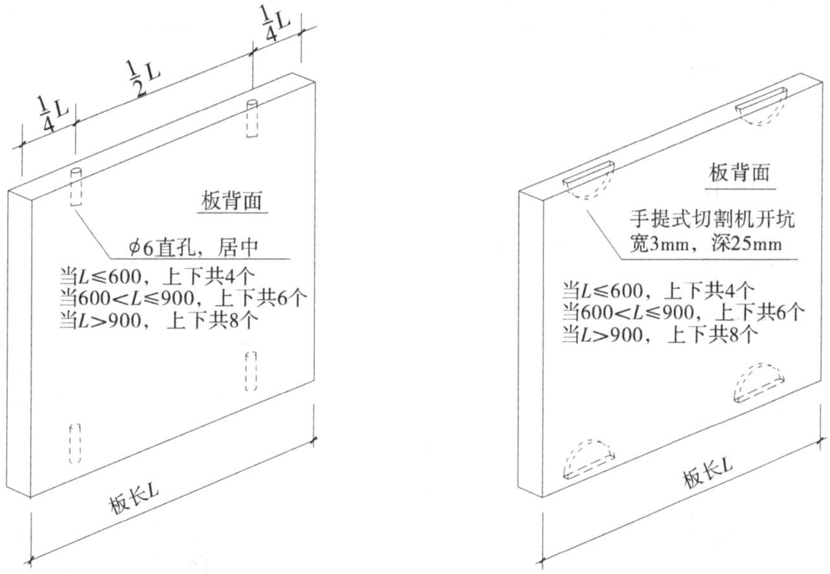

(a) 适用于挂件1

(b) 适用于挂件2

图 2-3-9　石材无龙骨干挂法结构图（石材加工图）

2. 有龙骨干挂法

和无龙骨干挂法相比，有龙骨干挂法适用于任何墙面、任何高度的施工，特别适用造型变化较多的墙面，在造价上比前面所介绍的施工方法都要高。使用的龙骨可以是镀锌角钢、槽钢焊接，也可以是专业的镀锌型钢。镀锌型钢主要是通过螺栓连接，焊接工作少，施工速度比镀锌角钢、槽钢焊接要快、方便。墙面龙骨的安装工艺具体见有关章节，这里不做介绍。板材在工艺程序和方法上与无龙骨干挂法相似，只是在挂板前增加墙面龙骨的安装工艺，其他做法相同。有龙骨干挂法有两种安装方法，一种是使用与无龙骨干挂法相同的挂件和相同的固定方法；另一种是通过在石材背面钻孔安装螺栓，再与龙骨固定，这种方法也叫背栓式石材安装方法。有龙骨干挂法的施工结构如图 2-3-10、图 2-3-11 所示。

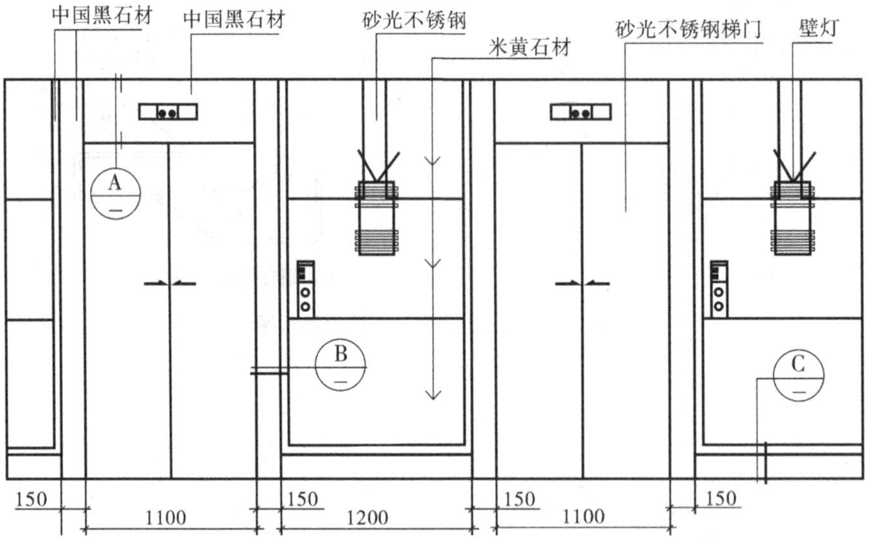

电梯门立面图

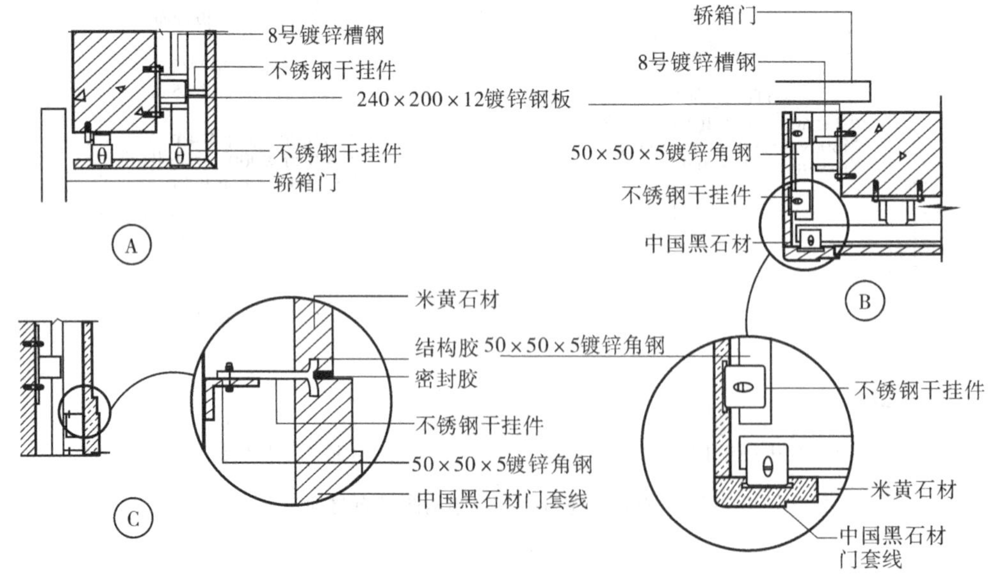

图 2-3-10　有龙骨干挂法石材干挂施工图

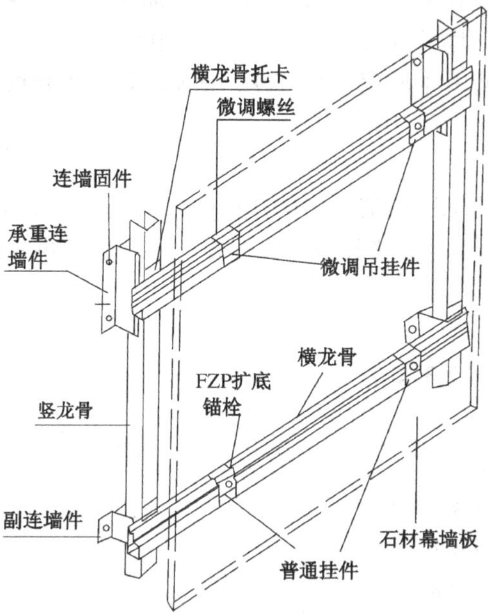

图 2-3-11 背栓式石材幕墙体系透视图

第二节 陶瓷墙面砖饰面

陶瓷墙面砖饰面工艺分为内墙砖饰面工艺、外墙砖饰面工艺和陶瓷锦砖饰面工艺。内墙砖饰面和外墙砖饰面施工方法是一样的，只是使用的面砖不一样。陶瓷锦砖饰面既可用于外墙，也可用于内墙的施工。

一、内墙饰面砖施工工艺

1. 内墙饰面砖施工准备和工艺顺序

内墙饰面砖在施工前，必须检查墙面是否完工验收，水管、电气布管布线、测试等工作是否完成，特别是要检查墙体整体的平整度，才能进行饰面砖的施工。其施工工艺可总结为：清理→弹线→浸砖→贴砖→灌缝。

（1）清理

基层的清理和处理：包括扫、凿、补、浇水湿透墙体。注意墙面原批荡是否有空鼓，旧墙体灰浆面是否刮除、凿花，墙体整体是否平整。

（2）弹线

在墙面弹出水平、垂直分格线。有特别造型布局的要按设计在墙面弹线放样。

（3）浸砖

内墙饰面砖大多数为釉面砖，吸水率高，粘贴前在水中的泡浸时间应不少于 2 h，取出晾干或用棉布抹干。

（4）贴砖

饰面砖在粘贴前，应在墙身间距 1.5 m 处做一标准平整度控制砖块，再用事先浸好的水泥浆抹刮在砖背面，厚约 8 mm，贴于墙面，用塑料锤震动砖面，使砖内侧水泥浆饱满密实，用水平尺检查其平整度及垂直度，粘贴时按水平弹线，由下往上粘贴，注意控制砖缝大小一致。

（5）灌缝

粘贴完毕要立即对砖面进行清洁（因砖面残留的水泥浆很容易凝结，造成日后清洁困难及影响表面效果），再对砖缝勾刮，根据要求用不同颜色水泥浆灌满砖缝，对完成的砖面再次进行清洁。

2. 施工

内墙饰面砖施工如图 2-3-12 所示。

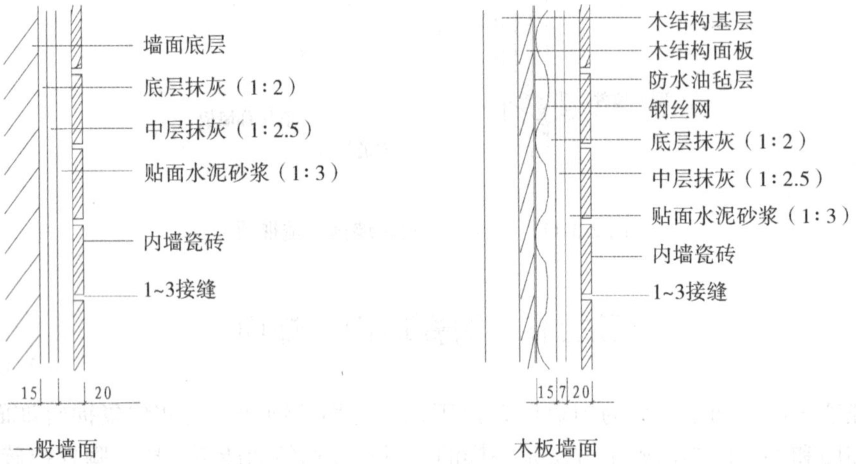

图 2-3-12　内墙饰面砖施工结构图

3. 内墙饰面砖施工时应注意的质量问题

（1）因基层清理不干净，或没有用水湿透，影响砖与墙面之间的黏结强度造成的空鼓，或砖背抹水泥浆不均匀造成的空鼓。

（2）因墙面有较大的平整度差异而没检查出来或没做找平补平处理而直接施工造成面砖整体平整度、垂直度超标或粘贴水泥浆过厚。

（3）施工前没有在墙面弹水平线、垂直线或布局线，使砖拼缝大小不一，不成直线。

（4）在每班施工完毕后没有对墙面进行清洁，使水泥浆凝结在砖面，造成日后清洁困难，影响砖的外观。

二、外墙饰面砖的施工工艺

外墙饰面砖的施工方法大致同内墙饰面砖的施工方法，但外墙饰面砖的吸水率较内墙饰面砖小，故在粘贴前做一般的泡浸即可，其他工序与内墙饰面砖相同。外墙饰面砖的外观排列及在阳角处处理的几种方法如图 2-3-13 所示。

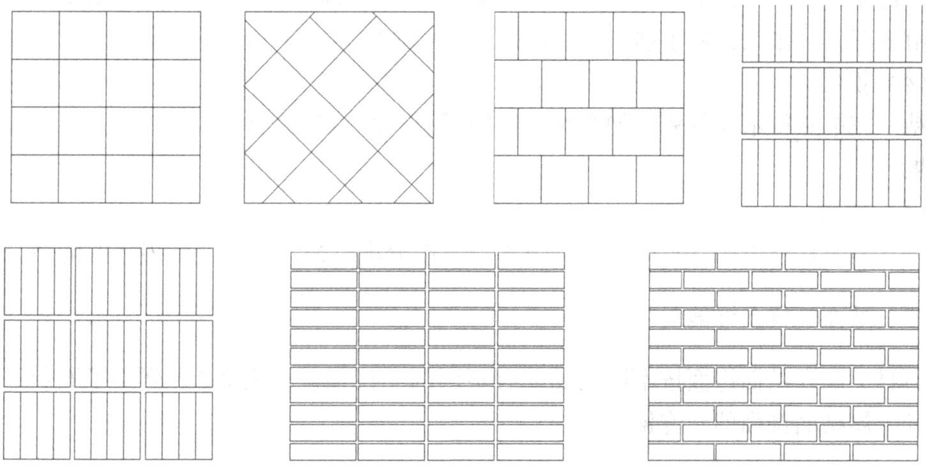

（a）外墙饰面砖常见外观排列

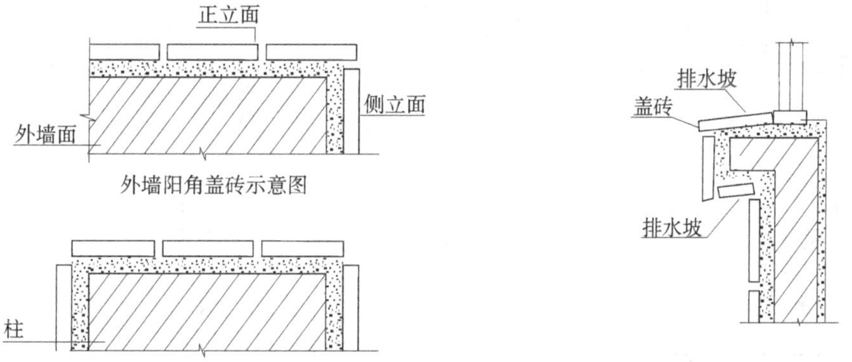

外墙阳角盖砖示意图

柱面阳角对角粘贴示意图

窗台阳角粘贴示意图

（b）外墙饰面砖阳角镶贴示意图

图 2-3-13　外墙饰面砖的外观排列及阳角处理

三、陶瓷锦砖（纸皮砖）的镶贴

陶瓷锦砖在内墙、外墙都有使用，但外墙使用较多。陶瓷锦砖在施工前要注意保护其纸皮不受水浸湿，在搬运、堆放时都要注意。其施工工艺可归纳为：清理→弹线→贴砖→揭纸→擦缝。

（1）清理

基层的清理和处理：包括扫、凿、补，浇水湿透。注意墙面原找平层是否有空鼓，旧墙体灰浆面是否刮除、凿花，墙体整体是否平整。

（2）弹线

在墙面弹出水平、垂直分格线，如有特别造型布局的，按设计在墙面弹线放样。

（3）贴砖

粘贴前，先在墙面抹上一道厚约 3 mm 的水泥浆，将锦砖反向垫于事先准备好的木板上，再在砖背抹一道水泥浆，使其填满锦砖之间的缝隙，然后将锦砖沿水平线由上至下或由下至上一张张粘贴于墙上，用硬木平板轻拍砖面，使其结实、平整。

（4）揭纸

粘贴完毕并待水泥浆完成初凝后，用刷子蘸水湿润砖面纸，轻轻地、慢慢有顺序地将纸揭开。

（5）擦缝

待水泥浆初凝以后，对砖缝间漏填水泥浆部分进行初浆擦缝及砖表面的清洁。

四、贴面工程允许偏差

石材、陶瓷贴面饰面按不同的品种有不同的允许偏差，表 2-3-3 列举了石材、陶瓷贴面和金属贴面饰面的允许偏差。

表 2-3-3　贴面饰面工程质量允许偏差

项次	项目		允许偏差/mm											检查方法
			天然石			人造石			饰面砖			金属饰面板		
			光面镜面	粗磨面麻面条纹面	天然石	大理石	水磨石	水刷石	外墙面砖	内墙面砖	陶瓷锦砖	铝合金板	压型钢板	
1	立面垂直	室内	2	3	—	2	2	4	2	2	2	2	2	用 2 m 托线板检查
		室外	3	6	—	3	3	4	3	3	3	3	3	
2	表面平整		1	3	—	1	2	4	2	2	2	3	3	用 2 m 靠尺和塞尺检查
3	阳角方正		2	4	—	2	2	—	2	2	2	3	3	用 200 mm 方尺检查
4	接缝平直		2	4	5	2	3	4	3	2	2	0.5	1	拉 5 m 线检查，不足 5 m，拉通线检查
5	墙裙上口平直		2	3	3	2	2	3	2	2	2	2	2	
6	接缝高低		0.3	3	—	0.5	0.5	3	室内 0.5	0.5	0.5	1	1	用直尺和塞尺检查
									室外 1	1	1			
7	接缝宽度		0.5	1	2	0.5	0.5	2	+0.5	+0.5	+0.5	—	—	用尺检查

第三节　罩面板施工工艺

一、木质罩面（护墙）板

木质罩面（护墙）板常用于室内墙面的各种造型和装饰，除了能保护墙身外，还有隔音、隔热、保温、吸音等功能。木质罩面可分为普通木质板罩面及薄木贴面板罩面两种。普通木质板罩面一般采用现成木方（2 cm×3 cm或3 cm×4 cm）或厚胶合板（夹板）条作为龙骨架，面封 4 mm 或 5 mm 厚夹板，其面可以用乳胶漆、喷涂、墙纸（布）、不锈钢板、铝板、白镜等进一步装饰；薄木贴面板罩面则以此作为基层，以薄木贴面板粘贴在表面，加以各种造型，做进一步的装饰。

1. 普通木质板罩面的施工工艺

在施工前，首先检查墙面水管、电气布管布线、测试等工作是否完成，特别是新砌墙或新抹灰墙面是否已干燥。潮湿的墙面会使木龙骨及夹板发霉。其次对木龙骨及夹板做防火防霉等处理。普通木质罩面板的施工顺序可归纳为：弹线→钻孔→装架→封板。

（1）弹线

根据图纸要求，在墙上弹出水平标高线、垂直线、布局线。

（2）钻孔

在墙上根据弹线位置打孔（$\phi10\sim\phi12$），预埋木楔。

（3）装架

木龙骨架的安装：将已做好防腐防火处理的木方（或厚板条）现场安装好，在墙上用木楔、钢钉将其固定，调整龙骨的垂直度及平整度。

（4）封板

封罩面板，一般为 4 ～ 5 mm 普通夹板，夹板需做防腐防火处理。先在龙骨面涂上浮胶，将夹板边线对准木龙骨中心线，用 U 形气钉固定夹板，注意板缝互相错开。

在普通木质板罩面的施工中，踢脚板和罩面的结构关系见图 2-3-14C，板和板之间的接缝有多种处理形式，见图 2-3-14B、D。

木质板罩面施工完毕后，其表面一般要经过二次装饰才能达到使用要求。比如，可在其表面进行涂料施涂、贴墙纸、贴木饰面板、做软包等。

2. 薄木贴面板罩面的施工工艺

薄木贴面板俗称木饰面板，它在墙面的装饰基层为前面介绍的普通木质罩面板，这里不再介绍其工艺。以普通木质罩面板作为基层，增加贴板工艺，施工顺序可归纳为：清理→选板→弹线→贴板→修整→上漆。

（1）清理

基层普通木质罩面板面的清理：防止基层有突起钉头、颗粒、浮尘，对过多不平整部位进行修刨，用腻子灰补平。注意基层板是否有空鼓松动。

（2）选板

因同一批饰面板，其木纹理、颜色都有少许差异，把纹理、颜色相同或相近的选出，在板背做防腐、防火处理。

（3）弹线

根据设计要求，在木基层板上弹出水平及垂直方向的分格线或根据设计弹出布局线，注意设计是否需预留板缝及板缝的大小。

（4）贴板

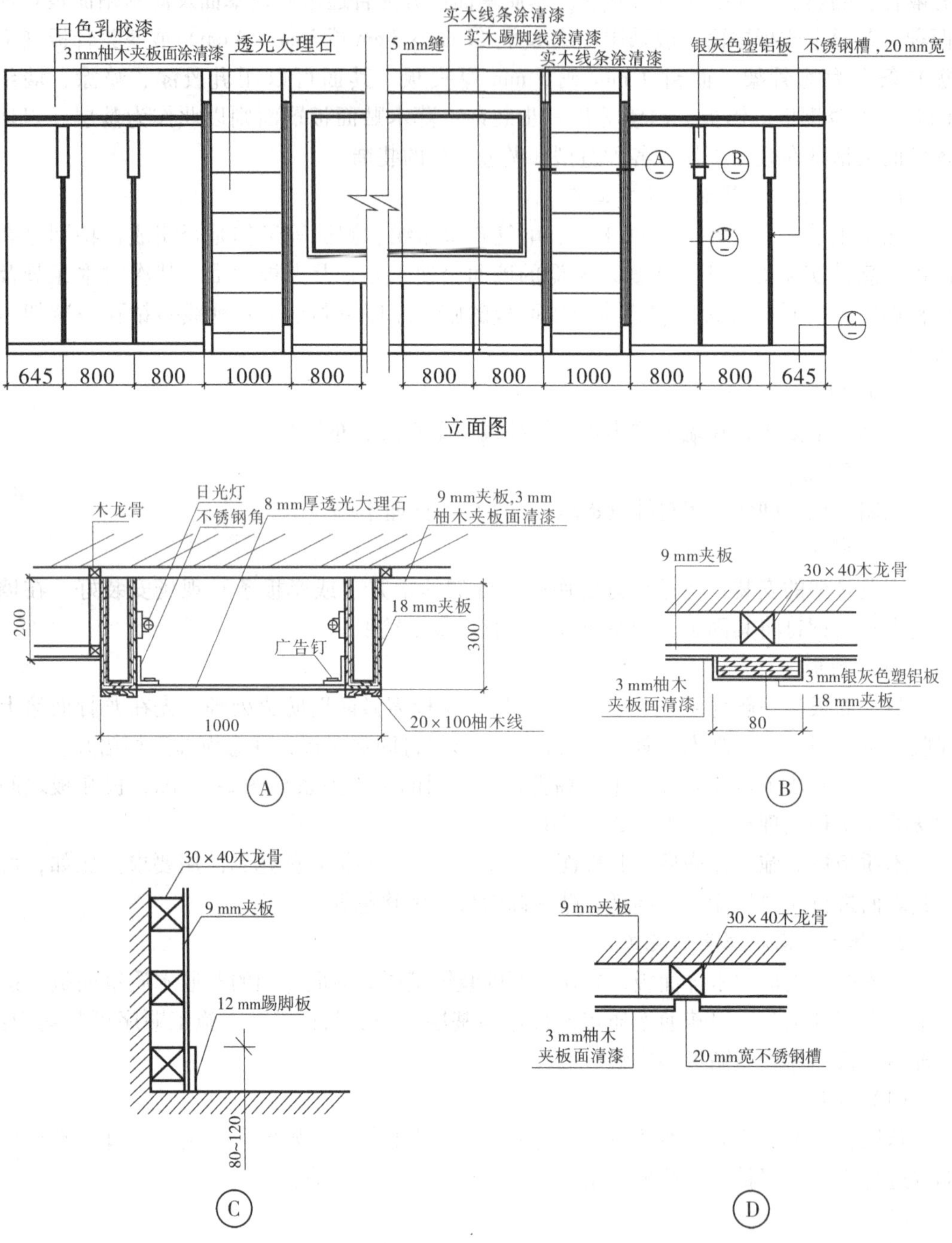

图 2-3-14　木饰面板施工图

木饰面板开料、试拼、编号、修整、调校，待规格完全符合要求后，在基面板和饰面板背涂上胶黏剂（如白乳胶）一层，在板四周及中心位置用气钉加厚板条加以临时固定（待木饰面板背涂的胶黏剂凝固后将气钉和厚板条拆除），对粘在板面的少许胶黏剂要立即用棉布抹干净。

（5）修整

粘贴完毕，对板缝、四周边角部位进行修整，做到平、直。

（6）上漆

木饰面板上漆保护装饰（具体工序见油漆施工工艺）。

木饰面板的拼贴图案变化多样，可以是同种木饰面板拼贴，也可以是不同种木饰面板拼贴；可以是同种规格拼贴，也可以是不同种规格拼贴。常见的拼贴图案如图2-3-15 所示。

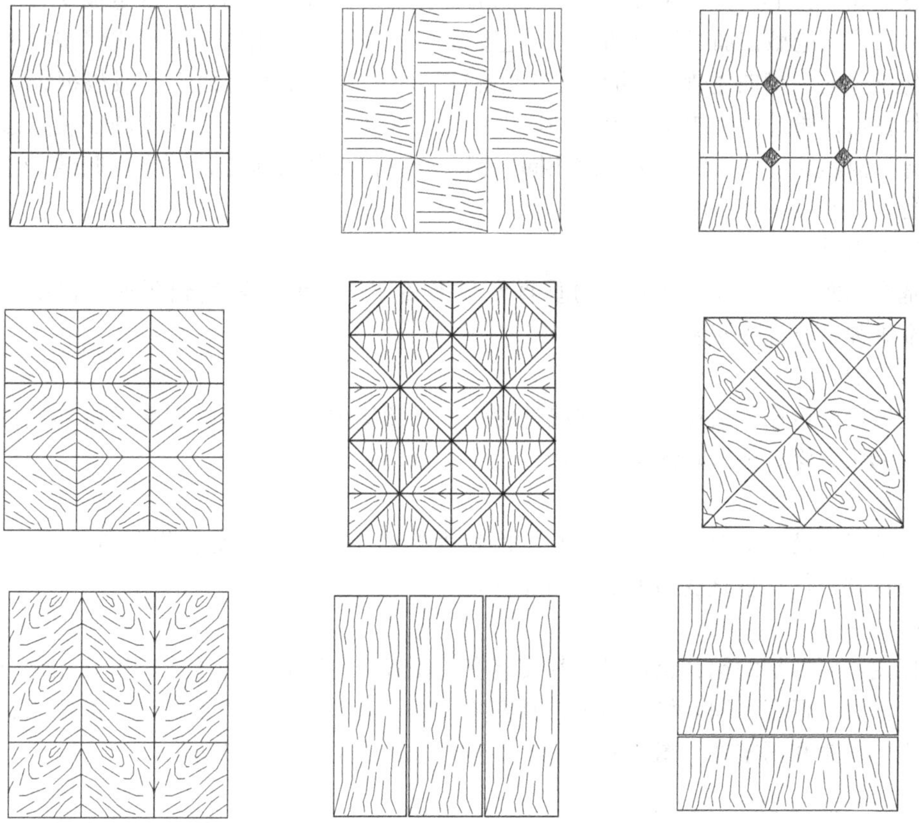

图 2-3-15　木饰面板拼贴图案

二、吸音饰面板

吸音饰面板通常包括钙塑吸音板、岩棉吸音板、聚苯乙烯泡沫塑料吸音板、纤维吸音板、珍珠岩吸音板、矿渣棉吸音板等。其施工方法是先安装龙骨架（包括木龙骨和轻钢龙骨），饰面板用黏合法或钉固法固定。岩棉吸音板、聚苯乙烯泡沫塑料吸音板常用黏合法安装；钙塑吸音板、纤维吸音板、珍珠岩吸音板、矿渣棉吸音板常用钉固法安装。

无论采用黏合法或钉固法，其施工工艺同木质罩面板的安装都非常相似，在黏合法中，主要靠万能胶（或其他强力胶）把吸音面板固定于龙骨（包括木龙骨和轻钢龙骨）

上，再用气钉和木压条临时加以固定；在钉固法中，主要靠圆钉或螺钉（木螺钉或自攻螺钉）把吸音板固定于龙骨上，或另加木装饰压条、金属装饰压条、塑料装饰压条等加以固定和分格装饰。

三、金属墙面饰面板

1. 铝合金墙面饰面板的施工工艺

铝合金墙面饰面板按其形状可分为条形、方形、矩形及冲压异型板，按功能可分为普通有肋或无肋平板，有吸音、保温功能的穿孔板蜂窝板。特殊规格造型板安装前要根据设计尺寸及造型在加工厂里加工好。它们的安装方法一般由镀锌型钢或铝型材做龙骨架（包括竖向、横向龙骨），再用螺钉或铆钉将面板固定于龙骨之上，或根据饰面板本身形状特点，通过后板扣压前板再加以螺钉固定在龙骨上。铝合金面板的安装方法因板型而异，但其龙骨的安装方法大致相同。铝合金饰面板的安装工艺顺序可归纳为：弹线→钻孔→装架→装板→填缝。

（1）弹线

基层墙面弹线。弹线前墙面的垂直度和平整度、强度必须达到要求，根据设计图纸，准确弹出龙骨的安装位置。

（2）钻孔

基层墙面钻孔。钻孔深度、连接件的强度必须达到设计要求。安装龙骨连接件，连接件、膨胀螺栓必须做防锈防腐处理。

（3）装架

安装竖、横龙骨架。对于楼层高、面积大的墙面，竖龙骨安装除了通拉垂直线外，还应用仪器进行其垂直度和平整度的复查。

（4）装板

根据不同形状的铝合金板材，其安装有扣压式、钉固式、扣压式钉固式相结合等多种施工方法；根据不同型材的面板，其安装方法也有差异，一般不同型材的面板，都有其专用的龙骨和固定件。图 2-3-16、图 2-3-17 表示了部分的安装方法。

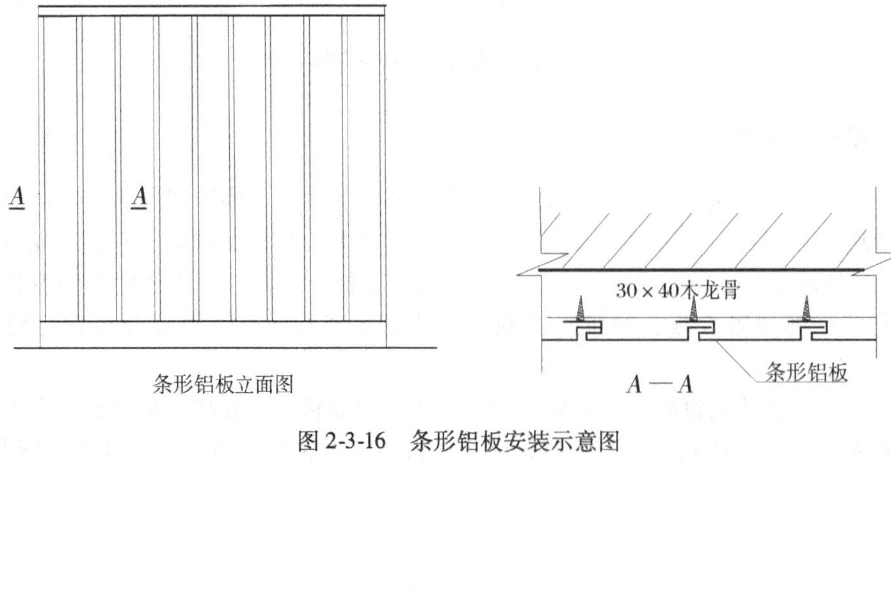

图 2-3-16　条形铝板安装示意图

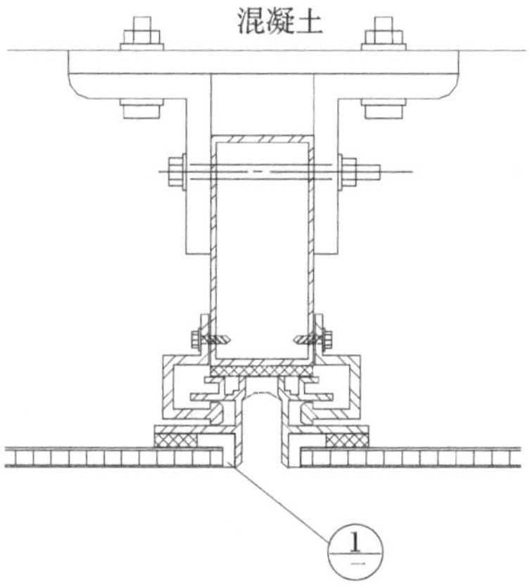

(a)铝合金墙面板固定示意图

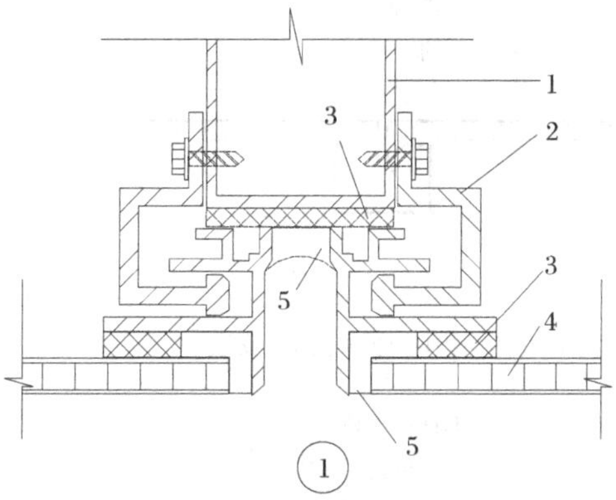

1—型钢立柱；2—连接件；3—聚乙烯泡沫填充；
4—铝合金外墙板；5—密封胶。

(b)节点大样图

图 2-3-17　铝合金板安装示意图

(5) 填缝

面板安装完毕后要对板缝进行填胶密封处理。

2. 不锈钢饰面板的施工工艺

不锈钢饰面板的表面效果可分为镜光和沙光两种，可做成 0.6 ～ 2 mm 不同厚度的板材。根据不锈钢板的厚度和装饰部位，其安装方法可分为有龙骨有底板式和有龙骨无底板式两种。一般厚度小于等于 1.2 mm 的面板多采用有龙骨有底板式，厚度大于 1.2 mm 的面板多采用有龙骨无底板式。前者多用于室内墙柱面或防潮防水较好的位置（如无雨水淋到的门面）装饰，龙骨采用木龙骨或角钢焊接龙骨或轻钢龙骨。后者多用于室外墙柱面的装饰，龙骨采用角钢焊接龙骨或轻钢龙骨。它们的施工工艺可归纳为：装架→封底板→装面板→收边。

(1) 装架

基层骨架的安装。其安装工艺参照木龙骨或轻钢龙骨的施工工艺，要重复检查垂直度和平整度。

(2) 封底板

底板钉封。一般采用 5 ～ 12 mm 厚胶合板，施工方法及要求和普通木质罩面板的施工工艺是一样的。但当龙骨是轻钢龙骨或角钢龙骨时，要先用电钻钻孔，再用自攻螺丝将底板固定在龙骨上，并且螺丝头不能高出底板表面。

(3) 装面板

不锈钢板安装前要根据设计尺寸及造型在加工厂里加工好。当有底板时，分别在底板和不锈钢板背面涂刷万能胶，将预先加工好的不锈钢板粘贴在底面上；当无底板时，将预先加工好的不锈钢板用不锈钢螺钉固定在轻钢龙骨上或直接焊接在龙骨上。

(4) 收边

收边处理，在不锈钢板之间接口处或阴角、阳角处采用填灌密封胶、压不锈钢槽条等方法做收边装饰处理。

不锈钢饰面板的室内部分施工结构如图 2-3-18 所示。

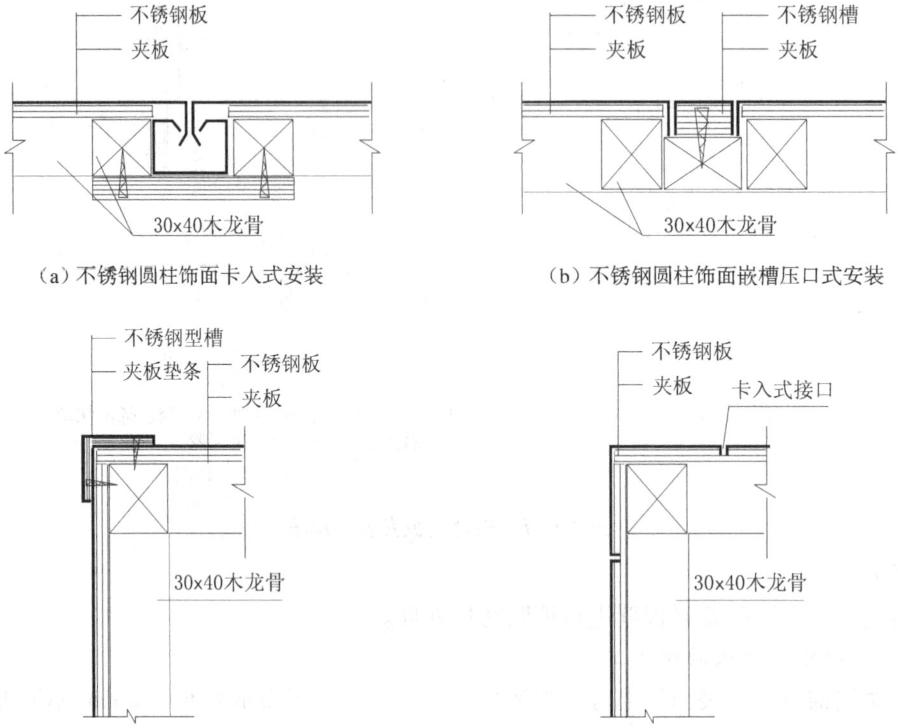

（a）不锈钢圆柱饰面卡入式安装　（b）不锈钢圆柱饰面嵌槽压口式安装

（c）不锈钢一般墙面饰面　（d）阳角处理

图 2-3-18　不锈钢饰面板室内部分施工结构示意图

四、塑铝（也称铝塑）外墙板施工

铝塑板作为新型的装饰材料，近年来大量用于建筑外墙、门面等部位的装饰。它以现场容易加工、耐久性好、装饰效果好等优点逐渐取代一般铝板。铝塑板可以在施工现场加工，所以在施工上比铝板、不锈钢板的施工更为灵活。铝塑板的施工工艺与不锈钢板、铝板施工工艺很相似，主要有有龙骨有底板式和有龙骨无底板式两种安装方法。有龙骨有底板式安装一般在防水门面、室内墙柱面或其他防水位置良好墙柱面等情况下采用，其基层龙骨可用木龙骨，也可用轻钢龙骨或镀锌角钢焊接龙骨、铝型材龙骨；有龙骨无底板安装一般在外墙立面（如整栋建筑物立面）采用，但也可以在室内墙柱面采用，其基层龙骨有采用铝型材龙骨安装，也有采用镀锌型钢或轻钢龙骨安装。施工工艺可归纳为：装架→封底板→裁面板→装面板→填缝。

（1）装架

基层木龙骨或轻钢龙骨骨架或镀锌角钢焊接龙骨或铝合金扁管龙骨的安装，其安装工艺参照相关的施工工艺。需重复检查垂直度和平整度。

（2）封底板

基层底板钉封（对于有底板式施工方法采用），一般采用 5 ～ 9 mm 厚胶合板，当龙骨是轻钢龙骨或角钢龙骨时，要先用电钻钻孔，再用自攻螺丝将底板固定在龙骨上，并且螺丝头不能高出底板表面。当龙骨是木龙骨时，施工方法及要求与普通木质罩面板的施工工艺一样。

（3）裁面板

安装前要根据设计尺寸及造型在现场将铝塑板裁切加工好。当有底板时，由于是用万能胶粘贴施工，所以将铝塑板裁切成规定的尺寸即可；当无底板时，采用钉固式固定铝塑板，要将铝塑板四边加工折起 2 ～ 3 cm，在四折边和铝角连接。

（4）装面板

当有底板时，分别在底板和铝塑板背面涂刷万能胶，将铝塑板粘贴在底面上，注意板与板之间留缝 6 ～ 15 mm；当无底板时，将铝塑板用不锈钢螺钉或铆钉固定在轻钢龙骨上或镀锌角钢焊接龙骨或铝合金扁管龙骨上。

（5）填缝

安装完毕，在铝塑板缝之间、阴角处填灌密封胶。

室内有底板式铝塑板安装示意图见图 2-3-19。室外无底板式铝塑板安装示意图见图 2-3-20。

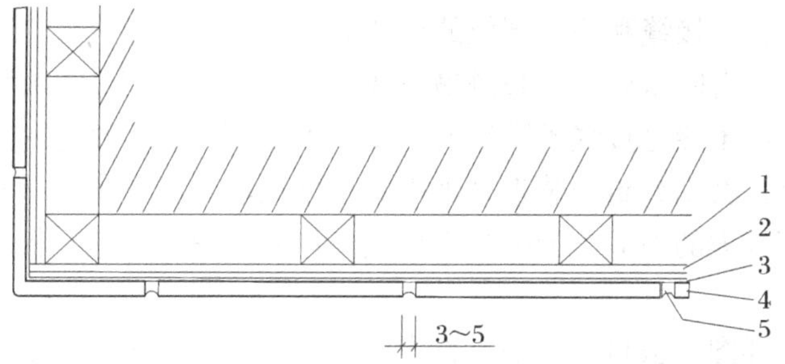

1—木方龙骨；2—5mm 厚夹板；3—万能胶粘贴层；4—铝塑板；5—密封胶填缝。

图 2-3-19　室内有底板式铝塑板安装示意图

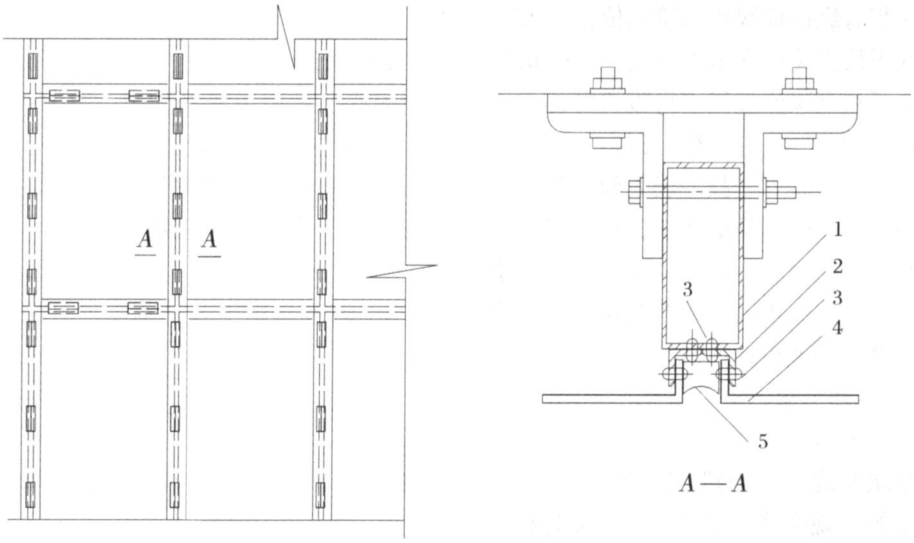

(a) 立面图　　(b) 节点大样图

1—型钢（铝）立柱；2—铝连接角码；3—铝铆钉；4—铝合金外墙板；5—密封胶。

图 2-3-20　室外无底板式铝塑板安装示意图

第四节　饰面板（砖）工程施工中质量通病及防治措施

一、花岗石墙面

1．饰面不平整，接缝不顺直

（1）现象

花岗石板块墙面镶贴之后，大面凹凸不平，板块接缝横不平、竖不直，板缝大小不一，板缝两侧相邻板块高低不平，严重影响外观。

（2）防治措施

①批量板块应由石材厂加工生产。石材进场应按标准规定检查外观质量，检查内容包括规格尺寸、平面度、角度、外观缺陷等。超出允许偏差者，应退货或磨边修整，阳角板块斜边宜略小于1/2 阳角角度（利于填入砂浆）。

②对墙面板块进行专项装修设计：有关方面会审图纸，明确板块的排列方式、分格和图案，伸缩缝位置、接缝和凹凸部位的构造大样。

③室外墙面由于有防水要求，板缝宽度不应小于 5 mm。室内墙面无防水要求，光面和镜面花岗石板缝干接是接缝不顺直的重要原因之一，干接板材的方正平直不应超过优等品的允许偏差，否则会给安装带来困难。根据规定，板块长、宽只允许负偏差，板缝干接，对于面积较大的墙面，为减少板块制作尺寸的积累偏差，板缝宽度应适当放宽至 2 mm 左右。

④做好施工大样图。板材安装前，首先应根据建筑设计图纸要求，认真核实板块安装部位的结构实际尺寸及偏差情况和所增减的尺寸，绘出修正图。

⑤墙、柱的安装，应按设计轴线距离弹出墙、柱中心线，板块分格线（应精确至每一板块都有纵横标线作为镶贴依据）和水平标高线。

⑥板块安装应先做样板墙，经确认后，再大面积铺开。

⑦板块灌浆前应浇水将板块背面和基体表面润湿，再分层灌注砂浆。待其初凝后，应检查板面位置，施工缝应留在板块水平接缝以下 50 ～ 100 mm 处。

⑧粘贴法施工，找平层表面平整度允许偏差宜为 3 mm，不得大于 4 mm；板块厚度允许偏差应按优等品的要求，如板厚在 12 mm 以内者，其允许偏差为 ±0. 5 mm。

⑨大面镶贴完毕后，宜用经纬仪及水平仪沿板缝打点，使墙面石材板缝在竖向和水平向都能通线，再沿板缝两侧用粉线弹出板缝边线，沿粉线贴上分色胶纸带打防水密封胶。嵌缝胶的颜色选择需先做几个样板，再研究决定。

2．板块开裂，边角缺损

（1）现象

板块暗缝、“石筋”或石材加工、运输隐伤部位，以及墙柱顶部或根部，墙、柱阳角部位等出现裂缝、损伤，影响美观和耐久性。

（2）防治措施

①石材板底涂刷树脂胶，再贴化纤丝网格布，形成一层抗拉防水层（还可增加粗糙

面，有利于粘贴）；或采用有衬底的复合型超薄石材，以减免开裂和损伤。为防运输、堆放、钻孔等过程中被损伤，板块应立放。

②饰面墙上有时难免需要开孔洞（如电开关、镶招牌等），应事先考虑并在板块未上墙之前加工，切勿在饰面安装之后再手工锤凿。

③板块进场拆包后，首先应进行外观检验，轻度破损的板块，可用专门的商品石材胶修补，也可用自配环氧树脂胶黏剂修补。石材修补后，板面不得有明显痕迹，颜色应与板面花色相近。

④考虑墙、柱受上部楼层荷载的压缩及成品保护等原因，饰面工程应在建筑物施工后期进行。墙、柱顶部和根部的板块，宜预留不小于 5 mm 的空隙以便嵌填柔性密封胶，以适应下层墙、柱受长期荷载的压缩或温度变化。板缝用水泥砂浆勾缝的墙面，室外宜间隔5 ～ 6 m（室内宜 10 ～ 12 m）设一道宽度为 10 ～ 15 mm 的变形缝，以适应环境温度变化。轻质墙体应做加强处理。

⑤外墙或用水房间墙面须先做防水处理。

3．空鼓脱落

（1）现象

饰面板块镶贴之后，板块出现空鼓；空鼓可能会随着时间的推移，范围逐渐发展扩大，甚至松动脱落，伤害人和物。

（2）防治措施

①镶贴之前（砂浆粘贴法），基体（或基层）、板块必须清理干净，用水充分湿润，阴干至表面无水迹时，即可涂刷界面处理剂（随贴随刷），待界面处理剂表面干燥后，即行镶贴。

②砂浆粘贴法砂浆稠度宜为 6 ～ 8 cm，挂贴法（灌浆法）砂浆稠度 8 ～ 12 cm（坚持分层灌实）。石材板块自重大，板背光滑无槽，因而镶贴砂浆的黏结力格外重要。冬期施工，砂浆的使用温度不得低于 5 ℃；砂浆硬化前，应采取防冻措施。

③板块边长小于 400 mm 的，可用粘贴法镶贴。板块边长大于 400 mm 的，应用灌浆法（挂贴法）镶贴。系固饰面板用的钢筋网，应与锚固件连接牢固。禁止使用铁丝及镀锌铁丝绑扎固定板块。

④使用经检验合格的石材防护剂，并按使用说明书进行涂刷。

⑤较厚板或尺寸较大的板块应考虑在自重作用下如何保证每个板块垂直面的稳定性，受力分析包括板块和砂浆的自重、板块安装垂直度偏差、灌浆未硬化时的水平推力、水分入侵后的冻胀力等。

⑥由于石材单位面积的质量较大，因此轻质砖墙不应直接作为石材饰面的基体。否则，应采取加强措施。

⑦注意成品保护，防止振动、撞击等外伤，尤其注意避免镶贴砂浆、胶黏剂早期受损伤。

4．墙面污染

（1）现象

花岗石板块在制作、运输、存放过程中，板块出现外侵颜色；墙面镶贴后，饰面出现水泥斑迹、长年水斑、析自流挂、铁锈褐斑、电焊火花灼伤；建筑物使用后，饰面出现脏物污渍，严重影响外观。

（2）防治措施

①石材出厂（或安装前）应进行专门的石材保护剂（或防污染剂）喷涂或浸泡处理，从根本上增强石材的防污染能力，达到抵抗外界物质入侵的目的。采用钢砂摆锯加工的板块，应特别注意将板面用铜丝刷洗刷干净，认真清除附在板块上的钢砂。板块进场应进行物理性能检验。

②改进包装材料，可采用泡沫板或塑料包装。

③灌浆法粘贴板块，应用橡胶条或塑料条临时密封，表面再贴宽胶带。灌浆硬化后，揭去胶带和临时密封条。

④嵌缝用的防水密封胶选用中性耐候硅酮密封胶，事先做相容性试验。待石材清洗干净并完全干燥后方可施工。

⑤做好成品保护。

⑥为减少放射性物质的污染，应按《GB 50325—2010 民用建筑工程室内环境污染控制规范》规定选用石材。室内花岗石材总面积大于200 m^2 时，应进行复验。

二、室内大理石墙面

1. 饰面纹理不顺，色泽不匀

（1）现象

板块之间色泽不匀，色差明显，个别板块甚至有明显的杂色斑点、花纹；有花纹的板块，花纹不能通顺接通，横竖突变，杂乱无章，严重影响美观。

（2）防治措施

①色调与花纹应符合设计要求。非定型配套工程产品，每一部位色调深浅应逐渐过渡，不得有突然变化。

②石材出厂预拼、编号时，对各镶贴部位石材应从严挑选，而且要把颜色、纹理好的大理石板块用于主要部位，以提高建筑装饰美。

③大理石进场拆开包装后应进行复检。挑选品种、规格、颜色一致，无缺棱掉角的板材。

④安装前须再按装饰设计图纸进行试拼，要求颜色变化自然，一面墙或一个立面色调要和谐。拼对花纹时，虽不能条条对准，但要上下左右大体通顺，纹理自然，同一面花纹对称或均衡。而且要经建设、设计、监理等单位共同确认，力求做到浑然一体，以加强装饰效果。

2. 板面腐蚀与污染

（1）现象

大理石饰面经过一段时间之后，光亮的表面逐渐变色、褪色和失去光泽，进而变得粗糙，并产生麻点、开裂和剥落，失去了大理石装饰的应有效果。

（2）防治措施

①石材安装前浸泡或涂抹商品专用防护剂（液），防止污渍渗透和腐蚀。

②板块进场应按《JC/T 79—2001 天然大理石建筑板材》的规定进行外观缺陷和物理性能检验。

③大理石不宜用作室外墙面饰面，个别工程需用作外墙饰面时，应事先进行品种选择，挑选品质纯、杂质少、耐风化、耐腐蚀的大理石。

④室外大理石墙面压顶部位，要认真处理，其水平的压顶板块，必须压接墙面的竖向板块，保证接缝不渗水。横竖接缝必须防水，板背灌浆饱满。

⑤饰面的另一侧，若是卫生间等用水房间，必须先做防水处理。墙根应做防潮、防水处理。

⑥做好成品保护。室内大理石饰面必须定期打蜡（或喷涂有机硅憎水剂）。室外墙面必须喷涂有机硅憎水剂或其他无色护面涂剂，以隔离腐蚀和污染。

三、室内瓷砖（内墙砖）墙面

1. 饰面不平整，缝格不顺直

（1）现象

瓷砖墙面粘贴后，墙面凹凸不平，瓷砖板缝错位明显，板缝横竖线条不顺直。

（2）防治措施

①根据房间主体实际尺寸进行墙面排砖和细部大样图设计。

②进场瓷砖的外观质量必须符合《GB/T 4100—2015 陶瓷砖》的规定。

③根据设计要求进行施工。弹竖线、弹水平线及表面平整线、挂线。

④设计要求密缝法施工的，对瓷砖的材质挑选作为一道主要工序，色泽不同的瓷砖应分别堆放，挑出翘曲、变形、裂纹、面层有杂质等缺陷的瓷砖。同一类尺寸者应用于同一房间或一面墙上，以做到接缝均匀一致。

⑤宜采用离缝法粘贴，将板缝宽度放宽至 2. 0 mm 左右。

四、饰面板（砖）工程质量验收规范（节选自《GB 50210—2001 建筑装饰装修工程质量验收规范》）

一般规定：

1. 本章适用于饰面板安装、饰面砖粘贴等分项工程的质量验收。（GB 50210—2001 8. 1. 1）

2. 各分项工程的检验批应按下列规定划分：

（1）相同材料、工艺和施工条件的室内饰面板（砖）工程每 50 间（大面积房间和走廊按施工面积 30 m^2 为一间）应划分为一个检验批，不足 50 间也应划分为一个检验批。

（2）相同材料、工艺和施工条件的室外饰面板（砖）工程每 500 ～ 1000 m^2 应划分为一个检验批，不足 500 m^2 也应划分为一个检验批。（GB 50210—2001 8. 1. 5）

3. 检查数量的规定：

（1）室内每个检验批应至少抽查 10%，并不得少于 3 间；不足 3 间时应全数检查。

（2）室外每个检验批每 100 m^2 应至少抽查一处，每处不得小于 10 m^2。（GB 50210—

2001　8.1.6）

4. 饰面板安装的允许偏差和检验方法应符合表2-3-4的规定。（GB 50210—2001　8.2.9）

表2-3-4　饰面板安装的允许偏差和检验方法（摘自GB 50210—2001）

项次	项　目	允许偏差/mm							检验方法
		石　材			瓷板	木材	塑料	金属	
		光面	剁斧石	蘑菇石					
1	立面垂直度	2	3	3	2	1.5	2	2	用2 m垂直检测尺检查
2	表面平整度	2	3	—	1.5	1	3	3	用2 m靠尺和塞尺检查
3	阴阳角方正	2	4	4	2	1.5	3	3	用直角检测尺检查
4	接缝直线度	2	4	4	2	1	1	1	拉5 m线，不足5 m拉通线，用钢直尺检查
5	墙裙、勒脚上口直线度	2	3	3	2	2	2	2	拉5 m线，不足5 m拉通线，用钢直尺检查
6	接缝高低差	0.5	3	—	0.5	0.5	1	1	用钢直尺和塞尺检查
7	接缝宽度	1	2	2	1	1	1	1	用钢直尺检查

5. 饰面砖粘贴的允许偏差和检验方法应符合表2-3-5的规定。（GB 50210—2001　8.3.11）

表2-3-5　饰面砖粘贴的允许偏差和检验方法（摘自GB 50210—2001）

项次	项　目	允许偏差/mm		检验方法
		外墙面砖	风墙面砖	
1	立面垂直度	3	2	用2m垂直检测尺检查
2	表面平整度	4	3	用2m靠尺和塞尺检查
3	阴阳角方正	3	3	用直角检测尺检查
4	接缝直线度	3	2	拉5m线，不足5m拉通线，用钢直尺检查
5	接缝高低差	1	0.5	用钢直尺和塞尺检查
6	接缝宽度	1	1	用钢直尺检查

第五节　裱糊饰面和软包墙面

裱糊工程主要是室内墙柱面的各种壁纸、墙布、墙毯裱糊饰面。饰面材料常见的品种有纸基壁纸、布基塑料壁纸、天然材料面壁纸、金属面壁纸、玻璃纤维墙布、无纺墙布、墙毯和锦缎等。在施工中，壁纸既可裱糊在木基面、石膏板基面、硅钙板基面上，又可裱糊在水泥基面上。不同的壁纸、墙布，其裱糊工艺是一样的，只是不同的基层，处理方法有所不同。软包墙面主要通过墙布、锦缎等，结合吸音材料，达到墙面装饰和吸音效果，主要用于有特别吸音要求的场所。

一、普通壁纸裱糊工程

普通壁纸裱糊工程施工顺序可归纳为：清理→弹线→润纸→裱纸→修整。

（1）清理

在裱糊工程中，基层处理非常关键。基层要求坚实牢固，平整光洁，不疏松起皮，不掉粉，无砂粒、孔洞、麻点和飞刺。此外，墙面干燥、无潮湿发霉现象，并用酚醛清漆配松节水（1∶3）做防潮处理，一般涂刷一遍即可。不同的基层，处理方法有所不同，具体方法见表2-3-6。

表2-3-6　裱糊工程基层处理

基层名称	处理方法
混凝土及抹灰基层	①清扫浮尘；②用腻子灰修补孔洞、凹口，干后用砂纸打磨；③整体墙面抹腻子灰1～3遍，每遍待干硬后用砂纸打磨平整再抹下一道，直至整体平整光滑、无砂眼麻点、阴阳角线顺直；④刷防潮漆
木板基层	①检查整体平整度；②对钉孔做防锈处理，再用腻子灰补平，对板间接缝抹腻子灰一遍；③对整体基层抹薄薄一层腻子灰（若贴金属壁纸，要求抹3遍以上），用砂纸打磨平整光滑；④刷防潮漆
石膏板、硅钙板基层	①检查整体平整度；②对螺钉孔做防锈处理，再用腻子灰对钉孔和板接缝满抹一遍，用砂纸磨平（在无纸面石膏板上，需再满刷1～2遍腻子灰做整体找平）；③刷防潮漆

（2）弹线

根据设计要求和壁纸的规格在墙上弹出垂直线和水平线，其目的是使壁纸粘贴后的图案、花纹线条纵横连贯。

（3）润纸

部分壁纸会在遇水或刷胶水时自由膨胀，其幅宽方向的膨胀率为0.5%～1.2%，收缩率为0.2%～0.8%。润纸方法可刷水，也可将壁纸浸于水中3～5 min，拿起抖掉多余水分，静晾约15 min。

（4）裱纸

分别在墙面基层和裁剪好的壁纸背面涂刷胶水（胶水一般为专用壁纸胶粉，也可用107胶＋羧甲基纤维素＋水），刷胶时注意厚薄均匀，不裹边，不起堆，防止溢出边缘污染壁纸。裱糊壁纸时，分幅的顺序一般从垂直线起至墙面阴角收口处止，先垂直面后水平面，先细部后大面。贴垂直面时先上后下，贴水平面时先左后右。裱糊时注意抹刮的顺序是由上至下，由中间向两侧反复抹刮，使壁纸平实，并注意有花纹壁纸的图案拼接，裱贴完毕，应将壁纸表面污染的胶水用海绵擦拭干净。

（5）修整

将壁纸头尾及修口处多出部分用壁纸刀裁掉，对壁纸做整体的检查，看是否有空鼓、气泡、皱褶、翘角、翘边等。

二、其他壁纸、墙布、墙毯的裱糊工艺

其他壁纸、墙布、墙毯包括金属壁纸和锦缎、玻璃纤维贴墙布和无纺贴墙布、墙毯、高级墙纸等，它们的施工工艺和前面所述普通壁纸施工工艺基本相同，但也有其各自的特别之处，它们的施工比较见表2-3-7。

表2-3-7　其他壁纸、墙布、墙毯的裱糊工艺

裱糊饰面种类	基层处理要求	裱糊胶黏剂	裱糊方法特点
金属壁纸	比普通壁纸对基层的要求更高	专用壁纸胶粉	①浸水1～2 min ②拿压要小心，防止折伤金属箔
锦缎	同普通壁纸要求	①锦缎上浆托纸用面粉+防虫涂料+水 ②裱糊胶水同金属壁纸	①锦缎为纺织品，柔软光滑、易变形，故在裱糊前在背面上浆托宣纸一层 ②其他工艺同普通壁纸，完工后要涂刷一层防虫涂料
玻璃纤维贴墙布、无纺贴墙布	因玻璃纤维贴墙布和无纺贴墙布遮盖基层能力较差，故基层颜色要求较严	同普通壁纸要求	无需浸水（其基材为玻璃纤维和合成纤维，无吸水膨胀特点）
墙毯	同普通壁纸要求	多用聚酯酸乙烯乳胶（白乳胶）	①不用浸水 ②墙毯比其他墙纸重，裱糊时先用小木条钉住做临时固定
高级墙纸	同普通壁纸要求	进口墙纸粉	遇水膨缩率小，故不用先浸水，按普通壁纸方法裱糊完毕后，需在40～60 min内对墙纸整体滚压一遍

裱糊工程的质量标准和检验方法见表2-3-8。

表 2-3-8 裱糊工程的质量标准和检验方法

<table>
<tr><td rowspan="2">保证项目</td><td colspan="4">质量要求</td><td>检验方法</td></tr>
<tr><td colspan="4">墙纸、墙布必须牢固，无空鼓、翘边、皱褶等缺陷</td><td>观察或用手轻触检查</td></tr>
<tr><td rowspan="7"></td><td>项次</td><td>项目</td><td>等级</td><td>质量要求</td><td rowspan="7">观察检查</td></tr>
<tr><td rowspan="2">1</td><td rowspan="2">裱糊项目</td><td>合格</td><td>色泽一致，无斑污</td></tr>
<tr><td>优良</td><td>色泽一致，无斑污，无胶痕</td></tr>
<tr><td rowspan="2">2</td><td rowspan="2">各幅拼接</td><td>合格</td><td>横平竖直，图案端正，接缝处图案花纹基本吻合。阳角无接缝</td></tr>
<tr><td>优良</td><td>横平竖直，图案端正，接缝处图案花纹基本吻合。距墙 1.5 m 处正视，不显拼缝。阴角处搭接平顺，阳角处无接缝</td></tr>
<tr><td rowspan="2">3</td><td rowspan="2">裱糊与挂镜线、踢脚线交接</td><td>合格</td><td>交接紧密、无漏贴，不糊盖需拆卸的活动件</td></tr>
<tr><td>优良</td><td>交接紧密、无缝隙，无漏贴和补贴，不糊盖需拆卸的活动件</td></tr>
</table>

三、软包墙面

软包墙面是现代新型高档装修之一，具有吸声、保温、质感舒适等特点。主要用于有吸声要求的场所，如会议厅、娱乐厅、消声室影剧院及其他视听室。按照使用材料不同，可分为有吸音层软包墙面和无吸音层软包墙面，前者用于高吸音要求的厅、室，后者用于一般吸音要求的厅、室。它们的施工工艺可归纳为：清理→架装→软包→收边。

（1）清理

基层清理主要是对建筑墙面的检查，墙面要保证无空鼓、平整、强度高，并在墙面做建筑胶防潮层两到三道。

（2）架装

基层木龙骨的安装，其安装工艺与木质板罩面工艺的木龙骨的安装是一样的，见前章所述。

（3）软包

墙面软包的具体施工工艺见表 2-3-9。

（4）收边

软包墙面四周，根据设计要求用金属条或其他压线收边装饰。

表 2-3-9　墙面软包施工工艺

工艺顺序	施工种类		
	无吸音层软包墙面	有吸音层软包墙面	
		木夹板压钉面料法	吸音层压钉面料法
底层制作	将 9 mm 或 12 mm 阻燃型夹板按设计锯成方块或矩形块，并将竖向两侧刨成 60° 斜角，再涂氟化钠防腐剂一遍	将 9 mm 或 12 mm 阻燃型夹板按设计锯成方块或矩形块，并将竖向两侧刨成 60° 斜角，再涂氟化钠防腐剂一遍	将 9 mm 或 12 mm 阻燃型夹板固定于木龙骨上，沉钉头，做防锈处理
吸音层裁剪	无	根据设计尺寸裁剪吸音材料（玻璃棉、超细玻璃棉或自熄型泡沫塑料）	根据设计尺寸裁剪吸音材料（玻璃棉、超级玻璃棉或自熄型泡沫塑料）
软包面料裁剪	横向尺寸应为设计尺寸 +（5 ～ 8）cm；竖向尺寸应为设计尺寸 + 上下端压口之和	横向尺寸应为设计尺寸 +（5 ～ 8）cm；竖向尺寸应为设计尺寸 + 上下端压口之和	横向、竖向尺寸均为设计尺寸 + 10 cm
施工构造图	见图 2-3-21a、b、c	见图 2-3-22 ～图 2-3-24	见图 2-3-25

四、裱糊分项工程施工中质量通病及防治措施

1. 壁纸翘边原因及预防

（1）原因

接缝处未刷胶或胶液较少，局部边缝未压实，干后出现翘边现象。发现后要及时补胶压实。

（2）预防措施

①裱糊基层要干，含水率应小于 9%。清除表面油污、灰尘。必须用腻子将表面凹凸不平处刮平整。

②若基层表面粗糙和干燥，必须均匀地喷刷一遍醇酸清漆，待手按着不黏时，即可开始铺贴壁纸。

③根据实际情况刷黏结胶液，一般可在壁纸背面刷胶液（根据不同壁纸，有的应事先浸水方可刷胶），若基层刷得薄而匀，须略等一些时间再上墙，效果较好，但不能让胶液完全干后再上墙，这样容易引起翘边。

④裱糊壁纸宜用壁纸专用胶。壁纸施工前，应做样品试贴。

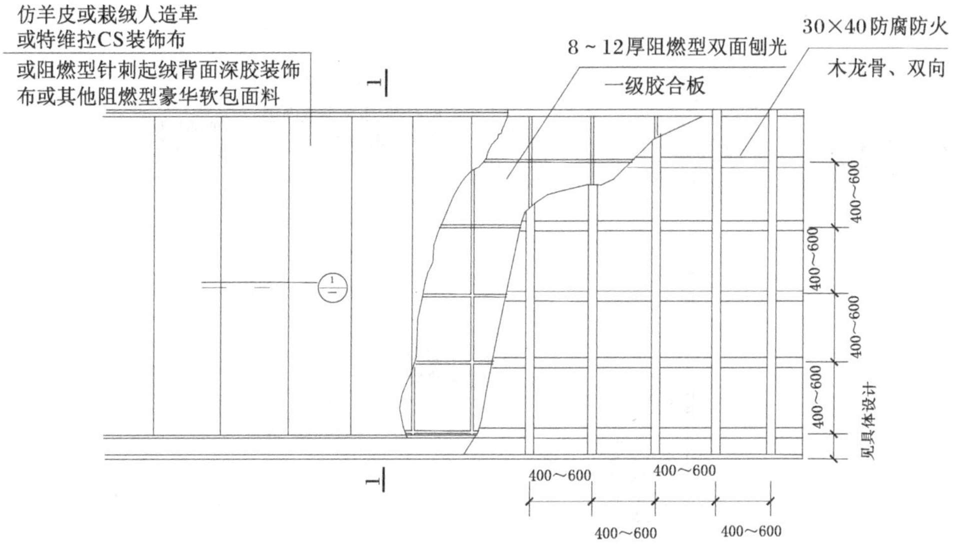

(a) 无吸音层软包墙面立面图

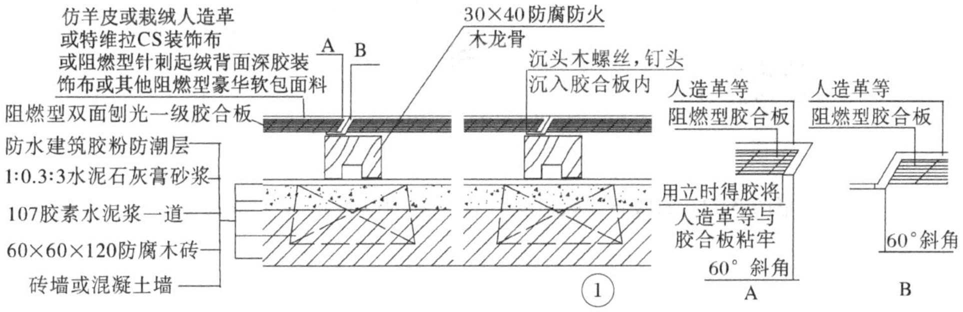

(b) 无吸音层软包墙面详图

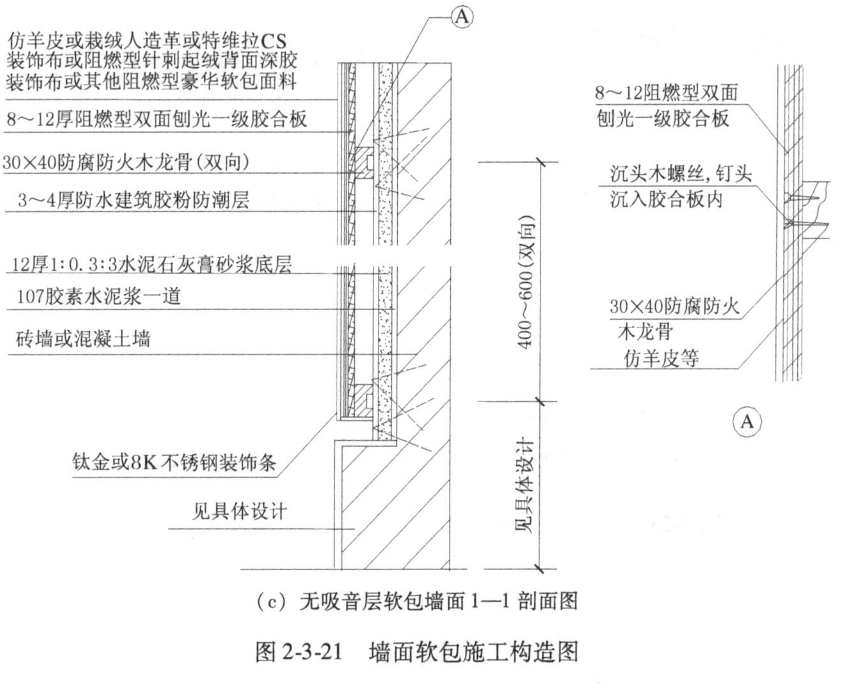

(c) 无吸音层软包墙面1—1剖面图

图 2-3-21　墙面软包施工构造图

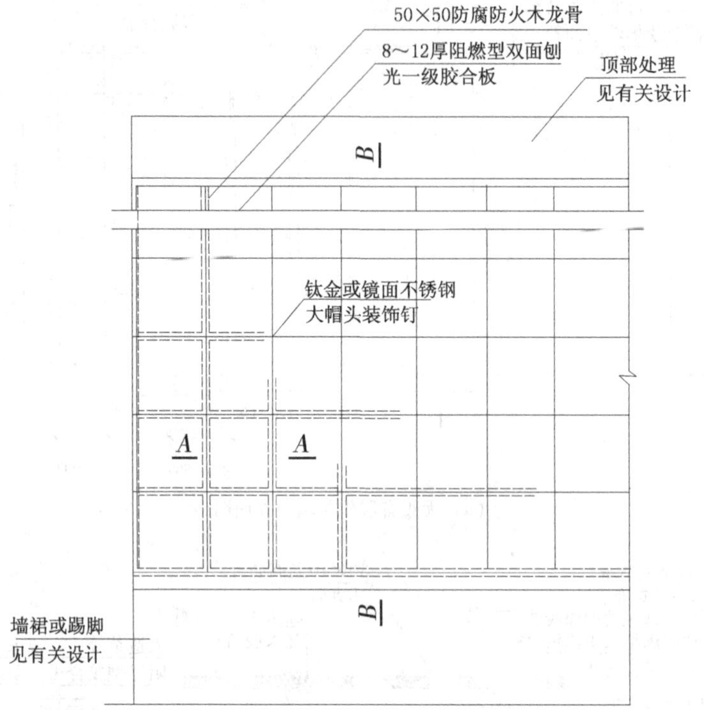

图 2-3-22　有吸音层软包墙面（木夹板压钉面料法）立面图

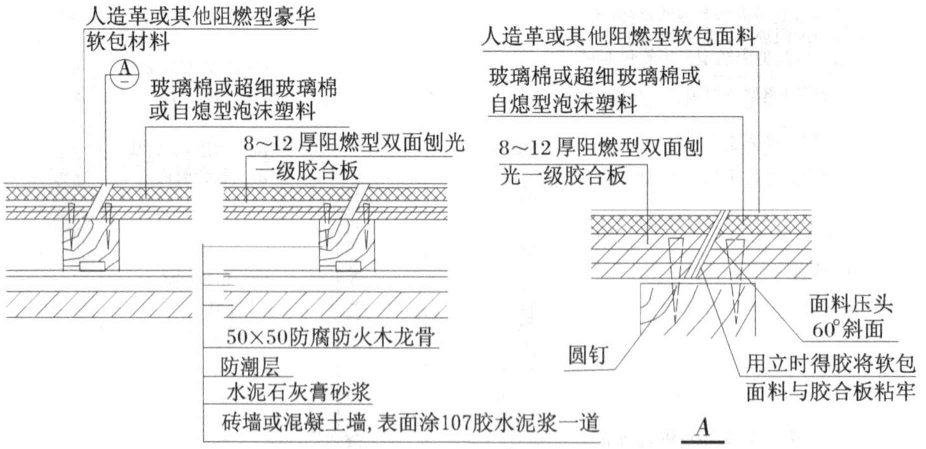

图 2-3-23　有吸音层软包墙面（木夹板压钉面料法）*A*—*A* 详图

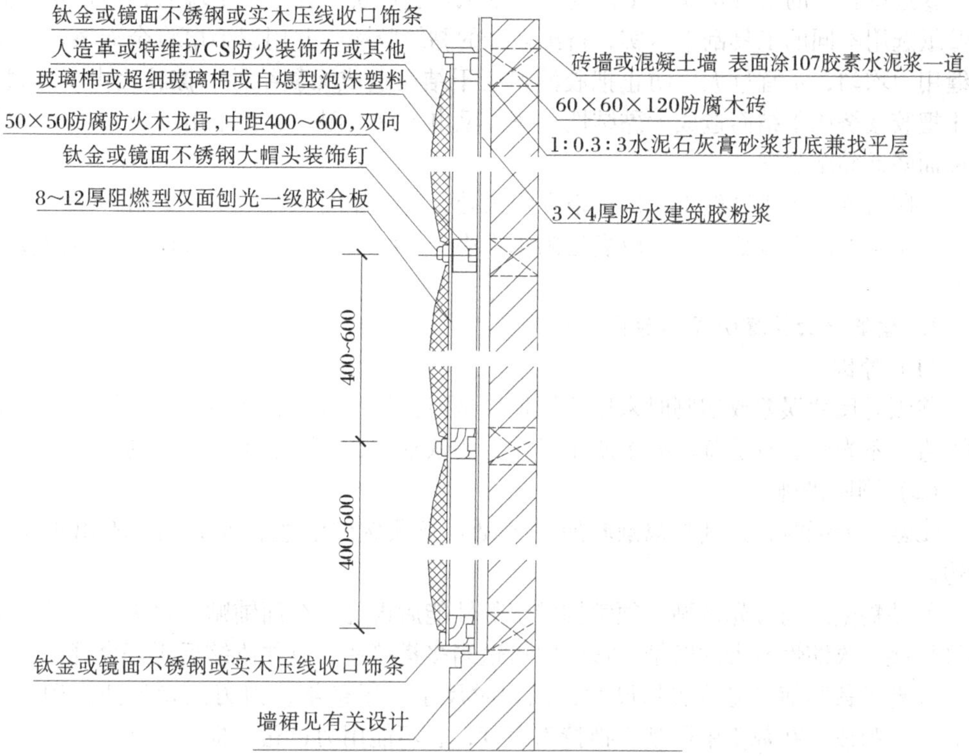

图 2-3-24　有吸音层软包墙面（木夹板压钉面料法）*B—B* 剖面图

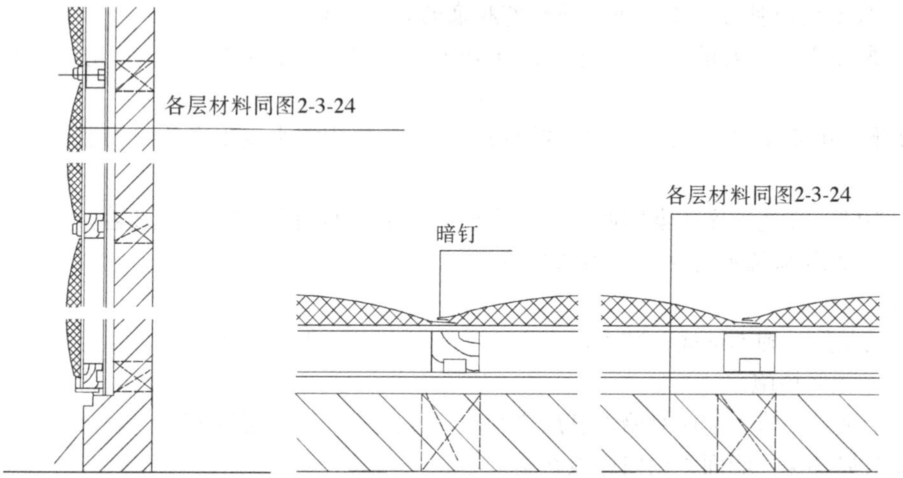

（a）竖向剖面图　　（b）横向详图

图 2-3-25　有吸音层软包墙面（吸音层压钉面料法）

⑤选用合适的工具裱糊壁纸。为了使壁纸接缝严密，在空纸上墙后，可根据不同类型壁纸选用不同的工具刮平压实，挤出多余的黏结胶液，并用湿毛巾将余液擦掉。压沿边缝用力均匀，不宜过大，防止把胶液挤压干结而造成无黏结性。擦胶毛巾不宜过大，防止把胶液挤压干结而造成无黏结性。擦胶毛巾不宜太湿，避免水由纸边渗入基层冲洗胶液而降低黏结强度。

⑥阴角壁纸应搭缝施工，纸边搭在阴角处，搭接宽度一般不小于 2 mm。

⑦阳角处严禁接缝，壁纸应裹过阳角不小于 20 mm，包角壁纸必须用黏结力较强的胶液。

2. 壁纸墙面接缝明显的原因及预防

（1）原因

裁纸时尺寸误差或切割时未压住钢板尺走刀，将纸裁少；剪裁壁纸时操作失误造成边不直、不光洁、有毛刺。要求施工操作中要认真细致，割切工具要锋利。

（2）预防措施

①裁割壁纸时，尤其是裁割较厚的壁纸，必须做到纸边直而光洁，不出现突出和毛边。

②裱糊壁纸前应先试贴，须掌握壁纸的性能后再进行全面铺贴，对无收缩性的壁纸不许搭接，收缩性较大的壁纸，裱糊时可适当多搭接些，以便收缩后正好合缝。

③壁纸裁割前应复核实际尺寸，裁切时尺子压紧壁纸，刀刃贴紧尺边，用力要均匀，一气呵成。在裁割中严禁变换持刀角度，且不能用力过猛，损坏墙面。

④裁割壁纸一般可放长 10 ～ 20 mm，粘贴时先对齐上边，在下边将多余部分用尺压住后裁割掉。

⑤要使壁纸不离缝，赶压胶液工序很关键，应由拼缝处横向往外赶压，不得斜向来回或由两侧向中间推挤，保证接缝严密不离缝。

3. 壁纸墙面脏污、不洁净，斜视有胶痕的预防措施

①要求操作工人的手、手使工具（开刀、壁纸刀、白色抹布）及切割台面保持清洁。

②施工中要及时擦洗所赶压出的胶液，完工后要用清水及干净毛巾彻底擦洗一遍壁纸墙壁面。

③为防止其他工序污染墙面，对已完成的壁纸墙面用塑料膜予以遮盖。

4. 壁纸墙面透底有包的原因及预防

（1）原因

墙面基层处理不彻底，其表面有尘土、腻子包及水泥疙瘩等。

（2）预防措施

①壁纸粘贴施工前应对墙面基层进行彻底清理，并刷一道底胶。

②对局部深色墙面，用白厚漆覆盖。

③对局部凹凸部位要打磨修补，要求墙面基层平整光滑，线角直顺。

④满刷底胶应保证薄厚均匀，无流坠。

5. 壁纸墙面有胶包、皱褶、气泡原因及预防

（1）原因

墙面基层含水率过大，形成气泡，施工中赶光压实不到位，局部胶液没赶出而形成胶泡。将局部刺破压出气体胶液再压实壁纸，由于操作不当造成壁纸皱褶的部位需抻平压实。

（2）预防措施

①不同壁纸应采用不同的工艺操作，使用不同的工具由里向外刮或滚压，将多余的胶液和气泡赶出。

②基层必须干燥，含水率小于9%，凹陷处用石膏腻子或大白、滑石粉、乳胶腻子刮抹平整。

③基层的油污、灰尘应除净。

④涂刷胶液必须厚薄均匀，要防止漏刷。

⑤石膏板纸基起泡，脱落必须铲除并修补好。

6. 壁纸颜色不一致预防措施

①选用纸质较厚、材质较好且不易褪色的壁纸。

②基层的颜色应一致，且以浅色为好，若基层颜色较深，则应选用纸质较厚或颜色较深、花饰较大的壁纸。

③壁纸应裱糊在干燥的基层上，含水率不大于9%（表面返白）。

④壁纸应尽量避免在运输、储存和施工中处在日光直接照射下，尤其是储存时，严禁成卷壁纸单头被太阳持久照射，因为这样会使壁纸形成深浅不一的鸳鸯色。

⑤使用壁纸时应开卷对色，发现有局部褪色，应将其褪色部分裁掉，剩下的作窄幅使用。

五、软包工程施工中质量通病及防治措施

1. 软包墙面龙骨衬板边框翘曲变形原因及预防

（1）原因

龙骨衬板用木料含水率大于12%。

（2）预防措施

①施工中要选用含水率小于12%经工厂烘干的半成品木料或选用优质胶合板。

②龙骨和衬板的规格尺寸应小于软包工程安装的允许偏差。

③龙骨与衬板应连接牢固。

2. 软包表面凹凸不平的原因及预防

（1）原因

墙面填充料不饱满，造成软包墙面厚度不一致及凹凸不平现象。

（2）预防措施

应用同材质的填充料，黏结填充料（海绵）时必须用中性材料，或其他不含腐蚀成分的胶黏剂，防止胶黏剂腐蚀填充料造成（海绵）厚度减少，软包墙面厚度不一致现象。

3. 软包工程表面脏污、不洁净，图案不清晰、有色差的预防措施

①要求操作工人的手、手使工具（开刀、壁纸刀、白色抹布）及操作台面保持

清洁。

②裁剪面料要注意花纹走向、经纬线顺直，做到同一房间同种面料，花纹图案位置相同。

③为防止其他工序污染墙面，对已完成的软包墙面用塑料膜予以遮盖。

4. 软包墙面局部有皱褶、松紧不适度现象的预防措施

①填充料（海绵）边缘切割必须整齐，不得有锯齿形，并填充饱满。

②面料单元尺寸裁剪正确，绷压松紧适度，棱角必须方正，周边平顺，弧度一致。

第四章　门窗工程

建筑装饰工程中所用的门窗种类很多，按材质分为木门窗、铝合金门窗、钢门窗、塑料门窗、特殊门窗等；按其功能可分为普通门窗、保温门窗、隔声门窗、防火门窗、防爆门等；按其结构形式可分为推拉门窗、平开门窗、弹簧门窗、自动门窗等。

本章主要介绍装饰木门窗、铝合金门窗的制作及安装，涂色镀锌钢板门窗、塑料门窗、微波自动门、全玻璃装饰门的安装。

第一节　木质门窗工程

传统的木质窗的主要功能为建筑物的采光、通风，现在已被钢窗、铝合金窗、塑料窗所取代，现代的木质窗常见于室内的二次装饰工程中。木质门也由传统的镶板门发展为蒙板门（有称夹板门）、高级饰面夹板门和高级实木门。在使用材料上，现代的木质门窗比传统的大有改进，以前是用普通木材如杉木或松木，加工做成门窗框、门窗扇，装上玻璃，刷上普通的油漆就交付使用。现代木质门窗除使用杉木、松木制作外（常作底层骨架材料），还常使用其他贵重木材制作（如柚木、花梨木、樱桃木、橡木等），或在门窗框、门窗扇外表贴上一层贵重木材饰面夹板，刷上高级的清漆才交付使用。

一、木质门窗的制作

木质门窗的制造工艺可归纳为：选料→开料→装料。

（1）选料

选择木方时，木方不能有腐朽、斜裂、大节疤或多节疤等，这些都会影响木方的强度；同时，木方要干燥，否则木方日后干燥收缩会产生变形；木方一般都需四面刨光才能使用，因此选料时木方尺寸应比设计尺寸大4 ～ 5 mm。

（2）开料

根据设计要求，对木料进行刨面、截料、凿眼、倒棱等加工，对要进行二次饰面包装的，要注意预留尺寸。

（3）装料

门窗框、扇的拼装，注意框扇的平整、方正及牢固。

二、木质门窗的安装

木质门窗的安装工艺可归纳为：装框→装扇→饰面→油漆→玻璃。

（1）装框

在门窗洞中弹（或吊）好垂直线，根据设计要求将门窗框固定。

（2）装扇

门窗扇安装，注意调整门窗扇的平直，留缝大小一致并符合要求。一般门竖缝留2～3 mm，窗竖缝留2 mm。

（3）饰面

这里所说的饰面是指二次饰面，对门窗扇、门窗框进行整体的饰面板包装，对各边、口用实木线条进行收口装饰。

（4）油漆

根据设计要求选用油漆，施工工艺详见有关章节。

（5）玻璃

门窗玻璃安装，安装过程注意保护门窗漆面。

三、木门窗的构造图解和外观

1. 常见木门窗

常见木门窗的构造见图 2-4-1。常见木门的开启方式见图 2-4-2。

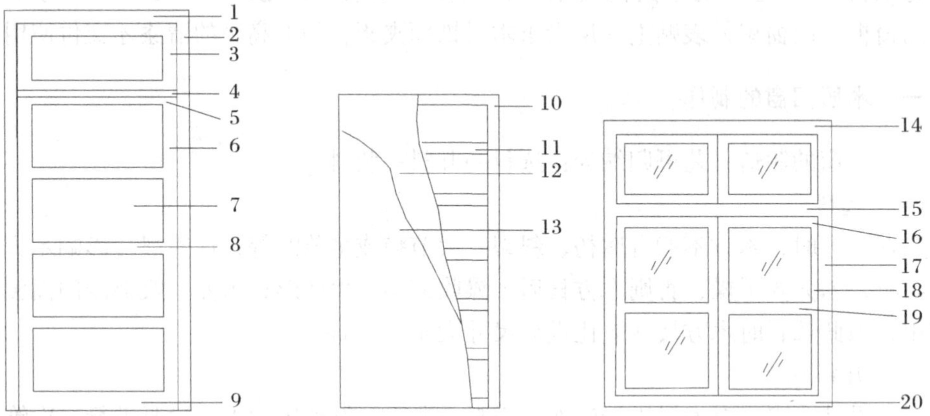

(a) 镶板门　　(b) 夹板门　　(c) 木窗

1—框冒头；2—门框梃；3—上窗梃；4—中贯档；5—门扇上冒头；6—门扇梃；7—门心板；8—门扇中冒头；9—门扇下冒头；10—竖木枋；11—横木枋；12—4mm 厚夹板；13—木饰面板；14—窗框上冒头；15—中贯档；16—窗扇上冒头；17—框梃；18—扇梃；19—棂子；20—窗框下冒头。

图 2-4-1　木门窗的构造

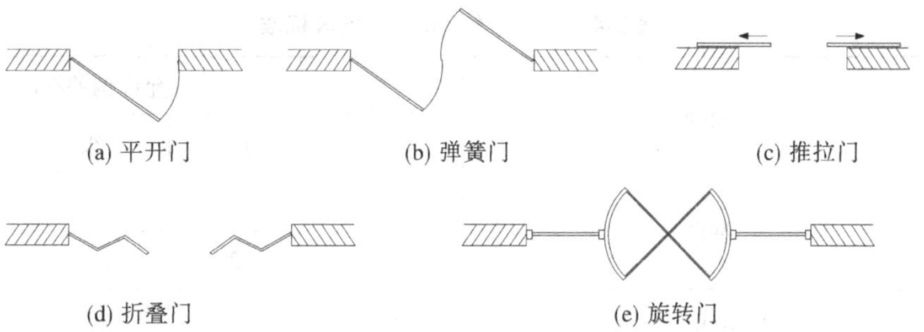

图 2-4-2　常见木门的开启方式

2. 常见木门外观

现代的装饰木门窗、镶板门以贵重实木制作最常见，通常也称实木门，其表面立体造型多；夹板门表面一般以平面形式最多，其表面可以用不同的木饰面拼贴各种图案，或用木装饰线条钉拼各种图案，在门板中可以镶入百叶窗、装饰玻璃等。常见木门的外观形式见图 2-4-3。

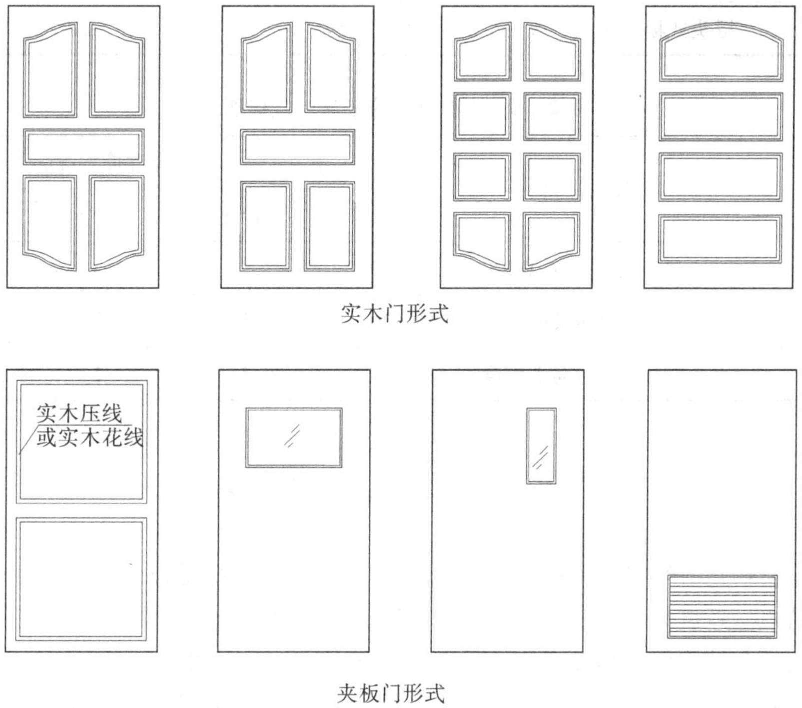

图 2-4-3　常见木门的外观形式

四、木门窗的制作和安装验收标准

装饰木门窗的制作和安装验收标准见表 2-4-1、表 2-4-2。

表 2-4-1 装饰木门窗制作验收标准

项次	检查项目	构件名称	允许偏差/mm		
			Ⅰ级	Ⅱ级	Ⅲ级
1	翘曲	框	3	3	4
		扇	2	2	3
2	对角线长度	框扇	2	2	3
3	胶合板、纤维板门 1 m^2 内平整度	扇	2	2	3
4	高、宽	框	+0 −1	+0 −2	+0 −2
		扇	+0 −1	+2 −0	+2 −0
5	裁口、线条和结合处	框扇	0.5	1	1
6	冒头或棂子对水平线	扇	±1	±2	±2

表 2-4-2 装饰木门窗安装验收标准

项次	检查项目	允许偏差/mm		
		Ⅰ级	Ⅱ级	Ⅲ级
1	框的正侧面垂直度	3	3	3
2	框对角线长度差	2	3	3
3	框与扇接触面平整度	2	2	2

第二节 铝合金门窗工程

铝合金材料是由纯铝加入锰、镁等金属元素而成，具有质轻、高强、耐蚀、耐磨、韧度大等特点。经氧化着色表面处理后，可得到银白色、金色、翠绿色、米黄色、青铜色和古铜色等几种颜色，其外表色泽雅致、美观，经久、耐用。

铝合金材料在室内装饰中的使用日益广泛，通常适用于门窗、百叶窗帘、卷帘门、顶棚、幕墙、招牌饰柜等装修。尽管铝合金门窗的大小尺寸及样式有所不同，但同类铝合金门窗采用的铝型材相同，所采用的施工方法也基本相同。

1. 铝合金门、窗的制作及安装

铝合金门的制作及安装和铝合金窗的制作及安装方法、工艺顺序是一样的，只是使用的型材不同而已；但个别铝合金门还有地弹簧的安装。铝合金门、窗的制作及安装工艺可归纳为：门窗扇制作→门窗框制作→门窗框安装→门窗扇安装→调节、封胶→门窗锁安装。

2. 铝合金推拉窗

铝合金推拉窗所使用的型材和组成详见图 2-4-4、图 2-4-5、图 2-4-6。

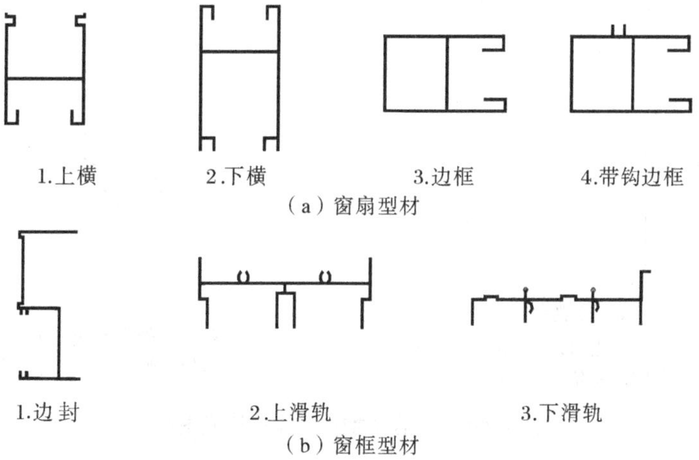

图 2-4-4 铝合金推拉窗框扇型材图

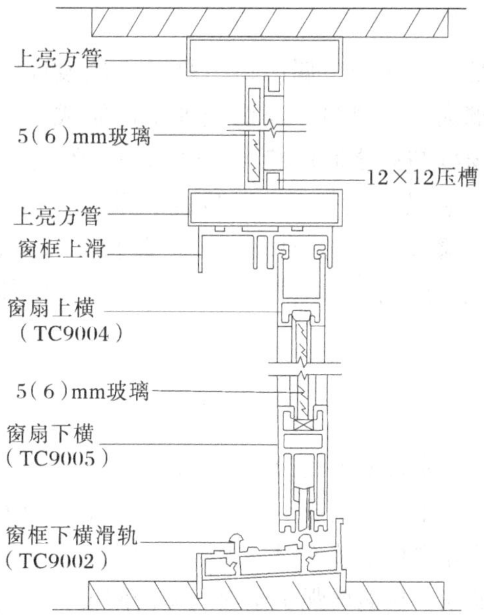

图 2-4-5 铝合金推拉窗的组成

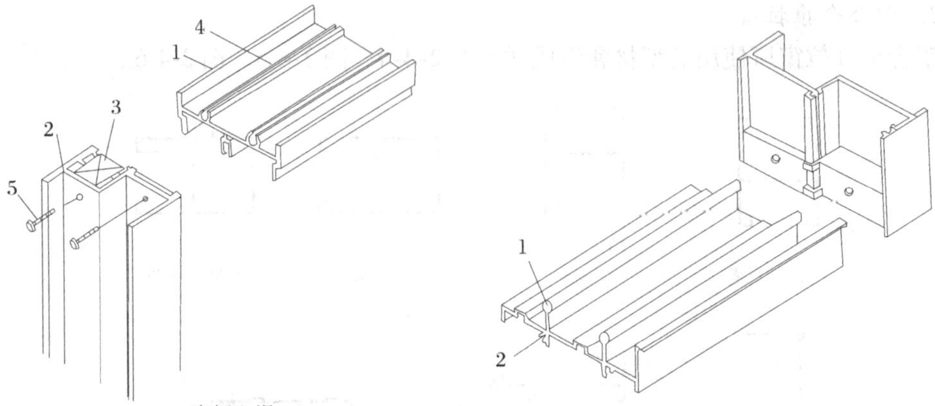

窗框上滑
1—上滑道； 2—边封； 3—碰口胶垫；
4—上滑道上的固紧槽； 5—自攻螺钉。

窗框下滑部分的连接组装
1—下滑道的滑轨； 2—下滑道下的固紧槽孔。

图 2-4-6 铝合金推拉窗窗框组成图解

第三节 其他门窗工程

一、涂色镀锌钢板门窗

涂色镀锌钢板门窗是一种新型金属门窗，是以彩色镀锌钢板和 3 ～ 5 mm 厚平板玻璃或中空双层钢化玻璃为主要材料，经机械加工而制成。门窗四角用插接件插接，玻璃与门窗交接处及门窗框与扇之间的缝隙，全部用橡胶条、马蹄脂密封，或用油灰及其他建筑密封膏密封。它具有质量轻、强度高、采光面积大、防尘、隔声、保温、密封性能好、造型美观、款式新颖、耐腐蚀、寿命长等特点，适用于商店、超级市场、实验室、教学楼、办公楼、高级宾馆与旅社、各种影剧院及民用住宅、高级建筑。

二、塑料门窗

塑料门窗是以聚氯乙烯或其他树脂为主要原料，以轻质碳酸钙为填料，添加适量的助剂和改性剂，经双螺杆挤压机挤出成型成各种截面的空腹门窗异型材，再根据不同的品种规格选用不同截面的异型材组装而成。因塑料的变形大、刚度差，一般在空腹内加嵌装型钢或铝合金型材加强，从而增强了塑料门窗的刚度，提高了塑料门窗的牢固性和抗风能力。因此，塑料门窗又称“塑钢门窗”。它具有线条清晰，造型美观，表面光洁细腻以及良好的装饰性、隔热性和密封性等特点。其气密性为木窗的 3 倍，为铝窗的 1.5 倍；热损耗为金属门的1‰，可节约暖气费20%左右；其隔声效果亦比铝窗高30 dB 以上。另外，塑料不用油漆，节省施工时间及费用。塑料本身又具有耐腐蚀和耐潮湿等性能，尤其适宜在化工建筑、地下工程、纺织工业、卫生间及浴室内部使用，是应用广泛的建筑节能产品。

塑料门窗的种类很多。根据原材料的不同，塑料门窗可分为以聚氯乙烯树脂为主要原材料的钙塑门窗（又称“硬 PVC 门窗”）；以改性聚氯乙烯为主要原材料的改性聚氯乙烯门窗（又称“改性 PVC 门窗”）；以合成树脂为基料，以玻璃纤维及其制品为增强材料的玻璃钢门窗。

三、微波自动玻璃门

1．微波自动玻璃门的应用及其控制原理

微波自动玻璃门，是一种新型自动门，其传感系统采用微波感应方式。它具有外观新颖、结构精巧、运行噪声小、功耗低、启动灵活、可靠、节能等特点，适用于高级宾馆、饭店、医院、候机楼、车站、贸易楼、办公大楼的自动门安装设备。

自动门的控制电路是自动门的指挥系统，由两部分组成：其一是用来感应开门目标信号的微波传感器；其二是进行信号处理的二次电源控制。微波传感器利用 X 波段微波信号的多普勒效应，对感应范围内的活动目标所引起的反应信号进行放大检测，从而自动输出开门或关门的控制信号。

2．微波自动玻璃门的安装

（1）地面导向轨安装

铝合金自动门和全玻璃自动门地面上装有导向性下轨道。异型钢管自动门无下轨道。有下轨道的自动门在土建的地坪施工时，先在地面上预埋 50 mm × 75 mm 方木条一根，自动门安装时，撬出方木条便可埋设下轨道。下轨道长度为开启门宽的两倍。

（2）横梁安装

自动门上部机箱层主梁是安装中的重要环节。由于机箱内装有机械及电控装置，因此，对支承梁的土建支撑结构有一定的强度及稳定性要求，在安装过程中要特别注意。根据横梁的跨度，选用大于 18 号的槽钢进行焊接。

四、全玻璃地弹门

全玻璃地弹门门扇一般不设金属保护框，在玻璃上安装转动支承轴，再安装地弹簧和门框支点。在现代装饰工程中，采用全玻璃地弹门作为装饰门的日益普及，所用玻璃多为厚度在 12 mm 以上的厚质平板白玻璃、雕花玻璃、钢化玻璃及彩印图案玻璃等。地弹簧承托玻璃门的自重和控制门的开关，所以在安装中地弹簧的挑选特别重要。全玻璃地弹门有的门扇除玻璃之外还有上下部的金属横档。框、扇、拉手等细部的金属装饰多是镜面不锈钢、镜面黄铜等展示高级豪华气派的材料。

玻璃地弹门常见的立面形式如图 2-4-7 所示。

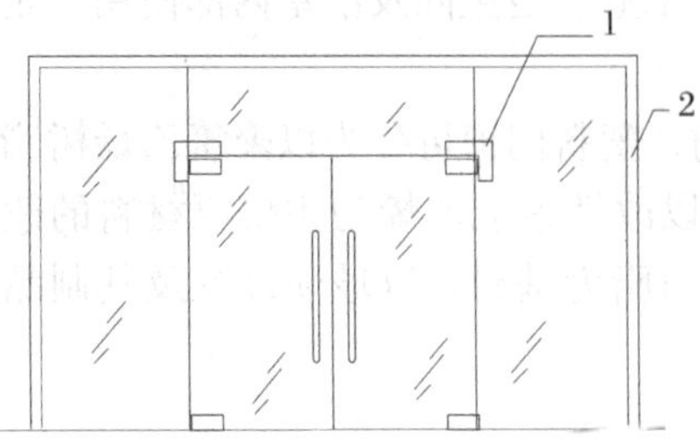

(a) 无横档式

1—“7”字形玻璃夹； 2— 金属门框。

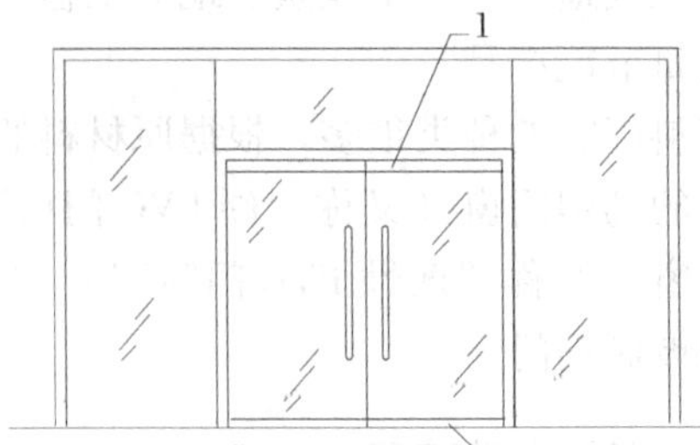

(b) 有横档式（双扇）

1—上横档；2—下横档。

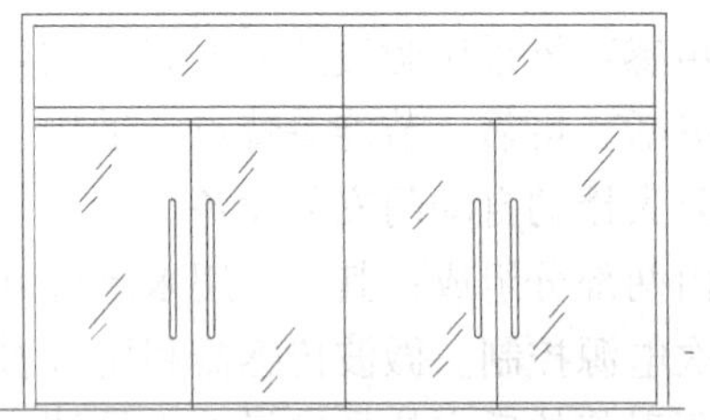

(c) 有横档式（四扇）

图 2-4-7　玻璃地弹门常见的立面形式

第四节　门窗工程安装的质量通病及防治措施

一、木门窗安装之门窗扇安装

1. 门窗扇翘曲

（1）现象

门窗扇立面不在同一个平面内；门窗扇安装后关不平，插销棍插不进销孔内。

（2）防治措施

①提高门窗扇的制作质量，门窗扇翘曲超过 2 mm，不得出厂使用。

②对已进场的门窗扇，要按规格堆放整齐，平放时底层要垫实垫平，距离地面要有一定的空隙，以便通风。

③安装前对门窗扇进行检查，翘曲超过 2 mm 的经处置后才能使用。

2. 门窗扇开启不灵

（1）现象

①门窗扇安装好后，开关费力，不灵活，或扇与框摩擦。

②门窗扇安装好后不易打开，打开后不易关进门窗框的裁口内。

（2）防治措施

①装窗扇前应检查框的立梃是否垂直。

②保证合页的进出、深浅一致，使上、下合页轴保持在同一垂直线上。

③选用五金要配套，螺丝安装要平直。

④安装门窗扇时，扇与扇、扇与框之间要留适当的缝隙。

3. 门窗扇自行开关

(1) 现象

门扇开或关不能停留在需要的位置上（俗称走扇）。

(2) 防治措施

①安装门扇前，先检查门框是否垂直。

②安装合页时应使合页槽的位置一致，深浅合适，上下合页的轴线在一条垂直线上。

4. 门窗扇偏口过大或过小

(1) 现象

门窗扇在关闭时，缝子均匀合适；当开启时，扇与框之间的缝越来越大，称之为偏口过大；反之，则称为偏口过小。

(2) 防治措施

修刨时，要有意刨出偏口。一般控制在 20 ～ 30 mm 并保持一致。

5. 门窗扇缝隙不均匀、不顺直

(1) 现象

门窗扇与框之间的缝有大有小，不一致（指同一条缝）；双层对扇窗（也包括带亮子的窗）中间的上下缝错开，十字缝不成十字。

(2) 防治措施

①如果直接修刨把握不大时，可根据缝隙大小的要求，用铅笔沿框的里棱在扇上画出应该修刨的位置。修刨时注意不要吃线，要留有一定的修理余地。

②安装对扇，尤其是安装上下对扇窗时，应先把对扇的口裁出来。裁口缝要直、严，里外一致。合页槽要剔得深浅一致，这样就比较有把握使缝隙上下一致。

6. 门窗扇下坠

(1) 现象

窗扇安上玻璃后，不装合页一边上面的缝隙逐渐加大，下边的缝隙逐渐减小；门扇不装合页一边下面与地面间的缝隙逐渐减小，甚至开闭门扇时摩擦地面。

(2) 防治措施

①安装门窗扇前，要检查扇的质量，按规定在扇上安好 L 形、T 形铁角。

②合页的大小要选择适当，选用木螺丝要与合页配套。

③安装时，木螺丝应先用锤打入 1/3 深度，然后再拧入，不得打入全部深度。

④修刨门窗扇时，不装合页一边的底面，可多刨去 1 mm 左右，让扇稍有挑头，留有下坠的余量。

7. 框与扇接触面不平

(1) 现象

门窗扇安装好关闭后，扇与框的边框不在同一平面内，扇边高出框边，或者框边高出扇边。

(2) 防治措施

①在制作门窗框时，裁口的宽度必须与门窗扇的边梃厚度相适应，裁出的口要宽窄一致，顺直平整，边角方正。

②门窗框扇要用干燥木材制作。运到现场后要妥善保管，防止风吹、日晒、雨淋。

③在安装门窗扇前，根据实测门窗框裁口尺寸画线，按线将门窗扇锯正、刨光，使表面平整顺直，边缘嵌入框的裁口槽内，缝隙合适，接触面平整。

8. 双弹簧门安装缺陷

(1) 现象

门扇与门口不平，对扇缝关闭后不在同一平面；中冒头高低不一；门扇与门扇或门梃磕碰；弹簧合页槽深浅不一，不光不平；门扇开关不灵；地弹簧（地龙）运转不灵。

(2) 防治措施

①弹簧门的对口缝要符合相关规定。

②弹簧门梃中间应呈圆弧凹面，安装弹簧门扇时，门边相应刨成圆弧凸面，并应吻合，以免门扇碰撞。

③地弹簧安装要保证位置和标高准确。

④安装地弹簧的顶轴套和回转轴套时，轴孔中心应在同一直线上，并与门扇底面垂直；安底座时，通过顶轴吊垂线找中。

二、木门窗安装之门窗扇五金安装

1. 合页安装不符合要求

(1) 现象

合页位置离扇的上、下端头过远或过近，尺寸不统一，不协调；安装合页时，未在门窗框、扇的边梃上刻槽，或只在一边刻合页槽；合页槽刻得过深，上下合页轴线不在同一条直线上，开关时不顺畅；合页安装不牢，出现松动。

(2) 防治措施

①合页位置距门窗上下端宜取立梃高度1/10，并避开榫头。

②安装合页时，必须按画好的合页位置线开凿合页槽，槽深应比合页厚度大1～2 mm。

③安装合页时，应根据合页规格选用合适的木螺丝。

2. 拉手位置不一致

(1) 现象

拉手斜放；拉手安得过高或过低；相邻两扇的拉手高低不一；同一扇的里外拉手上下错开；同一房间的拉手位置不统一。

(2) 防治措施

规定统一的安装尺寸。如设计上没有特殊要求时，拉手的位置应设在门窗扇的中线以下。

同一樘窗、同一间房、同一单元或整个栋号，拉手位置应一致。

3. 木螺丝松动、倾斜

(1) 现象

木螺丝不正，拧进的木螺丝帽倾斜在螺丝窝内；经过一段时间后，木螺丝松动或脱出。

（2）防治措施

①严格按五金表配备木螺丝。

②严格遵守操作规程，严禁用锤将木螺丝打入，可先打入1/3深度后再拧入。

③把倾斜、松动的木螺丝退出，在原来的孔内塞上木楔，再按上述办法将木螺丝拧入。

三、钢门窗安装

1. 钢门窗翘曲变形

（1）现象

钢门窗制作质量粗糙，本身翘曲不平；搬运、装卸不当，如用杠棒穿入窗芯挑台，或人员、车辆在钢门窗上踩压，造成局部变形；施工时在窗芯或框子上搭架子或脚手板，致使窗棂子弯曲。

（2）防治措施

①钢门窗安装以前，必须逐樘进行检查。

②搬运钢窗时，不准用杠棒穿入窗芯抬挑，要做到轻搬轻放，运输或堆放时应竖直放置。

③在工程施工中，不准把脚手架横杆搭设在钢窗上，也不得把架板穿搭在窗芯上。

2. 钢窗扇开启受阻

（1）现象

室内外装修完后，钢窗扇打不开，或不能开启到90°。

（2）防治措施

①安装钢窗时，先用木楔在窗框四角受力部位临时塞住，然后用水平尺和线坠验校水平和垂直度，使钢窗横平竖直，高低进出一致；并试验开关灵活，没有阻滞回弹现象，再将铁脚置于预留孔内，用水泥砂浆填实固定。

②洞口尺寸要留准确，钢窗四周灰缝应一致，抹灰时不得抹至框边位置，边框及合页应全部露出。

3. 钢门窗安装松动，不牢固

（1）现象

开钢门窗时，发现整个门窗松动。

（2）防治措施

①钢门窗立好并校正无误后，应及时将上框铁脚与混凝土过梁上的预埋铁件焊牢。

②两侧铁脚插入墙中预留孔内，并校正好水平和垂直度后，应用水泥砂浆或细石混凝土将孔洞填实固定，并浇水养护，在此期间不得碰撞钢门窗。

③钢门窗安装时，不得把铁脚打弯或去掉。如墙上预留孔位置不符时，应重新剔凿预留孔。

四、铝合金门窗制作与安装

1. 铝合金门窗材质不合格

（1）现象

铝合金门窗平面刚度差，框、扇容易变形，推拉时出现晃动或抖动现象。

（2）防治措施

①设计单位应根据使用功能、地区气候特点确定风压强度、空气渗透、雨水渗透性能指数，选择相应的图集代号及型材规格。

②对所使用的铝合金型材应事先进行型材厚度、氧化膜厚度和硬度检验，合格后方准使用。

2. 铝合金门窗立口不正

（1）现象

铝合金门窗固定后，出现门窗口向里或向外倾斜，不仅严重影响外观效果，而且影响开闭的灵活性，甚至会带来门窗渗漏水的不良后果。

（2）防治措施

①安装铝合金门窗框前，应根据设计要求，在洞口上弹出立口的安装线，照线立口。

②在铝合金门窗框正式锚固前，应检查门窗口是否垂直，如发现问题应及时修正后才能与洞口正式锚固。

3. 锚固做法不符合要求

（1）现象

铝合金门窗框锚固件的材质、规格、间距、位置及固定方法不符合规范或标准图集的要求。如有的锚固板使用未经防腐处理的白铁皮，风吹雨淋后严重锈蚀；有的锚固点间距过大，影响铝合金门窗框与墙体连接的牢固；有的在砖墙洞上用射钉固定锚固板，日久后出现松动。

（2）防治措施

①铝合金门窗选用的锚固件，除不锈钢外，均应采用镀锌、镀铬、镀镍的方法进行防腐蚀处理。

②锚固板应固定牢靠，不得有松动现象，锚固板的间距不应大于600 mm，锚固板距框角不应大于180 mm。

③在砖墙上锚固时，应用冲击钻在墙上钻孔，塞入直径不小于8 mm的金属或塑料胀管，再拧进木螺丝进行固定。

4. 铝合金门窗框与洞口墙体未做柔性连接

（1）现象

一些施工单位将铝合金门窗框固定好后，在铝合金门窗框与洞口墙体间的缝隙内用水泥砂浆嵌填，错认为这样才能更好地锚固门窗框，结果导致门窗框变形、铝合金腐蚀、门窗框周围出现缝隙，影响了使用功能。

（2）防治措施

①铝合金门窗框与洞口墙体之间应采用柔性连接。其间隙可用矿棉条或玻璃棉毡条

分层填塞，缝隙表面留 5 ～ 8 mm 深的槽口，用密封材料嵌填、封严。

②在施工过程中不得损坏铝合金门窗上的保护膜。

③如表面沾了水泥砂浆，应及时擦净。

5．铝合金窗扇推拉不灵活

（1）现象

铝合金推拉窗在使用一段时间后出现推拉不灵活，甚至出现窗扇推拉不动的情况。

（2）防治措施

①在窗框四周与洞口墙体的缝隙间采用柔性连接，以防止铝合金窗框受挤压变形。

②选用符合设计规定厚度的铝型材，防止因铝型材过薄而产生变形。

③选用质量优良且与窗扇配套的滑轮。

6．铝合金推拉窗扇脱轨、坠落

（1）现象

铝合金推拉窗在使用过程中，常常因安装不好或使用不当（如猛推猛拉）造成滑轮脱轨，使铝合金窗扇推拉受阻，甚至会出现铝合金窗扇坠落。

（2）防治措施

①制作铝合金推拉窗的窗扇时，应根据窗框的高度尺寸，确定窗扇的高度，既要保证窗扇能顺利安装入窗框内，又要确保窗扇在窗框上的滑槽内有足够的嵌入深度。

②推拉窗扇下面的滑轮，应选用优质滑轮，制作窗扇时应将两个滑轮安装在同一条直线上。

③要选用厚度符合设计要求的铝型材。

7．铝合金窗渗漏水

（1）现象

铝合金窗渗漏水，多出现在铝合金窗框与洞口墙体间的缝隙，以及铝合金窗下滑道等处，特别是在暴风雨时，在风压作用下雨水沿铝合金窗的侧面和下面的窗台流入室内，严重污染墙面装修，甚至由上层地面再流入下层顶棚，影响了正常的使用。

（2）防治措施

①在窗楣上做滴水槽、滴水线；在窗台上做出向外的流水斜坡，坡度不小于 10%。

②用矿棉、毡条等将铝合金窗框与洞口墙体间的缝隙填塞密实，外面再用优质密封材料封严。

③对铝合金窗框的榫接、铆接、滑撑、方槽、螺钉等部位，均应用防水玻璃硅胶密封严实。

8．玻璃胶条龟裂、短缺、脱落

（1）现象

铝合金门窗使用一段时间后，有的玻璃胶条开始出现龟裂，用手轻轻一弯就折断，完全失去弹性。有的窗扇上四周的玻璃胶条部分脱落或端部短缺，导致透风、漏雨，甚至出现玻璃颤动，影响正常使用。

（2）防治措施

①铝合金门窗使用的玻璃胶条要选用弹性好、耐老化的优质玻璃胶条。

②玻璃胶条下料时要留出2%的余量，作为胶条收缩的储备。

③方形、矩形门窗玻璃扇用的胶条，要在四角处按45°切断、对接。

④安装玻璃胶条前，要先将槽口清理干净，避免槽内有异物。

⑤安装玻璃胶条前，在玻璃槽四角端部20 mm范围内均匀注入玻璃胶。

9．铝合金门窗结合处不打胶

（1）现象

一些施工单位为图省事、省费用，在铝合金门窗制作、安装后，对铝合金杆件的结合处不进行打胶。铝合金门窗受雨水浸淋后，水顺着结合处流入室内，影响使用。

（2）防治措施

铝合金门窗不论采用何种连接方法，均应在结合处的缝隙中用防水玻璃硅胶嵌填、封堵，以防雨水沿缝渗入室内。

五、塑料门窗安装

1．塑料门窗固定片安装不当

（1）现象

塑料门窗安装用的固定片，是与塑料门窗配套的附件。在安装固定片时，间距过大，位置不符合要求或用钉直接钉入，导致安装后门窗框固定不牢靠，影响使用安全。

（2）防治措施

①安装固定片前，应先采用直径为3.2 mm的钻头钻孔，然后将十字槽盘头自攻螺钉M4×20拧入。

②固定片与窗角、中竖框、中横框的距离应为150～200 mm，固定片之间的距离应小于或等于600 mm。

2．塑料门窗与洞口固定不当

（1）现象

在塑料门窗与墙体洞口的固定片上，用钉子直接钉入墙体内固定，长时间使用后，钉子容易锈蚀、松动，使连接受到破坏。

（2）防治措施

①当塑料窗与墙体固定时，应先固定上框，后固定边框。

②混凝土墙洞口应采用射钉或塑料膨胀螺钉固定。

③砖墙洞口应采用塑料膨胀螺钉或水泥钉固定。

3．塑料门窗与墙体间填缝做法错误

（1）现象

塑料门窗与洞口墙体间的缝隙，使用了水泥砂浆嵌填，导致塑料门窗变形、门窗框与洞口墙体间出现缝隙，造成透风、漏雨，影响正常使用。

（2）防治措施

①塑料门窗框与洞口墙体间应采用闭孔泡沫塑料、发泡聚苯乙烯等弹性材料分层填塞。

②弹性材料要填塞严实，但也不宜过紧。

③对保温、隔声等级要求较高的工程，应用相应的隔热、隔声材料填塞。

④门窗与墙体间的缝隙外侧应用嵌缝膏密封处理。

4. 揭撕塑料门窗面膜时间不当

（1）现象

过早撕掉塑料门窗上的面膜，门窗易被外界物体刻划、碰撞，或在室内外抹灰时被水泥砂浆玷污；过晚揭撕塑料门窗上的面膜，则面膜老化，难以揭撕。

（2）防治措施

①塑料门窗在运输、安装过程中，操作人员要认真、细致，不得损坏面膜。

②塑料门窗宜在室内外抹灰完成后安装和抹口，待抹口的水泥砂浆强度达到70%后，方可将面膜撕下来。

③塑料门窗出厂至安装完揭撕面膜的时间不宜超过6个月。

④当老化的面膜揭撕困难时，应先用15%的双氧水溶液均匀涂刷一遍，再用10%的氢氧化钠水溶液擦洗，面膜即可清除。

5. 安装塑料窗玻璃时未正确设置垫块

（1）现象

在安装窗扇上的玻璃时，将玻璃直接镶入玻璃槽内而不加垫块，导致在使用过程中玻璃受框扇材料的挤压而破坏。

（2）防治措施

①安装玻璃时，应在玻璃四边垫上不同厚度的玻璃垫块，玻璃垫块应选用邵氏硬度为70～90（A）的硬橡胶或塑料，其长度为80～150 mm。不得使用硫化再生橡胶、木块或其他吸水性材料。

②边框上的垫块，应用聚氯乙烯胶加以固定。

③当将玻璃镶入框扇的玻璃槽后，用玻璃压条将其固定。

6. 塑料窗渗漏水

（1）现象

塑料窗在使用过程中遇暴风雨时，在风压作用下，雨水沿塑料窗的侧面和窗台流入室内，污染了墙面和下层顶棚。

（2）防治措施

①应选用连接方式合理可靠，制作质量符合标准规定，使用性能符合气密性、水密性及抗风压等技术要求的塑料窗。

②塑料窗框与洞口墙体间的连接固定要符合规范要求。缝隙应用弹性材料分层嵌填，外面用密封膏封严，所用密封膏的性能应与塑料具有相容性。

③窗台应做出不小于15%的向外坡度，窗楣要做滴水槽、滴水线。

六、门窗工程质量验收规范（节选自《GB 50210—2001 建筑装饰装修工程质量验收规范》）

一般规定：

1. 本章适用于木门窗制作安装、金属门窗安装、塑料门窗安装、特种门安装、门

窗玻璃安装等分项工程的质量验收。(GB 50210—2001 5.1.1)

2. 各分项工程的检验批应按下列规定划分:

(1) 同一品种、类型和规格的木门窗、金属门窗、塑料门窗及门窗玻璃每100樘应划分为一个检验批,不足100樘也应划分为一个检验批。

(2) 同一品种、类型和规格的特种门每50樘应划分为一个检验批,不足50樘也应划分为一个检验批。(GB 50210—2001 5.1.15)

3. 检查数量应符合下列规定:

(1) 木门窗、金属门窗、塑料门窗及门窗玻璃,每个检验批应至少抽查5%,并不得少于3樘,不足3樘时应全数检查;高层建筑的外窗,每个检验批应至少抽查10%,并不得少于6樘,不足6樘时应全数检查。

(2) 特种门每个检验批应至少抽查50%,并不得少于10樘,不足10樘时应全数检查。(GB 50210—2001 5.1.6)

4. 建筑外门窗的安装必须牢固。在砌体上安装门窗严禁用射钉固定。(GB 50210—2001 5.1.11)

说明:门窗安装是否牢固既影响使用功能又影响安全,其重要性尤其以外墙门窗更为显著。故本条规定,不管采用何种方法固定,建筑外墙门窗必须确保安装牢固,并将此条列为强制性条文。内墙门窗安装也必须牢固,本规范将内墙门窗安装牢固的要求列入主控项目而非强制性条文。考虑到砌体中砖、砌块以及灰缝的强度较低,受冲击容易破碎,故规定在砌体上安装门窗时严禁用射钉固定。

5. 木门窗安装的留缝限值、允许偏差和检验方法应符合表2-4-3的规定。

说明:表中除给出允许偏差外,对留缝尺寸等给出了尺寸限值。考虑到所给尺寸限值是一个范围,故不再给出允许偏差。(GB 50210—2001 5.2.18)

表2-4-3 木门窗安装的留缝限值、允许偏差和检验方法(GB 50210—2001)

项次	项 目	留缝限值/mm		允许偏差/mm		检验方法
		普通	高级	普通	高级	
1	门窗槽口对角线长度差	—	—	3	2	用钢尺检查
2	门窗框的下、侧面垂直度	—	—	2	1	用1 m垂直检测尺检查
3	框与扇、扇与扇接缝高低差	—	—	2	1	用钢直尺和塞尺检查

6. 金属门窗安装工程(GB 50210—2001 5.3)

7. 钢门窗安装的留缝限值、允许偏差和检验方法应符合表2-4-4的规定。(GB 50210—2001 5.3.11)

表 2-4-4 钢门窗安装的留缝限值、允许偏差和检验方法（GB 50210—2001）

项次	项　目		留缝限值/mm	允许偏差/mm	检验方法
1	门窗槽口宽度、高度	≤1500 mm	—	2.5	用钢尺检查
		>1500 mm	—	3.5	
2	门窗槽口对角线长度差	≤2000 mm	—	5	用钢尺检查
		>2000 mm	—	6	
3	门窗框的正、侧面垂直度		—	3	用 1 m 垂直检测尺检查
4	门窗横框的水平度		—	3	用 1 m 水平尺和塞尺检查
5	门窗横框标高		—	5	用钢尺检查
6	门窗竖向偏离中心		—	4	用钢尺检查
7	双层门窗内外框间距		—	5	用钢尺检查
8	门窗框、扇配合间隙		≤2	—	用塞尺检查
9	无下框时门扇与地面间留缝		4 ～ 8	—	用塞尺检查

8. 铝合金门窗安装的允许偏差和检验方法应符合表 2-4-5 的规定。（GB 50210—2001　5.3.12）

表 2-4-5 铝合金门窗安装的允许偏差和检验方法

项次	项　目		允许偏差/mm	检验方法
1	门窗槽口宽度、高度	≤1500 mm	1.5	用钢尺检查
		>1500 mm	2	
2	门窗槽口对角线长度差	≤2000 mm	3	用钢尺检查
		>2000 mm	4	
3	门窗框的正、侧面垂直度		2.5	用垂直检测尺检查
4	门窗横框的水平度		2	用 1 m 水平尺和塞尺检查
5	门窗横框标高		5	用钢尺检查
6	门窗竖向偏离中心		5	用钢尺检查
7	双层门窗内外框间距		4	用钢尺检查
8	推拉门窗扇与框搭接量		1.5	用钢直尺检查

第五章　玻璃装饰工程

玻璃在建筑装饰工程中，是一种十分重要的装饰材料。我国玻璃的生产和加工技术都处于国际先进水平，在建筑、装饰中运用越来越广泛。玻璃除了传统的透光、透视、控制光线功能外，还具有隔热保温、隔声密闭、围护分隔等功能；此外，其还具有降低建筑结构自重、改善建筑环境、增强建筑艺术效果等功能。玻璃除了用于传统的门窗外，还用于屋面、墙体以及室内细部装饰等有关设施中。

第一节　室内玻璃装饰施工

玻璃自重大，未经钢化等处理的玻璃易破碎，破碎形成锋利的边角，对施工人员伤害大，因此，玻璃安装前要做好各项安全保护措施，包括施工辅助工具、台架、垫板等，提高施工人员安全意识。对于面积较大的玻璃板，安装时应用玻璃吸盘器吸住玻璃，使用玻璃吸盘器前特别要检查其性能。室内玻璃装饰包括骨架安装玻璃、玻璃镜、玻璃栏板等施工。

一、骨架安装玻璃

1. 木骨架玻璃安装

木骨架玻璃安装常见于室内木门窗、木屏风、橱窗等。木骨架制作已完成，玻璃已按尺寸加工好，安装时要注意如下几点。

（1）安装玻璃前，要检查玻璃的角是否方正，检查木框的尺寸是否准确，是否有走形现象。在校正好的木框内侧，固定好玻璃板靠位压线条，定出玻璃安装的位置线。

（2）玻璃与骨架木框的结合要留有一定缝隙，玻璃放入木框后，在木框的上部和两侧边应留有 3 mm 左右的缝。该缝隙是为玻璃热胀冷缩用的，对于大面积玻璃板来说，留缝尤为重要，否则在受热膨胀时木框将会开裂。

（3）把玻璃放入木框内，其两侧距木框的缝隙应相等，并在缝隙中注入玻璃胶，然后钉上固定木压条。固定木压条一般用钉枪钉牢，也可以用装饰金属片通过螺丝固定。

（4）施工安装方式如图 2-5-1 所示。

2. 金属骨架玻璃安装

金属骨架玻璃安装常见于室内铝门窗，不锈钢屏风、间隔、扶栏等。金属骨架已制作完成，玻璃已按尺寸加工好，安装时要注意如下几点。

（1）根据金属框架的尺寸裁割玻璃，玻璃与框架的结合要留有一定缝隙，应该按小于框架 3 ～ 5 mm 的尺寸裁玻璃，否则热胀冷缩很容易把玻璃压裂。

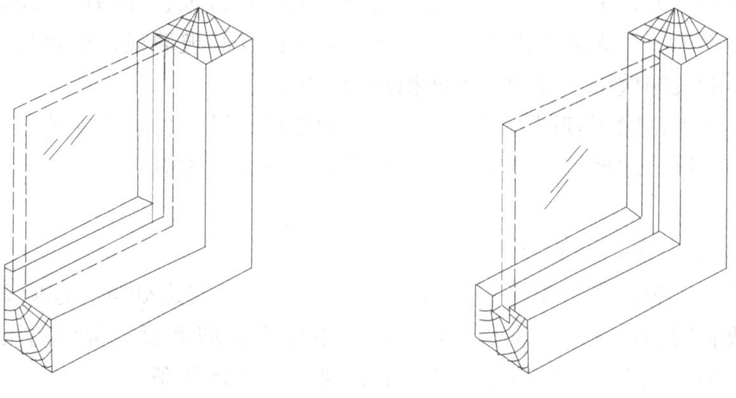

(a) 压线式固定安装　　(b) 开槽式固定安装

图 2-5-1　木骨架玻璃安装方式

（2）玻璃与金属框架安装时，要先在金属框架一侧安装玻璃靠位线条，可以是金属角线，也可以是金属槽线。用角线或是槽线要根据设计要求，线条用自攻螺钉固定。

（3）玻璃安装前，在框架下部的玻璃放置面上放置一层橡胶垫或打上一道玻璃胶。玻璃安装后，玻璃的底边压在橡胶垫或玻璃胶层上。

（4）将玻璃靠在靠位线条上放入框内。如玻璃板面积较大，应用玻璃吸盘器安装。玻璃板距金属框两侧的缝隙相等，然后安装封边压条，并在玻璃、压条缝隙中注入玻璃胶。

（5）金属骨架玻璃安装及部分构件如图 2-5-2 所示。

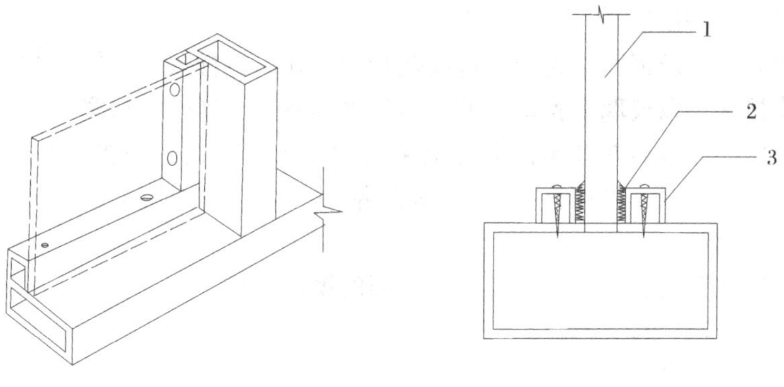

(a)　　(b)

1—玻璃；2—玻璃胶；3—压槽。

图 2-5-2　金属骨架玻璃安装

二、玻璃镜

玻璃镜在室内的装饰非常广泛，主要用于浴室、商场、酒楼、餐厅中的墙、柱面，顶棚装饰也常使用玻璃镜。墙、柱面装饰的基层可以是夹板、纸面石膏板、硅钙板，也可以用砂浆批荡墙面。顶棚装饰通常是木龙骨夹板基面。

在基层面处理上，不管基面是木龙骨夹板、纸面石膏板、硅钙板，还是砂浆批荡墙面，基面都要求平整、无鼓凸现象。在不平整的基面安装玻璃镜，很容易产生歪斜、扭曲的影像，影响装饰效果，特别是大面积镜面装饰。

在安装工艺上，除了基层处理不同外，其他要求、顺序与玻璃安装是一样的。根据其固定方式的不同，玻璃镜安装固定分别有黏结压条式、玻璃钉固式、黏结和玻璃钉相结合式等方法。

1. 黏结压条式固定安装

黏结压条式安装，先根据基面尺寸裁割玻璃镜并做磨边处理，注意四周留打钉位置，将玻璃镜临时固定在基面上，再通过压条嵌压固定玻璃镜。常用的压条有木压条、铝合金压条、不锈钢压条。铝合金、不锈钢压条一般为槽压条。

固定木压条，避免用普通圆钉，以防止在钉压条时震破玻璃镜。铝压条和不锈钢压条可用不锈钢螺钉固定，但常采用无钉工艺固定。采用无钉工艺时，应先根据铝压条或不锈钢压条槽内宽度锯好夹板条，用汽钉枪钉固定夹板条并卡住玻璃镜，再用万能胶将不锈钢压条黏卡在夹板条上，然后在不锈钢压条与玻璃镜之间的角位处封玻璃胶。

黏结压条式固定常用在墙、柱面的镜面装饰。

2. 玻璃钉固定式安装

安装前，先根据基面尺寸裁割玻璃镜并做磨边处理，注意四周留缝的大小，在每块玻璃板上钻 4 个 $\phi 5 \sim \phi 6$ 的孔（玻璃钉一般为 $\phi 3.5$），孔位均匀布置，并不能太靠近镜面的边缘，以防开裂。以上工作一般在玻璃加工厂完成。

根据玻璃镜面的尺寸，在基面板上弹好镜面位置线，多块玻璃镜安装时还要确定排列方式，基层如果是砖墙批荡面，要按照玻璃镜四个孔的位置在墙面用冲击钻打 4 个 $\phi 6 \sim \phi 8$的孔，预埋膨胀塑料钉。

镜面就位后，对准镜面位置线、镜面孔和墙面孔，再拧入玻璃钉。拧入玻璃钉后应先将对角初步拧紧，以玻璃不晃动为准，然后再调整 4 颗螺丝的松紧度，注意防止因太紧而将玻璃镜压破，最后在玻璃钉上拧上装饰帽。多块玻璃镜安装应按顺序逐块进行。当基层是木龙骨夹板时，先用直径为 2 mm 的钻头，通过玻璃镜上的孔位，在骨架上钻孔，然后拧入玻璃钉。

玻璃钉固定式常用在天棚吊顶及墙、柱面的镜面装饰。

3. 黏结加玻璃钉固定安装

进行单块玻璃镜的面积大于 1 m^2 的顶面、墙面装饰时，经常采用黏结加玻璃钉的固定方法，以保证玻璃安装的可靠性。采用的胶黏剂通常是泡沫双面胶纸，也可使用万能胶。此时的基层一般为夹板或纸面石膏板，其安装工艺为：

（1）将玻璃镜背面和墙、顶棚木夹板基面清理干净，在镜背面贴上薄胶纸或薄牛皮纸作保护层，弹好玻璃镜安装位置线。

（2）在基层面四周边及中间位置贴上泡沫双面胶纸，将保护面纸撕开。

（3）对准安装基线，将玻璃镜粘贴到双面胶上，再用玻璃钉在 4 个角将玻璃镜固定。

三、玻璃栏板（栏河）

玻璃栏板，又称“玻璃栏河”或“玻璃扶手”。它是采用大块的透明安全玻璃作栏板，玻璃厚度大于 10 mm，上面加设不锈钢或木扶手。常用于高级宾馆、商场的主楼梯、走廊扶栏、平台扶栏等部位。

玻璃栏河的构造主要有扶手、钢化玻璃板、栏河底座三部分。扶手可以在其下部开槽，也可以另焊接金属压槽，用于卡接玻璃板；底座可以是混凝土、砖砌或厚夹板制作加表面装饰，底座宽比玻璃厚度要大 6 mm 左右。当底座是混凝土或砖砌时，预留夹槽底侧要加木垫板条。

部分结构示意图如图 2-5-3、图 2-5-4 所示。

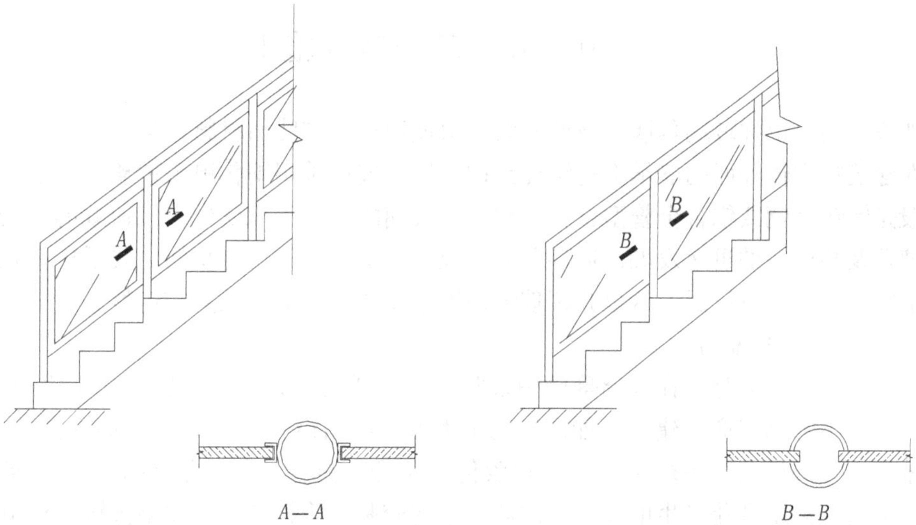

(a) 玻璃固定焊接在立柱两侧的卡槽中　　(b) 玻璃固定在立柱两侧新开夹槽中

图 2-5-3　玻璃扶手安装形式（楼梯）

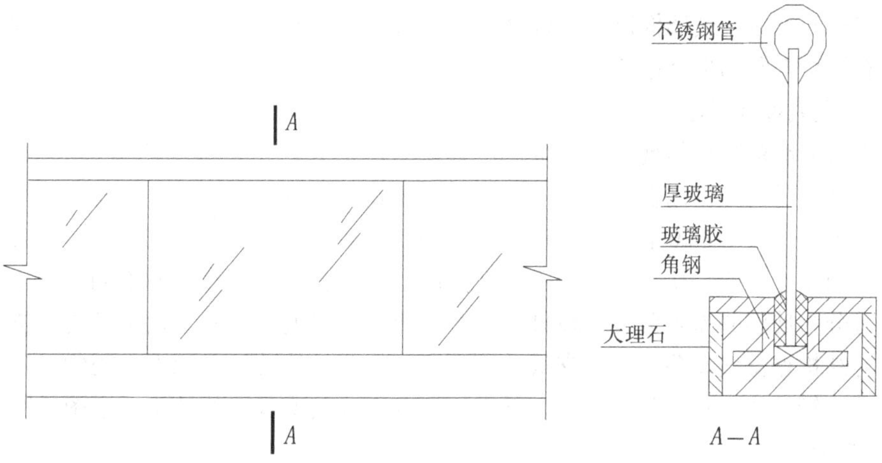

图 2-5-4　玻璃扶手固定形式（平台）

护栏和扶手安装的允许偏差和检验方法见表2-5-1。

表2-5-1 护栏和扶手安装的允许偏差和检验方法

项次	项 目	允许偏差/mm	检验方法
1	护栏垂直度	3	用1 m垂直检测尺检查
2	栏杆间距	3	用钢尺检查
3	扶手直线度	4	拉通线，用钢直尺检查
4	扶手高度	3	用钢尺检查

第二节 外墙玻璃装饰施工

外墙玻璃，也称玻璃幕墙。玻璃幕墙是由玻璃板片作墙面材料，与金属构件组成的悬挂在建筑物主体外面的非承重连续外围护墙体。玻璃采用钢化镀膜玻璃，底层金属构件一般是镀锌型钢或铝合金管型材，起到承托玻璃的重量和承受外来风荷载的作用。随着玻璃业及装饰业的迅速发展，玻璃幕墙已成为高层商业建筑造型的主要手段，在建筑装饰上的应用越来越广泛。这里介绍玻璃幕墙常见的几种类型及其构造特点。

1．全隐框玻璃幕墙

全隐框玻璃幕墙是现在玻璃幕墙中最常见的形式之一，在20世纪90年代中后期，国内许多著名的高层商业建筑（如深圳地王大厦、广州市长大厦等）外墙都是此形式。这种幕墙的全部荷载均由玻璃通过结构胶传给铝合金框架。结构胶要承受包括玻璃自重、风荷载及温度变化产生的作用。因此，结构胶是全隐框玻璃幕墙最关键的环节。

全隐框玻璃幕墙是由竖向与横向铝合金构件组成的框架，在其上固定玻璃框，玻璃框安装玻璃板。玻璃框的上框固定在铝合金整个框架体系的横梁上，其余三边分别用不同方法固定在竖杆及横梁上。玻璃用结构胶预先粘贴在玻璃框上，安装完毕后，玻璃框之间用密封胶密封。玻璃框以及铝合金框架体系均隐在玻璃后面，从外侧看不到任何框架，只有横竖方向的玻璃接缝，形成一个大面积的玻璃幕墙。

2．点支式玻璃幕墙

点支式玻璃幕墙也是现在玻璃幕墙中最常见的形式之一，采用四爪式（也有三爪、二爪，两种不锈钢挂件用在墙面边、角位上）不锈钢挂件与钢立柱相焊接，每块玻璃四角在工厂加工钻4个ϕ20孔，挂件的每个爪与一块玻璃一个孔相连接，即一个挂件同时与四块玻璃相连，或一块玻璃固定于四个挂件上。根据其结构形式的不同，点支式玻璃幕墙又可分为玻璃肋型点驳接全玻幕墙、钢排架点支式玻璃幕墙、钢索结构点支玻璃幕墙及混合结构点支玻璃幕墙。点支式玻璃幕墙在一些单件玻璃面积大、视觉通透性高的展览建筑、钢结构建筑中常见使用。其钢排架点支式玻璃幕墙的结构示意图见图2-5-5。

3．半隐框玻璃幕墙

半隐框玻璃幕墙可分为竖隐横不隐和横隐竖不隐两种情况。竖隐横不隐玻璃幕墙只

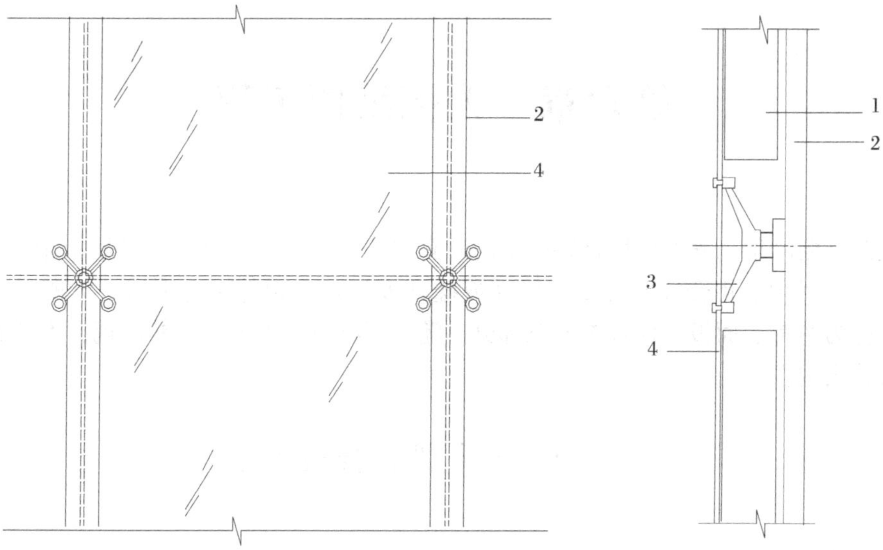

(a) 立面图　　(b) 剖面图

1—玻璃加强肋；2—钢结构柱；3—接驳件；4—钢化玻璃。

图 2-5-5　点支式玻璃幕墙结构示意图

有竖杆隐在玻璃后面，玻璃安放在横杆的玻璃镶嵌槽内，镶嵌槽外加盖铝合金压板，盖在玻璃外面，形成由整片玻璃板、铝合金压板水平分隔成线条画面。

横隐竖不隐玻璃幕墙，横向采用结构胶粘贴式结构性玻璃装配方法，竖边用铝合金压板固定在竖杆的玻璃镶嵌槽内，形成从上到下整片玻璃由竖杆压板分隔成长条形画面。

4. 明框玻璃幕墙

明框玻璃幕墙是传统的玻璃幕墙之一，它的框架有型钢和铝合金型材两种。相比于全隐框、半隐框、点支式玻璃幕墙，明框玻璃幕墙性能是最可靠的。当框架是型钢时，先将玻璃镶嵌在专用的铝合金框内，再将玻璃与型钢骨架固定。当用铝合金型材作为玻璃幕墙的骨架时，玻璃则镶嵌在骨架的凹槽内。无论是型钢还是铝合金型材框架，玻璃框、玻璃和金属框架之间都必须留有一定空隙，以应对因温度变化和主体结构位移所产生的影响。

5. 无骨架玻璃幕墙

上述四种玻璃幕墙，均属于采用骨架支托的玻璃饰面。而无骨架玻璃幕墙与前面四种的不同点是：玻璃本身既是饰面材料，又是承受自重及风荷载的结构材料。这种玻璃幕墙又称“落地玻璃”，多用于建筑物首层、高级商业建筑和豪华住宅，类似落地窗。单块玻璃高度一般约为单层楼层净空，但也有两层甚至三层楼层高度的。由于玻璃饰面大，使幕墙具有更大的透明性。为了增强玻璃结构的刚度，保证在风荷载下的安全及稳定，除玻璃具有足够的厚度外，还应在垂直方向设置与玻璃饰面垂直的玻璃肋，玻璃肋高度同单块玻璃高度，宽度根据高度而定，一般为 150 ～ 300 mm。

第六章 天棚吊顶工程

建筑天棚吊顶工程按使用材料的不同，有木龙骨胶合板吊顶、轻钢龙骨石膏板（或硅钙板等）吊顶、铝合金龙骨石膏板（或硅钙板等）吊顶等多种形式。天棚吊顶在结构上可分为龙骨、面板、面板饰面三部分。随着新材料新工艺的不断出现，不断有新的吊顶形式出现。

第一节 木龙骨胶合板吊顶

一、木龙骨安装工艺

木龙骨按截面形式有开口和不开口两种，通常称“凹枋”和“边枋”，截面尺寸为30 mm×40 mm，一般在工厂加工好。木龙骨安装前应检查吊顶内的电气线路、弱电线路、空调管道、通风管道等是否完成。安装工艺可归纳为：涂漆→弹线→钻孔→埋设→拼装→吊装。

（1）涂漆

涂刷防火漆。木材是可燃性材料，所有的木龙骨在安装前必须进行防火处理，涂刷或喷上防火漆，木材所用防火漆以非透明型的水性防火涂料类为主，如表2-6-1所示，1、2项属水性非透明型，3项属油性非透明型，其施工使用要求按具体品牌说明要求进行。

表2-6-1 防火涂料种类的规定

项次	防火涂料的种类	每 m^2 木材表面所用防火涂料的数量（以kg计）不得小于	特性	基本用途	限制和禁止的范围
1	硅酸盐类防火涂料	0.5	无抗水性，在二氧化碳的作用下分解	用于不直接受潮湿作用的构件上	不得用于露天构件及位于二氧化碳含量高的大气中的构件
2	可塞银（大白浆）涂料	0.7	—	用于不直接受潮湿作用的构件上	不得用于露天构件
3	掺有防火剂的油质涂料	0.6	抗水	用于露天构件上	—

（2）弹线

在墙身弹出吊顶标高水平线，在天棚弹出造型线、吊点位置布局线、大中型灯位线。

（3）钻孔

在墙身水平线上约1.5cm处，天棚吊杆位置线处用冲击钻打孔，孔大小为$\phi 10$～$\phi 12$，间隔30～50 cm。

（4）埋设

在墙身位置孔埋设木楔，天棚楼板底埋入膨胀螺栓或木楔，在天棚底装上吊杆。吊杆可以是角钢、钢筋或木枋，以木枋较常使用。

（5）拼装

根据尺寸裁切好龙骨，在平整的地面拼装龙骨。市场上木龙骨长度一般为3～4 m，所以一次最大的拼装面积应在16 m^2 内。

（6）吊装

通过吊杆用螺钉或钢钉将龙骨架临时固定，在靠墙身位置用钢钉固定，注意龙骨底边和墙身的水平线对齐。在全部龙骨架临时吊好后，在龙骨底部通拉水平线，调节吊杆螺钉或钢钉整体龙骨水平度，再将龙骨加固。

二、面板的安装

木龙骨安装好后，在木龙骨底面安装（基层）面板，面板一般为胶合板，但也有其他种类，如：①实木板、纤维板；②装饰石膏板、纸面石膏板、吸声石膏板；③金属板；④塑料扣板、矿棉板、复合板。面板施工前要求检查龙骨架是否安装牢固、平整。

1. 安装工艺

（基层）面板与龙骨架的固定一般有钉固、黏结及钉固和黏结相结合三种方法。

（1）钉固

用U形气钉或螺丝将（基层）面板固定于木龙骨上，钉距为80～150 mm，钉长为25～35 mm，钉帽应进入板面0.5～1 mm。木质面板、石膏面板、金属面板、塑料面板都应用钉固方法。

（2）黏结

用各种胶黏剂将（基层）面板黏结于龙骨上，如矿棉吸声板可用1∶1水泥石膏粉加入适量107胶黏结。

（3）粘、钉结合法

采用粘、钉结合的方法，则固定更为牢固。如胶合板多用白乳胶加气钉固定在龙骨上。

2.（基层）面板的接缝处理

根据（基层）面板的接缝方法及面板后期装饰要求的不同，接缝有如下三种形式。

（1）对缝

板与板在龙骨上对接，龙骨应加强加宽，此时面板多为粘、钉固定在龙骨上，接缝处容易产生变形裂缝，在进行面板装饰前可用纱布或棉纸遮盖缝痕。

(2) 留缝

在两板接缝处做成凹槽，凹槽有 V 形和矩形两种。凹缝的宽度为 3 ～ 10 mm。

(3) 盖缝

板缝不直接暴露在外，而是用木压条或金属压条盖住板缝，使板接缝由底平面变为底侧面，这样可以避免缝隙宽窄不均的现象。

（基层）面板的接缝构造如图 2-6-1 所示。

(a) 对缝　(b) V形缝　(c) 矩形缝　(d) 盖缝

图 2-6-1　天花面板的接缝形式

3. （基层）面板的装饰

（基层）面板安装好以后，除了个别已有装饰面的金属板、塑料板外，其他面板（如胶合板、石膏板等）都要进行表面装饰。饰面处理的方法很多，通常有涂料饰面（如乳胶漆、多彩涂料等）、壁纸裱糊、镶贴罩面板（如薄木饰面板、铝塑板等）、安装玻璃镜等。其具体施工方法见有关章节。

第二节　轻钢龙骨及铝合金龙骨吊顶

一、U 形、C 形轻钢龙骨吊顶

1. 材料介绍

(1) U 形、C 形轻钢龙骨

吊顶轻钢龙骨分为承载龙骨（又称主龙骨）、覆面龙骨（又称次龙骨或横撑龙骨）。吊顶龙骨按面宽大小有 38、45、50、60 系列。主龙骨为 U 形或 C 形，次龙骨和横撑龙骨为 C 形，边龙骨为 L 形。此外，还有连接各类型龙骨的连接件。轻钢龙骨的断面形状如表 2-6-2 所示。

(2) 固定材料

目前采用的固定材料有水泥钉、射钉和金属膨胀螺栓等，以射钉和金属膨胀螺栓使用较多。

(3) 吊筋

一般采用 $\phi 6$ 或 $\phi 8$ 镀锌钢筋，在一端或两端加工出螺纹口。

表 2-6-2　U 形、C 形、L 形吊顶龙骨系列规格

名称	形状	横截面	规格尺寸/mm							
			D38		D45		D50		D60	
			A	*B*	*A*	*B*	*A*	*B*	*A*	*B*
承载龙骨	U	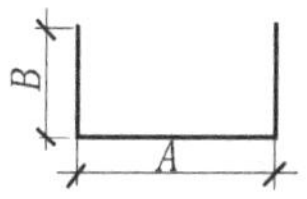	38		45		50		60	
覆面龙骨	C	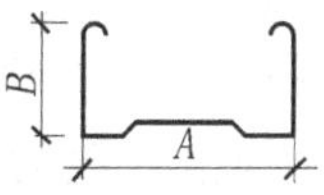	38		45		50		60	
边龙骨	L	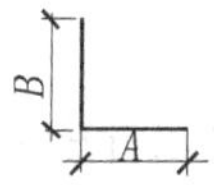	*A* = 15 ～ 20　　*B* = 20							

（4）罩面材料

主要有各类型装饰石膏板、纸面石膏板、硅钙板等。

2. 施工工艺

U 形、C 形轻钢龙骨吊顶安装前，应检查吊顶内的电气线路、弱电线路、空调管道、通风管道等是否完成。U 形、C 形轻钢龙骨吊顶有上人和不上人之分，上人轻钢龙骨要求选用大规格的龙骨，并且安装间距比不上人龙骨小。施工工艺可归纳为：弹线→固杆→边龙→主龙→次龙→横龙。

（1）弹线

在墙身弹出标高水平线，在天棚弹出造型线、吊点位置布局线、大中型灯位线。

（2）固杆

进行吊点的确定和钻孔、吊杆的长度确定和固定。上人轻钢龙骨吊顶的吊杆固定常采用膨胀螺栓和预埋铁件焊接等方式。不上人轻钢龙骨吊顶的吊杆固定常采用射钉、膨胀螺栓等方式。吊杆间距在 1 ～ 2 m 之间，根据主龙骨的截面大小和是否为上人吊顶而定。

（3）边龙

用射钉将边龙骨（C 形龙骨或木枋）固定，注意龙骨底面和水平线对齐。

（4）主龙

根据设计要求，用吊件将吊杆与主龙骨连接，大致调整其平整度。主龙骨的间距一般为 1 ～ 1.5 m。根据是否为上人吊顶而定。

（5）次龙

根据设计要求，用吊件将次龙骨与主龙骨连接。次龙骨安装间距不大于 600 mm。注意次龙骨和墙身的边龙骨用铆钉或自攻螺钉连接稳固。

（6）横龙

次龙骨安装好后，根据次龙骨之间的间距切割好横撑龙骨，用连接件将横撑龙骨和次龙骨连接在一起，横撑龙骨安装间距不大于400 mm。

当全部龙骨安装完成后，在龙骨底部通拉水平线，通过调节吊杆挂件螺丝调整龙骨整体水平度。

3.（基层）面板的安装

（1）安装在U形、C形轻钢龙骨上基层板的品种

U形、C形轻钢龙骨基层板的安装同木龙骨一样，可以安装各种类型的基层板，U形、C形轻钢龙骨一般与纸面石膏板、硅钙板相配使用。

纸面石膏板品种很多，有普通纸面石膏板、耐火纸面石膏板和纸面石膏装饰吸声板等。用作吊顶的基层，主要是普通纸面石膏板、耐火纸面石膏板，常用1220 mm × 2440 mm规格，厚度9 mm或12 mm或15 mm。硅钙板规格一般为1220 mm × 2440 mm，吊顶常用6 mm或9 mm厚度。

（2）基层板的安装工艺

将基层板用托架临时固定在龙骨底，板四边和四边龙骨中心对齐。当基层板是纸面石膏板时，用自攻螺钉将纸面石膏板和龙骨固定，钉距以150 ~ 170 mm为宜，螺钉应与板面垂直。自攻螺钉与纸面石膏板边的距离：距包封边（长边）以10 ~ 15 mm为宜；距切割边（短边）以15 ~ 20 mm为宜。自攻螺钉离板边距离过大会造成自攻螺钉没有固定在龙骨上，距离过小会造成自攻螺钉对石膏板边缘的破坏，影响石膏板的固定。应使钉头略埋入板面0.5 ~ 1 mm，但不致使板材纸面破损；当基层板是硅钙板时，先将硅钙板在地面钻好ϕ4的孔并在板面抗冲ϕ8孔，深度约3 mm，再用纸面石膏板的固定方法将硅钙板和龙骨固定。

（3）基层板的对接缝处理

纸面石膏板或硅钙板的拼接缝和嵌缝材料主要有两种：一是嵌缝石膏粉，二是粘贴穿孔纸带或玻璃纤维纱带。嵌缝石膏粉的主要成分是石膏粉、缓凝剂等。孔纸带是打有小孔的牛皮纸带，纸带上的小孔在嵌缝时可保证石膏腻子多余部分被挤出。纸带宽度为50 mm。此外，另有与穿孔纸带起着相同作用的玻璃纤维网纱带，它有着较牛皮纸带更优异的黏结作用，在嵌缝盖缝效果上优于穿孔牛皮纸带。玻璃纤维网纱带宽度为50 mm，价格高于穿孔牛皮纸带。

（4）基层面板的装饰

轻钢龙骨吊顶，纸面石膏板或硅钙板作为基层板，其饰面的装饰方法和木龙骨胶合板吊顶的装饰基本相同，通常有涂料饰面（如乳胶漆、多彩涂料等）、壁纸裱糊、镶贴罩饰面板（如薄木饰面板、铝塑板等）等。其具体施工方法见有关章节。

图2-6-2、图2-6-3、图2-6-4分别为某住宅的安装结构图、轻钢龙骨天花平面图及大样图。

二、L形、T形轻钢龙骨和铝合金龙骨吊顶

1. 材料介绍

（1）L形、T形龙骨

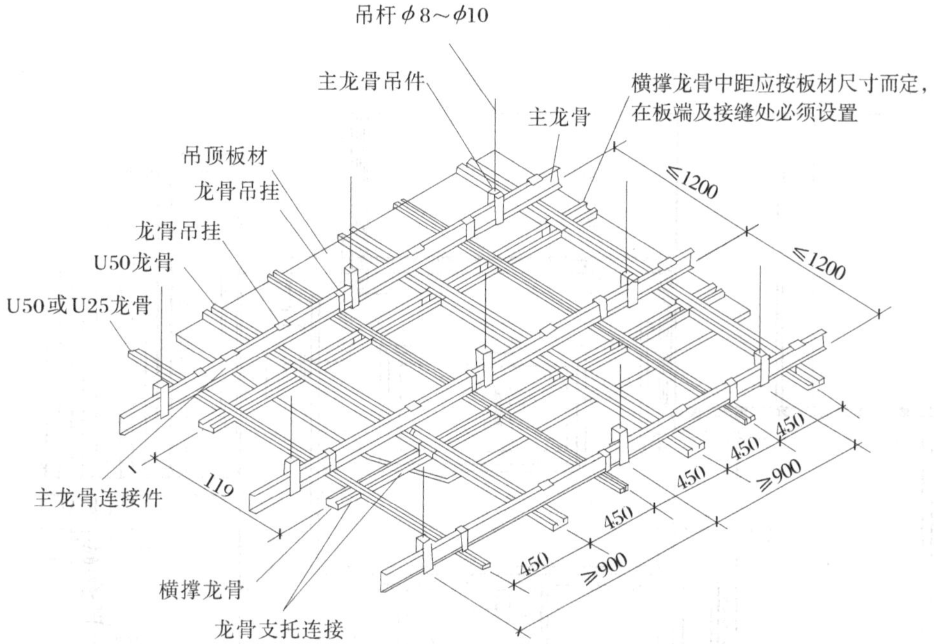

图 2-6-2 U 形、C 形系列轻钢龙骨安装示意图

L 形、T 形龙骨有轻钢龙骨和铝合金龙骨两种，断面加工成“⊥”或“L”形状。主龙骨和次龙骨均为 T 形，边龙骨为 L 形。此外，还有和龙骨配套使用的各种连接件。轻钢龙骨一般在表面有烤漆处理，价格比铝合金龙骨稍低。铝合金龙骨有铝材本色（银灰色）的，也有在表面烤漆处理的，它们在使用功能上是一样的。

（2）固定材料

在固定吊点上采用射钉、膨胀螺栓等作为固定材料。

（3）吊杆

一般采用 $\phi 6$ 或 $\phi 8$ 镀锌钢筋并在一端或两端加工出螺纹口，或采用镀锌铁丝。

（4）罩面材料

罩面材料主要为装饰石膏板、铝（穿孔）板、矿面板、不锈钢板等。常用的尺寸为600 mm × 600 mm。罩面材料表面一般都有装饰图案并经过漆面处理，表面不用进行二次装饰。

图 2-6-3、图 2-6-4 为某住宅轻钢龙骨天花平面图（部分）及大样图。

2. 施工工艺

L 形、T 形龙骨吊顶有上人和不上人之分，上人龙骨吊顶增加 U 形龙骨和主龙骨连接，施工工艺可归纳为：弹线→固杆→边骨→主骨→次骨→装板。其中，弹线、固杆、边骨等施工方法与 U 形、C 形龙骨的施工方法基本相同。主龙骨、次龙骨的安装间距根据面板的长宽而定，如使用 600 mm × 600 mm 面板时，主次龙骨间距均为 600 mm。在安装主、次龙骨过程中，有时会安装零星面板，目的是增大 L 形、T 形龙骨吊顶的重量和固定方正规格，使吊顶在调整水平度时更容易。

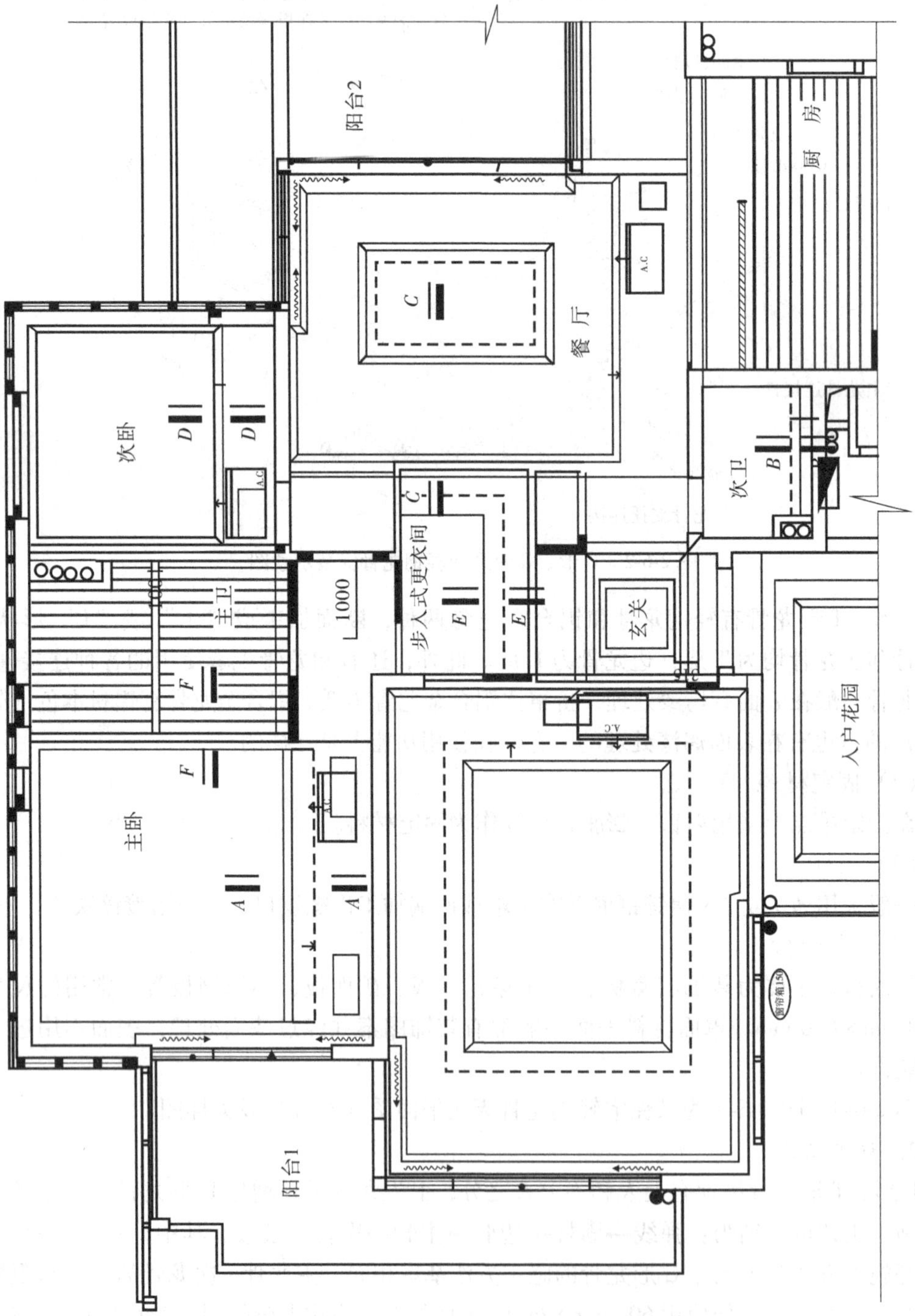

图2-6-3 天花平面图(部分)

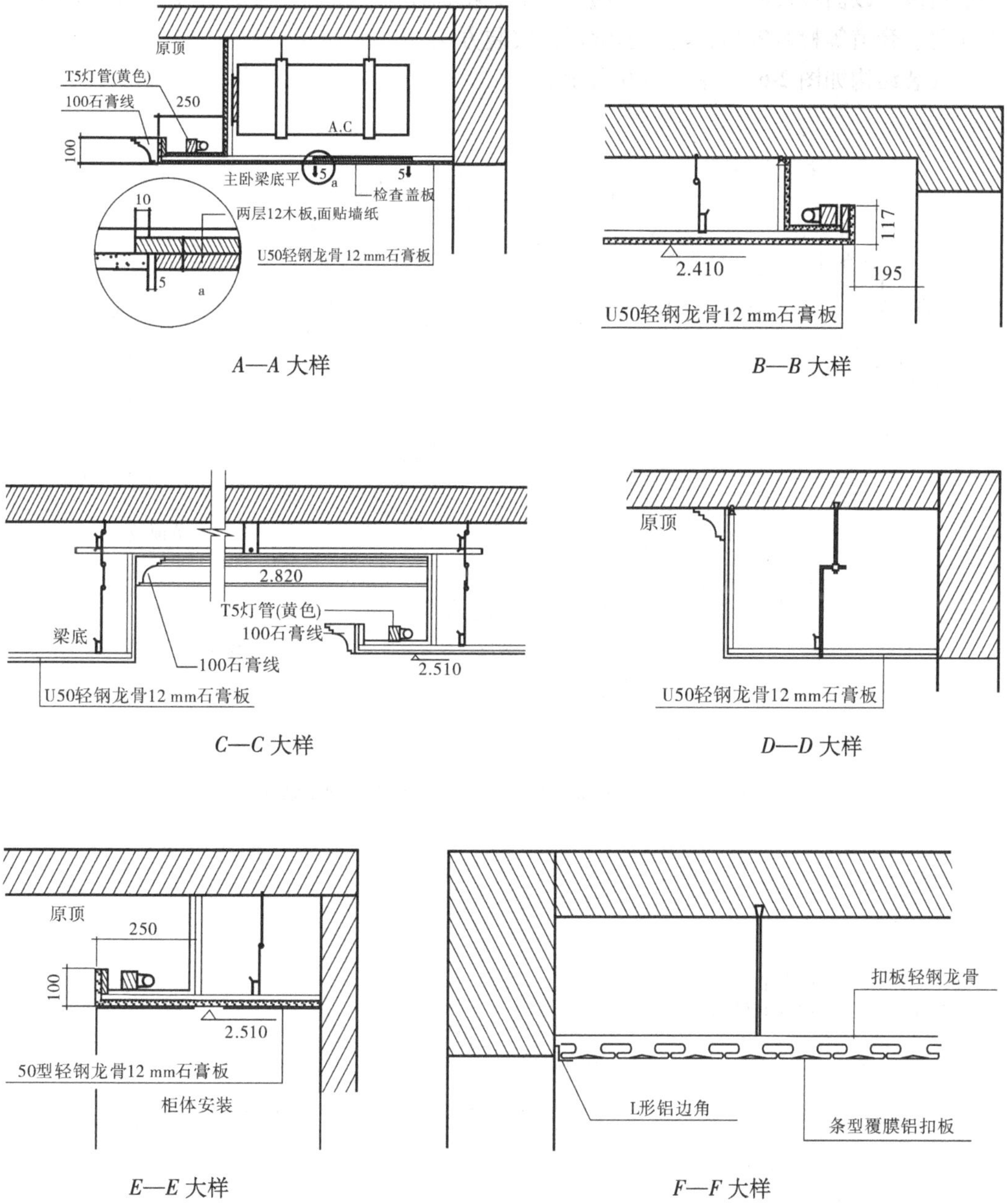

图 2-6-4　大样图

3．面板的安装

L 形、T 形龙骨吊顶安装面板，有龙骨隐藏方式（暗骨）和龙骨外露方式（明骨）。暗骨方式采用钉固、企口卡接方法安装，用螺钉将面板固定或通过 T 形龙骨和面板预留的企口，逐块将面板卡接固定；明骨方式采用搁板法安装，将面板平放在 T 形龙骨组成的框格内，以面板边缘不外露、不翘起为准。明骨式搁板法面板安装方便快捷，对吊顶内线路、管道等检修容易，是目前常用的安装方法。

安装结构如图 2-6-5、图 2-6-6 所示。

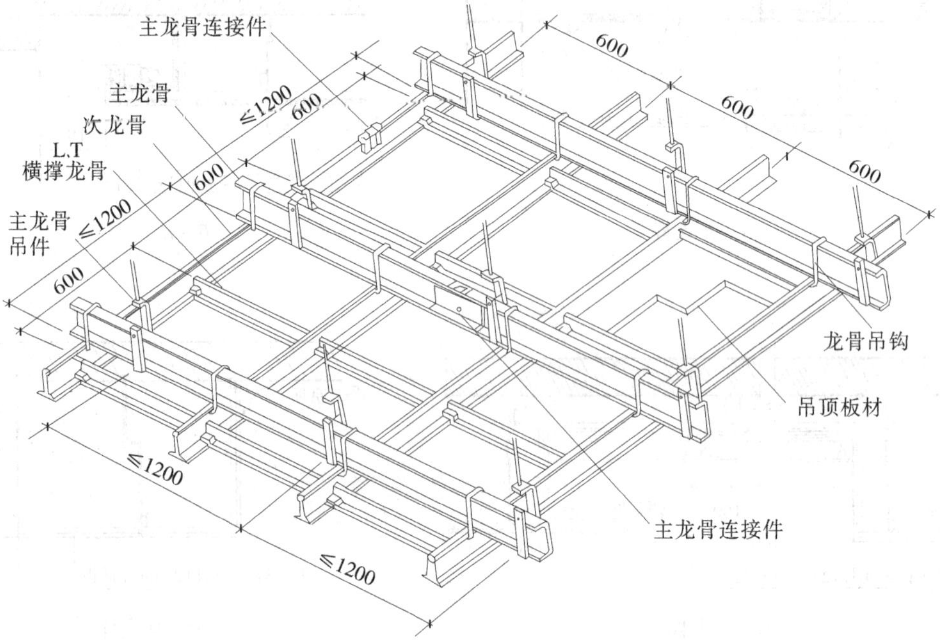

图 2-6-5　L 形、T 形系列装配式铝合金龙骨吊顶安装示意图

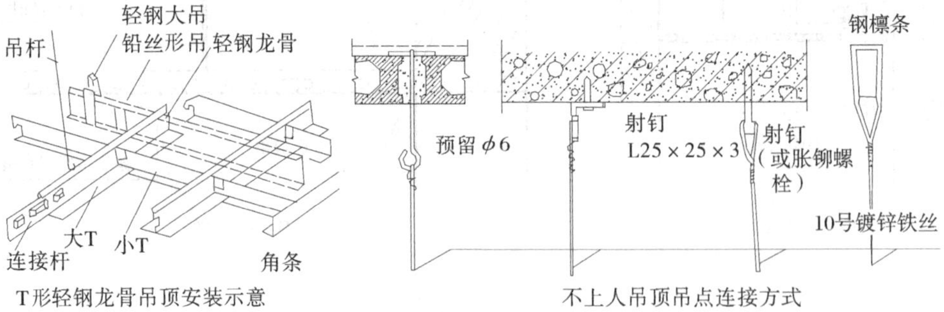

图 2-6-6　L 形、T 形系列龙骨吊顶安装详图

吊顶罩面板安装的允许偏差和检验方法见表 2-6-3。

表 2-6-3　吊顶罩面板安装的允许偏差和检验方法

项次	项目	允许偏差/mm										检验方法
		石膏板			矿棉装饰吸声板	木质板		塑料板		纤维水泥加压板	金属装饰板	
		石膏装饰板	深浮雕嵌式装饰石膏板	纸面石膏板		胶合板	纤维板	钙塑装饰板	聚氯乙烯塑料顶棚			
1	表面平整	3	3	3	3	3	3	3	2		2	用 2 m 靠尺和楔形塞尺检查
2	接缝平直	3	3	3	3	3	3	4	3		<1.5	拉线 5 m 长或通线，尺量检查
3	压条平直	3	3	3	3	3	3	3	3	3	3	拉线 5 m 长或通线，尺量检查
4	接缝高低	1	1	1	1	0.5	0.5	1	1	1	1	用直尺和楔形塞尺检查
5	压条间距	2	2	2	2	2	2	2	2	2	2	尺量检查

第三节　单体组合吊顶

一、单体组合吊顶特征

单体组合吊顶是以一种或多种形体的构件组装而成的吊顶，如图 2-6-7 所示。此种吊顶一般不需用龙骨。构件本身既是吊顶表面的装饰材料，同时也能承受自重而不会变形。所以，可直接将构件与吊杆或结构层连接固定。构件在工厂已加工好，现场主要是拼装和固定，施工方便。

单体组合吊顶可分为开敞式与封闭式两种。所谓开敞式就是吊顶面不封闭，可透过吊顶看到吊顶以上的建筑结构和设备，封闭式则相反。此外，单体组合吊顶又可分为平面式和凹凸式两种。

二、安装工艺

单体组合吊顶材料可以是木材，也可用金属制品和塑料。市场上常用木材及铝合金制品，其安装工艺与木龙骨吊顶和铝合金吊顶的安装工艺基本相同，施工工艺可归纳为：弹标高水平线和吊杆布局线→吊杆安装和固定→边龙骨安装→单体组合吊顶拼装→吊顶平整度的调校。不同的单体，其拼装连接方法不同，连接件也不一样。不同的单体组合，其拼装连接方法也不一样。在安装开敞式组合吊顶时，要注意吊顶内的管道、线路、预埋吊件、楼板底面、顶内墙身等的整齐、光洁及颜色的一致性。

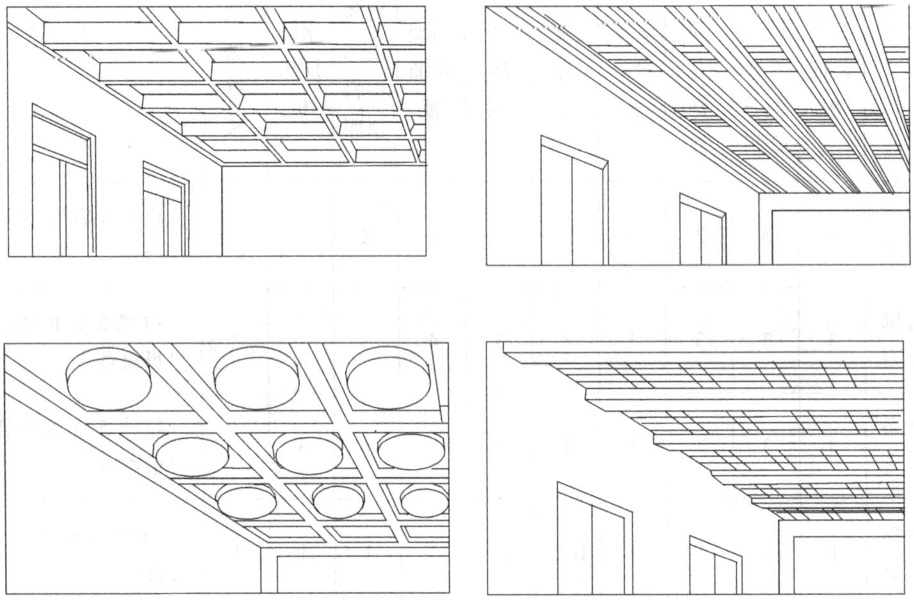

图 2-6-7　几种单体组合吊顶形式

第四节　吊顶工程施工中质量通病及防治措施

一、吊顶龙骨

1. 轻钢龙骨、铝合金龙骨纵横方向线条不平直

（1）现象

吊顶龙骨安装后，主龙骨、次龙骨在纵横方向上不顺直，有扭曲、歪斜现象；龙骨位置高低不平，使得下表面拱度不均匀、不平整，甚至成波浪线；吊顶完工后短期使用产生凹凸变形。

（2）防治措施

①凡是受扭折的主龙骨、次龙骨一律不宜采用。

②当吊杆与设备相遇时，应调整并增设吊杆。

③对于不上人吊顶，龙骨安装时，挂面不应挂放施工安装器具；对于大型上人吊顶，龙骨安装后，应为机电安装人员铺设通道板，避免龙骨承受过大的不均匀荷载而产生不均匀变形。

2. 吊顶造型不对称，罩面板布局不合理

（1）现象

吊顶罩面板安装后，罩面板布局不合理，造型不对称。

（2）防治措施

①按吊顶设计标高，在房间四周的水平线位置拉十字中心线。

②严格按设计要求布置主龙骨和次龙骨。

③中间部分先铺整块罩面板，余量应平均分配在四周最外边一块，或不被人注意的次要部位。

二、石膏板吊顶

1. 拼板处不平整

（1）现象

石膏板安装后，在拼板缝处有不平整、错台现象。

（2）防治措施

①安装主龙骨后，拉通线检查其是否正确、平整，然后边安装板边调平，满足板面平整度要求。

②应使用专用机具和配套材料，加工板材尺寸应保证符合标准，减少原始误差和装配误差，以保证拼板处平整。

③按设计挂放石膏板，固定螺钉从板的一个角或中线开始依次进行，以免多点同时固定引起板面不平、接缝不严。

2. 罩面板大面积不平整，翘曲明显

（1）现象

罩面板下翘变形，吊顶面大面积不平整。

（2）防治措施

①安装吊杆时，应按规定在楼板底面弹吊杆的位置线，按罩面板规格尺寸确定吊杆间距。

②龙骨与墙面之间的距离应小于 100 mm。如选用大块板材，间距以不大于 500 mm 为宜。

③在使用纸面石膏板时，自攻螺钉与板边的距离不得小于 10 mm，也不宜大于 16 mm，板中间螺钉的间距宜取 150 ～ 170 mm。

④铺设大块板材时，应使板的长边垂直于次龙骨方向，以利于螺钉排列。

⑤粘贴法安装罩面板时，胶黏剂应涂刷均匀，不得漏涂，黏结应牢固。

三、金属板吊顶

1. 吊顶不平

（1）现象

吊顶安装后，明显不平，甚至出现波浪形状。

（2）防治措施

①对于吊顶四周的标高线，应准确地弹到墙上，其误差不能大于±5 mm。跨度较大时，应在中间适当位置加设标高控制点。在一个断面内应拉通线控制，线要拉直，不能下沉。

②安装板条前，应先将龙骨调直调平。

③安装较重的设备，不能直接悬吊在吊顶上，应另设吊杆，直接与结构固定。

④安装前要先检查板条平、直情况，发现不符合标准者，应进行调整。

2. 接缝明显

（1）现象

接缝处接口露白茬。接缝不平，接缝处产生错台。

（2）防治措施

①做好下料工作。板条切割时，控制好切割的角度。

②切口部位应用锉刀将其修平，将毛边及不平处修整好。

③用相同色彩的胶黏剂（如硅胶）对接口部位进行修补，使接缝密合，并对切口白边进行遮掩。各受力点均匀一致。

四、吊顶工程质量验收规范（节选自《GB 50210—2001 建筑装饰装修工程质量验收工程》）

一般规定：

1. 各分项工程的检验批应按下列规定划分：

同一品种的吊顶工程每50间（大面积房间和走廊按吊顶面积30 m^2 为一间）应划分为一个检验批，不足50间也应划分为一个检验批。（GB 50210—2001 6.1.5）

2. 检查数量应符合下列规定：

每个检验批应至少抽查10%，并不得少于3间；不足3间时应全数检查。（GB 50210—2001 6.1.6）

3. 安装龙骨前，应按设计要求对房间净高、洞口标高和吊顶内管道、设备及其支架的标高进行交接检验。（GB 50210—2001 6.1.7）

4. 吊顶工程的木吊杆、木龙骨和木饰面板必须进行防火处理，并应符合有关设计防火规范的规定。（GB 50210—2001 6.1.8）

5 吊杆距主龙骨端部距离不得大于300 mm，当大于300 mm时，应增加吊杆。当吊杆长度大于1.5 m时，应设置反支撑。当吊杆与设备相遇时，应调整并增设吊杆。（GB 50210—2001 6.1.11）

6. 重型灯具、电扇及其他重型设备严禁安装在吊顶工程的龙骨上。（GB 50210—2001 6.1.12）

7. 暗龙骨吊顶工程安装的允许偏差和检验方法应符合表2-6-4的规定。（GB 50210—2001 6.2.11）

8. 明龙骨吊顶工程安装的允许偏差和检验方法应符合表2-6-5的规定。（GB 50210—2001 6.3.11）

表 2-6-4　暗龙骨吊顶工程安装的允许偏差和检验方法

项次	项目	允许偏差/mm				检验方法
		纸面石膏板	金属板	矿棉板	木板、塑料板、格栅	
1	表面平整度	3	2	2	3	用 2 m 靠尺和塞尺检查
2	接缝直线度	3	1.5	3	3	拉 5 m 线，不足 5 m 拉通线，用钢直尺检查
3	接缝高低差	1	1	1.5	1	用钢直尺和塞尺检查

表 2-6-5　明龙骨吊顶工程安装的允许偏差和检验方法

项次	项目	允许偏差/mm				检验方法
		石膏板	金属板	矿棉板	塑料板、玻璃板	
1	表面平整度	3	2	3	3	用 2 m 靠尺和塞尺检查
2	接缝直线度	3	2	3	3	拉 5 m 线，不足 5 m 拉通线，用钢直尺检查
3	接缝高低差	1	1	2	1	用钢直尺和塞尺检查

第七章　涂料工程

涂料工程包含室外墙面、室内墙面、天棚、木器、金属等的表面涂饰。根据涂料的涂饰薄厚不同，有薄涂料、厚涂料及复层涂料施工之分；根据施工的等级不同，有普通、中级、高级之分；根据施工的基层面不同，有混凝土及抹灰基层面、木料基层面、金属基层面施工之分。

第一节　混凝土及抹灰基层面涂料工程

一、内墙混凝土及抹灰基层面涂料工程

1. 薄涂料工程

（1）材料概述

内墙混凝土及抹灰基层面薄涂料工程使用的涂料包括：水性薄涂料、乳液薄涂料、溶剂型薄涂料、无机薄涂料。水性薄涂料耐久性一般，无机薄涂料表面的装饰效果比其他三种粗糙。此两种薄涂料价格低，施工简单，常用于普通的内墙装饰。近年大部分的中高级内墙薄涂料装饰，常用乳液薄涂料和溶剂型薄涂料。

（2）施工工艺

施工前应清理基层的浮尘、污垢，用水泥石膏浆（或1∶3 水泥砂浆）对基层的孔洞、边角缺陷进行修补，用腻子灰对缝隙及局部毛面进行初步的补平。工艺顺序如表2-7-1所示。

表 2-7-1　混凝土及抹灰内墙、顶棚表面薄涂料工程的主要工序

项次	工序名称	水性薄涂料		乳液薄涂料			溶剂型薄涂料			无机薄涂料	
		普通	中级	普通	中级	高级	普通	中级	高级	普通	中级
1	清扫	+	+	+	+	+	+	+	+	+	+
2	填补缝隙、局部刮腻子	+	+	+	+	+	+	+	+	+	+
3	磨平	+	+	+	+	+	+	+	+	+	+
4	第一遍满刮腻子	+	+	+	+	+	+	+	+	+	+
5	磨平	+	+	+	+	+	+	+	+	+	+
6	第二遍满刮腻子		+		+	+		+	+		+

续表 2-7-1

项次	工序名称	水性薄涂料		乳液薄涂料			溶剂型薄涂料			无机薄涂料	
		普通	中级	普通	中级	高级	普通	中级	高级	普通	中级
7	磨平		+		+	+		+	+		+
8	干性油打底						+	+	+		
9	第一遍涂料	+	+	+	+	+	+	+	+	+	+
10	复补腻子		+		+	+			+		+
11	磨平（光）		+		+	+		+	+		+
12	第二遍涂料	+	+		+	+	+	+	+	+	+
13	磨平（光）					+		+	+		
14	第三遍涂料					+		+	+		
15	磨平（光）								+		
16	第四遍涂料								+		

注：①表中“+”号表示应进行的工序，以下各表同。

②表中施涂遍数以手工（刷）为例，机械喷涂可不受表中施涂遍数的限制，以达到质量要求为准。

③基层整体平整度较差时，或更高要求的内墙、顶棚薄涂料工程，必要时可增加刮腻子的遍数及一到两遍施涂。

④湿度较高或局部遇明水的房间，应用耐水的腻子和涂料。

⑤每刮完一道腻子灰，必须等完全干透后才能打磨，施涂过程亦一样。

薄涂料的涂饰质量和检验方法见表 2-7-2。

表 2-7-2　薄涂料的涂饰质量和检验方法

项　目	普通涂饰	高级涂饰	检验方法
颜色	均匀一致	均匀一致	观察
泛碱、咬色	允许少量轻微	不允许	
流坠、疙瘩	允许少量轻微	不允许	
砂眼、刷纹	允许少量轻微砂眼，刷纹通顺	无砂眼、无刷纹	
装饰线、分色线平直度允许偏差/mm	2	1	拉 5 m 线，不足 5 m 拉通线，用钢直尺检查

2. 厚涂料工程

(1) 材料和工艺概述

内墙混凝土及抹灰基层面厚涂料工程使用的涂料主要是合成树脂乳液轻质厚涂料，

包括珍珠岩粉厚涂料、聚苯乙烯泡沫塑料粒子厚涂料和蛭石厚涂料。

施工前基层的清理和处理要求同薄涂料工程，工艺顺序如表 2-7-3 所示。

表 2-7-3　混凝土及抹灰内墙、顶棚表面轻质厚涂料工程的主要工序

项次	工序名称	珍珠岩粉厚涂料		聚苯乙烯泡沫塑料粒子厚涂料		蛭石厚涂料	
		普通	中级	中级	高级	中级	高级
1	清扫	+	+	+	+	+	+
2	填补缝隙、局部刮腻子	+	+	+	+	+	+
3	磨平	+	+	+	+	+	+
4	第一遍满刮腻子	+	+	+	+	+	+
5	磨平	+	+	+	+	+	+
6	第二遍满刮腻子		+	+	+	+	+
7	磨平		+	+	+	+	+
8	第一遍喷涂厚涂料	+	+	+	+	+	+
9	第二遍喷涂厚涂料				+		+
10	第三遍喷涂厚涂料		+	+	+	+	+

注：①基层整体平整度较差时，或更高要求的内墙、顶棚薄涂料工程，必要时可增加刮腻子的遍数及一到两遍施涂。

②每刮完一道腻子灰，必须等完全干透后才能打磨，施涂过程亦一样。

（2）质量检验

厚涂料的涂饰质量和检验方法见表 2-7-4。

表 2-7-4　厚涂料的涂饰质量和检验方法

项　　目	普通涂饰	高级涂饰	检验方法
颜色	均匀一致	均匀一致	观察
泛碱、咬色	允许少量轻微	不允许	
点状分布	—	疏密均匀	

3. 复层涂料工程

（1）材料和工艺概述

混凝土及抹灰内墙、顶棚基面复层涂料包括合成树脂乳液复层涂料、硅溶胶类复层涂料、水泥系复层涂料、反应固化型复层涂料四种。复层涂料工程的基层处理要求同前，工艺顺序见表 2-7-5。

表 2-7-5 混凝土及抹灰内墙、顶棚表面复层涂料工程的主要工序

项次	工序名称	合成树脂乳液复层涂料	硅溶胶类复层涂料	水泥系复层涂料	反应固化型复层涂料
1	清扫	+	+	+	+
2	填补缝隙、局部刮腻子	+	+	+	+
3	磨平	+	+	+	+
4	第一遍满刮腻子	+	+	+	+
5	磨平	+	+	+	+
6	第二遍满刮腻子	+	+	+	+
7	磨平	+	+	+	+
8	施涂封底涂料	+	+	+	+
9	施涂主层涂料	+	+	+	+
10	滚压	+	+	+	+
11	第一遍罩面涂料	+	+	+	+
12	第二遍罩面涂料	+	+	+	+

注：①复层涂料表面有凹凸浮雕造型，施工时不用像室内薄涂料、厚涂料施工一样分中、高级施工。

②主层涂料施涂完毕，如需要半球面点状造型时，可省略滚压工序 10。

（2）质量检验

复层涂料的涂饰质量和检验方法见表 2-7-6。

表 2-7-6 复层涂料的涂饰质量和检验方法

项　目	质量要求	检验方法
颜色	均匀一致	观察
泛碱、咬色	不允许	
喷点疏密程度	均匀、不允许连片	

二、外墙混凝土及抹灰基层面涂料工程

1. 薄涂料工程

外墙混凝土及抹灰基层面薄涂料工程使用的涂料包括乳液薄涂料、溶剂型薄涂料、无机薄涂料三种。无机薄涂料价格低，施工简单，用途广，常用于普通的墙面装饰。近年大部分的高级外墙薄涂料装饰，常用乳液薄涂料和溶剂型薄涂料。它们的基层处理要求比内墙施工要求简单，外墙施工前不用满刮腻子，只是局部填补，其他施工前处理同

内墙，工艺顺序见表 2-7-7。

表 2-7-7　混凝土及抹灰外墙表面薄涂料工程的主要工序

项次	工序名称	乳液薄涂料	溶剂型薄涂料	无机薄涂料
1	修补	+	+	+
2	清扫	+	+	+
3	填补缝隙、局部刮腻子	+	+	+
4	磨平	+	+	+
5	第一遍涂料	+	+	+
6	第二遍涂料	+	+	+

注：①如施涂二遍涂料后，装饰效果仍不理想，可增加一到两遍施涂。

②表中施涂以手工刷、滚为例，机械喷涂时可不受表中施涂遍数的限制，以达到质量要求为准。

2．厚涂料工程

外墙混凝土及抹灰基层面厚涂料工程使用的涂料包括合成树脂乳液厚涂料、合成树脂乳液砂壁状涂料、无机厚涂料。工艺顺序如表 2-7-8 所示。

表 2-7-8　混凝土及抹灰外墙表面厚涂料工程的主要工序

项次	工序名称	合成树脂乳液厚涂料、合成树脂乳液砂壁状涂料	无机厚涂料
1	修补	+	+
2	清扫	+	+
3	填补缝隙、局部刮腻子	+	+
4	磨平	+	+
5	第一遍厚涂料	+	+
6	第二遍厚涂料	+	+

注：①表中施涂以手工刷、滚为例，机械喷涂可不受表中施涂遍数的限制，以达到质量要求为准。

②合成树脂乳液和无机厚涂料有云母状、砂粒状。

③合成树脂乳液砂壁状涂料必须采用机械喷涂方法施涂。

3．复层涂料工程

和内墙复层涂料工程一样，外墙混凝土及抹灰基层面复层涂料工程使用的涂料包括合成树脂乳液复层涂料、硅溶胶类复层涂料、水泥系复层涂料、反应固化型复层涂料四种。工艺顺序如表 2-7-9 所示。

表 2-7-9　混凝土及抹灰外墙表面复层涂料工程的主要工序

项次	工序名称	合成树脂乳液复层涂料	硅溶胶类复层涂料	水泥系复层涂料	反应固化型复层涂料
1	清扫	+	+	+	+
2	磨平	+	+	+	+
3	填补缝隙、局部刮腻子	+	+	+	+
4	磨平	+	+	+	+
5	施涂封底涂料	+	+	+	+
6	施涂主层涂料	+	+	+	+
7	滚压	+	+	+	+
8	第一遍罩面涂料	+	+	+	+
9	第二遍罩面涂料	+	+	+	+

注：主层涂料施涂完毕，如需要半球面点状造型时，可省略滚压工序 7。

第二节　木料基层面涂料工程

木料基层面涂料工程根据使用的涂料不同分为溶剂型混色涂料工程和清漆涂料工程两部分。溶剂型混色涂料常见有硝基混色漆和酚醛混色漆，清漆涂料常见有硝基清漆和聚氨酯清漆。

一、溶剂型混色涂料工程

木料基层面溶剂型混色涂料工程根据质量要求分普通、中级、高级三级。施工前有检查基层面钉头是否外露、除油污、清扫浮尘、砂纸打磨等工序。详细工艺顺序见表 2-7-10。

表 2-7-10　木料表面施涂溶剂型混色涂料的主要工序

项次	工序名称	普通级涂料	中级涂料	高级涂料
1	清扫	+	+	+
2	铲去脂囊	+	+	+
3	砂纸磨平	+	+	+
4	节疤处点漆片	+	+	+
5	施涂干性油或带色干性油	+	+	+

续表 2-7-10

项次	工序名称	普通级涂料	中级涂料	高级涂料
6	局部刮腻子、磨光	+	+	+
7	腻子处涂干性油	+		
8	第一遍满刮腻子		+	+
9	磨光		+	+
10	第二遍满刮腻子			+
11	磨光			+
12	刷涂底涂料		+	+
13	第一遍涂料	+	+	+
14	复补腻子	+	+	+
15	磨光	+	+	+
16	湿布擦净		+	+
17	第二遍涂料	+	+	+
18	磨光（高级涂料用水砂纸）		+	+
19	湿布擦净		+	+
20	第三遍涂料		+	+

注：①表中施涂以手工刷涂为例，机械喷涂可不受表中施涂遍数的限制，以达到质量要求为准。
②高级涂料做磨退时，宜用醇酸树脂涂料涂刷，并根据涂膜厚度增加一到两遍施涂和磨退、打砂蜡、油蜡、擦亮工序。

二、清漆涂料工程

木料基层面清漆涂料工程根据质量要求分中级、高级两级。施工前的处理要求和溶剂型混色涂料工程基本相同，工艺顺序见表 2-7-11。

表 2-7-11　木料表面施涂清漆的主要工序

项次	工序名称	中级清漆	高级清漆
1	清扫、起钉子、除去油垢等	+	+
2	砂纸磨平	+	+
3	润粉	+	+
4	砂纸磨平	+	+
5	第一遍满刮腻子	+	+

续表 2-7-11

项次	工序名称	中级清漆	高级清漆
6	磨光	+	+
7	第二遍满刮腻子		+
8	磨光		+
9	刷油色	+	+
10	第一遍清漆	+	+
11	拼色	+	+
12	复补腻子	+	+
13	磨光	+	+
14	第二遍清漆	+	+
15	磨光	+	+
16	第三遍清漆	+	+
17	水砂纸磨光		+
18	第四遍清漆		+
19	磨光		+
20	第五遍清漆		+
21	磨退		+
22	打砂蜡		+
23	打油蜡		+
24	磨亮		+

注：①表中施涂以手工刷涂为例，机械喷涂可不受表中施涂遍数的限制，以达到质量要求为准。
②表中施涂以硝基清漆为例，聚氨酯清漆可减少施涂一到两遍，以达到质量要求为准。

第三节　金属基层面涂料工程

金属基层面涂料工程根据质量要求分普通、中级、高级三级。使用的涂料一般为溶剂型混色涂料工程。溶剂型混色涂料中，酚醛混色漆常作为普通的表面装饰，硝基混色漆作为中、高级的表面装饰。

施工前对基层进行除锈、打磨、清扫等工作。工艺顺序见表 2-7-12。

表 2-7-12　金属表面施涂溶剂型混色涂料的主要工序

项目	工序名称	普通级涂料	中级涂料	高级涂料
1	除锈，打磨，清扫	+	+	+
2	刷防锈涂料	+	+	+
3	局部刮补腻子	+	+	+
4	磨光	+	+	+
5	第一遍满刮腻子		+	+
6	磨光		+	+
7	第二遍满刮腻子			+
8	磨光			+
9	第一遍涂料	+	+	+
10	复补腻子		+	+
11	磨光		+	+
12	第二遍涂料	+	+	+
13	磨光		+	+
14	湿布擦净		+	+
15	第三遍涂料		+	+
16	磨光			+
17	湿布擦净			+
18	第四遍涂料			+

注：①表中施涂以手工刷涂为例，机械喷涂可不受表中施涂遍数的限制，以达到质量要求为准。
②薄钢板屋面、檐沟、落水管、泛水等施涂涂料，可不刮腻子。施涂防锈涂料不得少于 2 遍。
③高级涂料做磨退时，宜用醇酸树脂涂料涂刷，并根据涂膜厚度增加 1 ～ 3 遍施涂和磨退，打砂蜡、油蜡、擦亮工序。
④金属构件和半成品安装前，应检查防锈涂料有无损坏，损坏处应补刷。
⑤钢结构施涂涂料，应符合现行《钢结构工程施工及验收规范》的有关规定。

第四节　涂饰工程施工中质量通病及防治措施

一、水性涂料涂饰工程

1．涂料流坠

（1）现象

涂料不能很好地挂住，在自重作用下向下流淌，其形态如泪痕或垂幕。

（2）防治措施

①混凝土或抹灰墙面施涂水性涂料时，其含水率不得大于10%；弹涂时含水率不得大于8%。

②控制施涂厚度，一般控制在膜厚20 ～ 25 mm为宜（指干膜）。

③普通涂料的施工环境温度应保持在5 ℃以上。

④转角部位应使用遮盖物，避免两个面的涂料互相叠加。

⑤施涂前应将涂料搅拌均匀。

⑥刷涂：方向和行程长短均应一致。

⑦滚涂：滚涂黏度小、较稀的涂料时，应选用刷毛较长、细而软的毛辊；滚涂黏度较大的涂料时，应选用刷毛较短、较粗、较硬的毛辊。毛辊上的吸浆量不能太多或太少。

⑧喷涂：涂料稠度必须适中，太稠，不便施工；太稀，影响涂层厚度，且容易流淌。喷射距离一般为40 ～ 60 mm。

⑨弹涂：在基层表面先刷底色涂层，待底色涂层干燥后，才能弹涂。弹涂时注意弹点密度均匀适当，上下左右无明显接痕。

2．刷纹或接痕

（1）现象

涂层出现毛刷或辊筒的痕迹，或在施涂搭接部位接痕明显。涂膜干后，一丝丝高低不平的纹痕依然存在。

（2）防治措施

①基层处理后，涂刷与面层涂料配套的封闭底漆，薄而均匀地满批腻子，腻子干燥后磨平清除浮粉后方可施涂。

②根据所用涂料选用合适的刷子或辊筒，及时清洗更换刷具。

③避免在温度过高（35 ℃以上）的环境下施工。

④正确操作：涂料施工连续不断。采用喷涂施工可免刷纹。

3．涂层颜色不均匀

（1）现象

同一墙面，涂层颜色深浅不一，或有接茬出现。

（2）防治措施

①同一工程，应选购同厂、同批涂料。

②由于涂料易沉淀分层，使用时必须将涂料搅匀，并不得任意加水。

③基层含水率应小于10%。

④基层表面的麻面、小孔应修补平整。

⑤施涂应连续，接茬应在分格缝或阴阳角部位。

⑥涂饰工程应在安装工程完毕之后进行。施涂完毕，应加强成品保护。

4．涂膜透底

（1）现象

涂膜缺乏遮盖底层的能力或漏刷，致使底层颜色仍隐约可见。

（2）防治措施

①基体（基层）要干燥，混凝土和抹灰面的含水率不得大于10%。

②当基材颜色过深、涂料颜色过浅时，为保证良好的遮盖力，可薄薄地多涂刷一道涂料。

③在施工前和施工过程中，充分搅拌涂料，使其均匀，并不得任意加水稀释。

④顺次涂刷，避免漏涂。

5. 涂膜开裂

（1）现象

内、外墙面的涂膜开裂。由墙体或抹灰层引发的开裂与涂膜自身及腻子层的开裂几乎各半。

（2）防治措施

①抹灰面层应压光无裂缝。

②外墙面抹灰层应设置分格缝。水平分格缝可设置在楼层分界部位，垂直分格缝可设置在门窗两侧或轴线部位，间距宜为2～3 m。

③新建建筑物的内外墙混凝土或砂浆基层表面均应施涂配套的抗碱封闭底漆；旧墙面在清除疏松的旧装修层后，涂刷界面处理剂。混凝土或抹灰基层涂刷乳液型涂料时，含水率不得大于10%。

6. 涂膜鼓泡、剥落

（1）现象

在内、外墙面常发生涂膜鼓泡、剥落。鼓泡、剥落是涂膜失去黏附力，先鼓泡后剥落。剥落有时深入所有的涂层，有时仅是面层。各类涂料都会出现剥落，但最多见的是乳胶漆涂膜出现大片脱落。

（2）防治措施

①新建筑物的混凝土或抹灰基层在涂施前应涂刷抗碱封闭底漆。旧墙面在涂施涂料前应清除疏松的旧装修层后，涂刷界面处理剂。

②保证涂刷间隔时间，施涂及成膜时温度应在5～35 ℃之间，避免雨天施工。

附录

中华人民共和国国家标准

建筑内部装修设计防火规范

GB 50222—2015

目　次

1　总　　则

1.0.1　为保障建筑内部装修的消防安全，贯彻“预防为主、防消结合”的消防工作方针，防止和减少建筑物火灾的危害，特制定本规范。

1.0.2　本规范适用于民用建筑和工业厂房的内部装修设计。本规范不适用于古建筑和木结构建筑的内部装饰设计。

1.0.3　建筑内部装修设计应妥善处理装修效果和使用安全的矛盾，积极采用不燃性材料和难燃性材料，尽量避免采用在燃烧时产生大量浓烟或有毒气体的材料，做到安全适用、技术先进、经济合理。

1.0.4　本规范规定的建筑内部装修设计，在民用建筑中包括顶棚、墙面、地面、隔断的装修，以及固定家具、窗帘、帷幕、床罩、家具包布、固定饰物等；在工业厂房中包括顶棚、墙面、地面和隔断的装修。

注：(1) 隔断系指不到顶的隔断。到顶的固定隔断装修应与墙面规定相同。

　　(2) 柱面的装修应与墙面规定相同。

1.0.5　建筑内部装修设计，除执行本规范的规定外，尚应符合现行的有关国家标准、规范的规定。

2 装修材料的分类和分级

2.0.1 装修材料按其使用部位和功能，可划分为顶棚装修材料、墙面装修材料、地面装修材料、隔断装修材料、固定家具、装饰织物、其他装饰材料七类。

注：(1) 装饰织物系指窗帘、帷幕、床罩、家具包布等。

(2) 其他装饰材料系指楼梯扶手、挂镜线、踢脚板、窗帘盒、缓气罩等。

2.0.2 装修材料按燃烧性能应划分为四级，并应符合表2.0.2的规定。

表2.0.2 装修材料按燃烧性能划分等级

等　级	装修材料燃烧性能
A	不燃性
B1	难燃性
B2	可燃性
B3	易燃性

2.0.3 装修材料的燃烧性能等级，应按本规范附录A的规定，由专业检测机构检测确定。B3级装修材料可不进行检测。

2.0.4 安装在钢龙骨上的纸面石膏板，可作为A级装修材料使用。

2.0.5 当胶合板表面涂覆一级饰面型防水涂料时，可作为B1级装修材料使用。

注：饰面型防火涂料的等级应符合现行国家标准《防火涂料防火性能试验方法及分级标准》的有关规定。

2.0.6 单位质量小于300 g/m^2 的纸质、布质壁纸，当直接粘贴在A级基材上时，可作为B1级装修材料使用。

2.0.7 施涂于A级基材上的无机装饰涂料，可作为A组装修材料使用；施涂于A级基材上，湿涂覆比小于1.5 kg/m^{2}的有机装饰涂料，可作为B1级装修材料使用。涂料施于B1、B2级基材时，应将涂料连同基材一起按本规范附录A的规定确定其燃烧性能等级。

2.0.8 当采用不同装修材料进行分层装修时，各层装修材料的燃烧性能等级均应符合本规范的规定。复合型装修材料应由专业检测机构进行整体测试并划分其燃烧性能等级。

2.0.9 常用建筑内部装修材料燃烧性能等级划分，可按本规范附录B的举例确定。

3 民用建筑

3.1 一般规定

3.1.1 当顶棚或墙面表面局部采用多孔或泡沫状塑料时，其厚度不应大于15 mm，面积不得超过该房间顶棚或墙面积的10%。

3.1.2 除地下建筑外，无窗房间的内部装修材料的燃烧性能等级，除A级外，应在本章规定的基础上提高一级。

3.1.3 图书室、资料室、档案室和存放文物的房间，其顶棚、墙面应采用A级装修材料，地面应采用不低于B1级的装修材料。

3.1.4 大中型电子计算机房、中央控制室、电话总机房等放置特殊贵重设备的房间，其顶棚和墙面应用A级装修材料，地面及其他装修采用不低于B1级的装修材料。

3.1.5 消防水泵房、排烟机房、固定灭火系统钢瓶间、配电室、变压器室、通风和空调机房等，其内部所有装修均应采用A级装修材料。

3.1.6 无自然采光楼梯间、封闭楼梯间、防烟楼梯间的顶棚、墙面均应采用A级装修材料。

3.1.7 建筑物内设有上下层相连通的中庭、走马廊、开敞楼梯、自动扶梯时，其连通部位的顶棚、墙面应采用A级装修材料，其他部位应采用不低于B1级的装修材料。

3.1.8 防烟分区的挡烟垂壁，其装修材料应采用A级装修材料。

3.1.9 建筑内部的变形缝（包括沉降缝、伸缩缝、抗震缝等）两侧的基层应采用A级装修材料，表面装修应采用不低于B1级的装修材料。

3.1.10 建筑内部的配电箱不应直接安装在低于B1级的装修材料上。

3.1.11 照明灯具的高温部位，当靠近非A级装修材料时，应采取隔热、散热等防火保护措施。灯饰所用材料的燃烧性能等级不应低于B1级。

3.1.12 公共建筑内部不宜设置采用B3级装饰材料制成的壁挂、雕塑、模型、标本，当需要设置时，不应靠近火源或热源。

3.1.13 地上建筑水平疏散走道和安全出口的门厅，其顶棚装饰材料应采用A级装修材料，其他部位应采用不低于B1级的装修材料。

3.1.14 建筑内部消火栓的门不应被装饰物遮掩，消火栓门的四周装修材料颜色应与消火栓门的颜色有明显区别。

3.1.15 建筑内部装修不应遮挡消防设施和疏散指示标志与出口，并且不应妨碍消防设施和疏散走道的正常使用。因特殊要求做改动时，应符合国家有关消防规范及法规的规定。

3.1.15A 建筑内部装修不应减少安全出口、疏散出口和疏散走道设计所需的净宽度和数量。

3.1.16 建筑物内部厨房，其顶棚、墙面、地面均应采用A级装修材料。

3.1.17 经常使用明火器具的餐厅、科研试验室，装修材料的燃烧性能等级，除A级外，应在本章规定的基础上提高一级。

3.1.18 当歌舞厅、卡拉OK厅（含具有卡拉OK功能的餐厅）、夜总会、录像放映厅、桑拿浴室（除洗浴部分外）、游艺厅（含电子游艺厅）、网吧等歌舞娱乐放映游艺场所（以下简称歌舞娱乐放映游艺场所）设置在一、二级耐火等级建筑的四层及四层以上时，室内装修的顶棚材料应采用A级装修材料，其他部位应采用不低于B1级的装修材料；当设置在地下一层时，室内装修的顶棚、墙面材料应采用A级装修材料，其他部位应采用不低于B1级的装修材料。

3.2 单层、多层民用建筑

3.2.1 单层、多层民用建筑内部各部分装修材料的燃烧性能等级，不应低于表3.2.1的规定。

3.2.2 单层、多层民用建筑内面积小于100 m² 的房间，当采用防火墙和耐火极限不低于1.2 h的防火门窗与其他部位分隔时，其装修材料的燃烧性能等级可在表3.2.1的基础上降低一级。

表3.2.1 单层、多层民用建筑内部各部位装修材料的燃烧性能等级

建筑物及场所	建筑规模、性质	装修材料的燃烧性能等级							
		顶棚	墙面	地面	隔断	固定家具	装饰织物		其他装饰材料
							窗帘	帷幕	
候机楼的候机大厅、商店、餐厅、贵宾候机室、售票厅等	建筑面积＞10000 m² 的候机楼	A	A	B1	B1	B1	B1		B1
	建筑面积≤10000 m² 的候机楼	A	B1	B1	B1	B2	B2		B2
汽车站、火车站、轮船客运站的候车（船）室、餐厅、商场等	建筑面积＞10000 m² 的车站、码头	A	A	B1	B1	B2	B2		B1
	建筑面积≤10000 m² 的车站、码头	B1	B1	B1	B2	B2	B2		B2
影院、会堂、礼堂、剧院、音乐厅	＞800座位	A	A	B1	B1	B1	B1	B1	B1
	≤800座位	A	B1	B1	B1	B2	B1	B1	B2
体育馆	＞3000座位	A	A	B1	B1	B1	B1	B1	B2
	≤3000座位	A	B1	B1	B1	B2	B2	B1	B2
商场营业厅	每层建筑面积＞3000 m² 或总建筑面积＞9000 m² 的营业厅	A	B1	A	A	B1	B1		B2
	每层建筑面积1000～3000 m² 或总建筑面积为3000～9000 m² 的营业厅	A	B1	B1	B1	B2	B1		
	每层建筑面积＜1000 m² 或总建筑面积＜3000 m² 的营业厅	B1	B1	B1	B2	B2	B2		
饭店、旅馆的客房及公共活动场所等	设有中央空调系统的饭店、旅馆	A	B1	B1	B1	B2	B2		B2
	其他饭店、旅馆	B1	B1	B2	B2	B2	B2		
歌舞厅、餐馆等娱乐、餐饮建筑	营业面积＞100m²	A	B1	B1	B1	B2	B1		B2
	营业面积≤100m²	B1	B1	B1	B2	B2	B2		B2

续表 3.2.1

建筑物及场所	建筑规模、性质	装修材料的燃烧性能等级							
		顶棚	墙面	地面	隔断	固定家具	装饰织物		其他装饰材料
							窗帘	帷幕	
幼儿园、托儿所、医院病房楼、疗养院、养老院		A	B1	B1	B1	B2	B1		B2
纪念馆、展览馆、博物馆、图书馆、资料馆等	国家级、省级	A	B1	B1	B1	B2	B1		B2
	省级以下	B1	B1	B2	B2	B2	B2		B2
办公楼、综合楼	设有中央空调系统的办公楼、综合楼	A	B1	B1	B1	B2	B2		B2
	其他办公楼、综合楼	B1	B1	B2	B2	B2			
住宅	高级住宅	B1	B1	B1	B1	B2	B2		B2
	普通住宅	B1	B2	B2	B2	B2			

3.2.3　除 3.1.18 条规定外，当单层、多层民用建筑内装有自动灭火系统时，除顶棚外，其内部装修材料的燃烧性能等级可在表 3.2.1 规定的基础上降低一级；当同时装有火灾自动报警装置和自动灭火系统时，其顶棚装修材料的燃烧性能等级可在表 3.2.1 的基础上降低一级。其他装修材料的燃烧性能等级可不限制。

3.3　高层民用建筑

3.3.1　高层民用建筑内部各部位装修材料的燃烧性能等级，不应低于表 3.3.1 的规定。

3.3.2　除第 3.1.18 条所规定的场所和 100 m^2 以上的高层民用建筑及大于 800 座位的观众厅、会议厅，顶层餐厅外，当设有火灾自动报警装置和自动灭火系统时，除顶棚外，其内部装修材料的燃烧性能等级可在表 3.3.1 规定的基础上降低一级。

3.3.3　高层民用建筑的裙房内面积小于 500 m^2 的房间，当设有自动灭火系统，并且采用耐火等级不低于 2 h 的隔墙、甲级防火门、窗与其他部位分隔时，顶棚、墙面、地面的装修材料的燃烧性能等级可在表 3.3.1 规定的基础上降低一级。

3.3.4　电视塔等特殊高层建筑的内部装修，装饰织物应不低于 B1 级，其他均应采用 A 级装修材料。

3.4　地下民用建筑

3.4.1　地下民用建筑内部各部位装修材料燃烧性能等级不应低于表 3.4.1 的规定。

注：地下民用建筑系指单层、多层、高层民用建筑的地下部分，单独建造在地下的民用建筑以及平战结合的地下人防工程。

表 3.3.1　民用建筑内部各部位装修材料的燃烧性能等级

建筑物	建筑规模、性质	装修材料的燃烧性能等级									
		顶棚	墙面	地面	隔断	固定家具	装饰织物				其他装饰材料
							窗帘	帷幕	床罩	家具包布	
高级旅馆	＞800 座位的观众厅、会议厅；顶层餐厅	A	B1	B1	B1	B1	B1	B1		B1	B1
	≤800 座位的观众厅、会议厅	A	B1	B1	B1	B2	B1	B1		B2	B1
	其他部位	A	B1	B1	B2	B2	B1	B2	B1	B2	B1
商业楼、展览楼、综合楼、商住楼、医院病房楼	一类建筑	A	B1	B1	B1	B2	B1	B1		B2	B1
	二类建筑	B1	B1	B2	B2	B2	B2	B2		B2	B2
电信楼、财贸金融楼、邮政楼、广播电视楼、电力调度楼、防火指挥调度楼	一类建筑	A	A	B1	B1	B1	B1	B1		B2	B1
	二类建筑	B1	B1	B2	B2	B2	B1	B2		B2	B2
教学楼、办公楼、科研楼、档案楼、图书馆	一类建筑	A	B1	B1	B1	B2	B1	B1		B1	B1
	二类建筑	B1	B1	B2	B1	B2	B1	B2		B2	B2
住宅、普通旅馆	一类普通旅馆、高级住宅	A	B1	B2	B1	B2	B1		B1	B2	B1
	二类普通旅馆、普通住宅	B1	B1	B2	B2	B2	B2		B2	B2	B2

注：(1)“顶层餐厅”包括设在高空的餐厅、观光厅等。

(2) 建筑物的类别、规模、性质应符合国家现行标准《高层民用建筑设计防火规范》的有关规定。

表 3.4.1　地下民用建筑内部装修材料的燃烧性能等级

建筑物及场所	装修材料燃烧性能等级						
	顶棚	墙面	地面	隔断	固定家具	装饰织物	其他装饰材料
休息室和办公室等 旅馆的客房及公共活动用房等	A	B1	B1	B1	B1	B1	B2
娱乐场所、旱冰场等 舞厅、展览厅等 医院的病房、医疗用房等	A	A	B1	B1	B1	B1	B2
电影院的观众厅、商场的营业厅	A	A	A	B1	B1	B1	B2
停车库、人行通道、图书资料库、档案库	A	A	A	A	A		

3.4.2 地下民用建筑的疏散通道和安全出口的门厅，其顶棚、墙面和地面的装修材料应采用A级装修材料。

3.4.3 单独建造的地下民用建筑的地上部分，其门厅、休息室、办公室等内部装修材料的燃烧性能等级可在表3.4.1的基础上降低一级要求。

3.4.4 地下商场、地下展览厅的售货柜台、固定货架、展览台等，应采用A级装修材料。

4 工业厂房

4.0.1 厂房内部各部位装修材料的燃烧性能等级，不应低于表4.0.1的规定。

4.0.2 当厂房的地面为架空地板时，其地面装修材料的燃烧性能等级，除A级外，应在本章规定的基础上提高一级。

4.0.3 计算机房、中央控制室等装有贵重机器、仪表、仪器的厂房，其顶棚和墙面应采用A级装修材料；地面和其他部位应采用不低于B级的装修材料。

4.0.4 厂房附设的办公室、休息室等的内部装修材料的燃烧性能等级，应符合表4.0.1的规定。

表4.0.1 工业厂房内部各部位装修材料的燃烧性能等级

工业厂房分类	建筑规模	装修材料燃烧性能等级			
		顶棚	墙面	地面	隔断
甲、乙类厂房，有明火的丁类厂房		A	A	A	A
丙类厂房	地下厂房	A	A	A	B1
	高层厂房	A	B1	B1	B2
	高度>24 m的单层厂房；高度≤24 m的单层、多层厂房	B1	B1	B2	B2
无明火的丁类厂房、戊类厂房	地下厂房	A	A	B1	B1
	高层厂房	B1	B1	B2	B2
	高度>24 m的单层厂房；高度≤24 m的单层、多层厂房	B1	B2	B2	B2

附A 装修材料燃烧性能等级划分

A.1 试验方法

A.1.1 A级装修材料的试验方法，应符合现行国家标准《建筑材料不燃性试验方法》的规定。

A.1.2 B1级顶棚、墙面、隔断装修材料的试验方法，应符合现行国家标准《建筑材料难燃性试验方法》的规定；B2级顶棚、墙面、隔断装修材料的试验方法，应符合现行国家标准《建筑材料可燃性试验方法》的规定。

A. 1. 3　B1 和 B2 级地面装修材料的试验方法，应符合现行国家标准《铺地材料临界辐射通量的测定　辐射热源法》的规定。

A. 1. 4　装饰织物的试验方法，应符合现行国家标准《纺织织物　阻燃性能测定　垂直法》的规定。

A. 1. 5　塑料装修材料的试验方法，应符合现行国家标准《塑料燃烧性能试验方法　氧指数法》《塑料燃烧性能试验方法　垂直燃烧法》《塑料燃烧性能试验方法　水平燃烧法》的规定。

A. 2　等级的判定

A. 2. 1　在进行不燃性试验时，同时符合下列条件的材料，其燃烧性能等级应定为 A 级：

A. 2. 1. 1　炉内平均温度不超过 50 ℃；

A. 2. 1. 2　试样表面平均温度不超过 50 ℃；

A. 2. 1. 3　试样中心平均温度不超过 50 ℃；

A. 2. 1. 4　试样持续燃烧的时间不超过 50 s；

A. 2. 1. 5　试样平均失重率不超过 50 %。

A. 2. 2　顶棚、墙面、隔断装修材料经难燃性试验，同时符合下列条件的材料，应定为 B1 级：

A. 2. 2. 1　试样燃烧的剩余长度平均值≥150 mm。其中没有一个试件的燃烧剩余长度为零；

A. 2. 2. 2　没有一组试验的平均烟气温度超过 200 ℃；

A. 2. 2. 3　经过可燃性试验，且能满足可燃性试验的条件。

A. 2. 3　顶棚、墙面、隔断装修材料，经过可燃性试验，同时符合下列条件的材料，应定为 B2 级：

A. 2. 3. 1　对下边缘无保护的试件，在底边缘点火开始后 20 s 内，五个试件火焰尖头均未达到刻度线；

A. 2. 3. 2　对下边缘无保护的试件，除符合上述条件外，应附加一组表面点火，点火开始后 20 s 内，五个试件火焰尖头均未达到刻度线。

A. 2. 4　地面装饰材料，经辐射热源法试验，当最小辐射量大于或等于 0. 45 W/cm^2 时，应定为 B1 级。

A. 2. 5　装饰织物，经垂直法试验，并符合表 A. 2. 5 中的条件，应分别定为 B1 级和 B2 级。

表 A. 2. 5　装饰织物燃烧性能等级判定

级　别	损毁长度/mm	续燃时间/s	阻燃时间/s
B1	≤150	≤5	5
B2	≤200	≤15	≤10

A. 2. 6　塑料装饰材料，经氧指数、水平和垂直法试验，并符合表 A. 2. 6 中的条件，应分别定为 B1 级和 B2 级。

表 A. 2. 6　塑料燃烧性能等级判定

级　　别	氧指数法	水平燃烧法	垂直燃烧法
B1	≤32	1 级	0 级
B2	≤27	1 级	1 级

A. 2. 7　固定家具及其他装饰材料的燃烧性能等级，其试验方法和判定条件应根据材料的材质，按本附录的有关规定确定。

附 B　常用建筑内部装修材料燃烧性能等级划分举例（见表 B）

表 B　常用建筑内部装修材料燃烧性能等级划分举例

材料类别	级别	材料举例
各部位材料	A	花岗石、大理石、水磨石、水泥制品、混凝土制品、石膏板、石灰制品、黏土制品、玻璃、瓷砖、马赛克、钢铁、铝、铜合金等
顶棚材料	B1	纸面石膏板、纤维石膏板、水泥刨花板、矿棉装饰吸声板、珍珠岩装饰吸声板、难燃胶合板、难燃中密度纤维板、岩棉装饰板、难燃木材、铝箔复合材料、难燃酚醛胶合板、铝箔玻璃钢复合材料等
墙面材料	B1	纸面石膏板、纤维石膏板、水泥刨花板、矿棉板、玻璃棉板、珍珠岩板、难燃胶合板、难燃中密度纤维板、防火塑料装饰板、难燃双面刨花板、多彩涂料、难燃墙纸、难燃仿花岗石装饰板、氯氧镁水泥装配式墙板、难燃玻璃钢平板、PVC 塑料护墙板、轻质高强复合墙板、阻燃模压木质复合板材、彩色阻燃人造板、难燃玻璃钢等
	B2	各类天然木材、木制人造板、竹材、纸制装饰板、装饰微薄木贴面板、印刷木纹人造板、塑料贴面装饰板、聚酯装饰板、复塑装饰板、塑纤板、胶合板、塑料壁纸、无纺贴墙布、墙布、复合壁纸、天然材料壁纸、人造革等
地面材料	B1	硬 PVC 塑料地板、水泥刨花板、水泥木丝板、氯丁橡胶地板等
	B2	半硬质 PVC 塑料地板、PVC 卷材地板、木地板氯纶地毯等
装饰织物	B1	经阻燃处理的各类难燃织物等
	B2	纯毛装饰布、纯麻装饰布、经阻燃处理的其他织物等
其他装饰材料	B1	聚氯乙烯塑料、酚醛塑料、聚碳酸酯塑料、聚四氟乙烯塑料。三聚氰胺、脲醛塑料、硅树脂塑料装饰型材、经阻燃处理的各类难燃织物。另见顶棚材料和墙面材料中的有关材料
	B2	经阻燃处理的聚乙烯、聚丙烯、聚氨酯、聚苯乙烯、玻璃钢、化纤织物、木制品等

附C 本标准用词说明

C.0.1 为便于在执行本标准条文时区别对待，对要求严格程度不同的用词说明如下：

(1) 表示很严格，非这样做不可的：正面词采用“必须”，反面词采用“严禁”。

(2) 表示严格，在正常情况均应这样做的：正面词采用“应”，反面词采用“不应”或“不得”。

(3) 表示允许稍有选择，在条件许可时首先应这样做的：正面词采用“宜”或“可”，反面词采用“不宜”。

C.0.2 条文中指定应按其他有关标准、规范执行时，写法为“应符合……的规定”或“应按……执行”。

参 考 文 献

[1] 安素琴. 建筑装饰材料 [M]. 北京：中国建筑工业出版社，2000.
[2] 李继业. 建筑装饰材料 [M]. 北京：科学出版社，2002.
[3] 赵方冉. 装饰装修材料 [M]. 北京：中国建材工业出版社，2002.
[4] 纪士斌. 建筑装饰装修材料 [M]. 北京：中国建筑工业出版社，2003.
[5] 刘念华，王启田. 建筑装饰施工技术 [M]. 北京：科学出版社，2002.
[6] 陈世霖. 当代建筑装修构造施工手册 [M]. 北京：中国建筑工业出版社，1999.
[7] 李永盛，丁洁民. 建筑装饰工程施工 [M]. 上海：同济大学出版社，1999.
[8] 杨天佑. 建筑装饰工程施工 [M]. 北京：中国建筑工业出版社，1997.
[9] 韩建新，颜宏亮. 21 世纪建筑新技术论丛 [M]. 上海：同济大学出版社，2000.
[10] 中国建筑装饰协会. 建筑装饰实用手册 [M]. 北京：中国建筑工业出版社，2000.
[11] 顾建平. 建筑装饰施工技术 [M]. 天津：天津科学出版社，1997.
[12] 赵子夫，唐利. 建筑装饰工程施工工艺 [M]. 沈阳：辽宁科学技术出版社，1998.
[13] 王海平，董少峰. 室内装饰工程手册 [M]. 北京：中国建筑工业出版社，1992.
[14] GB 50222—2015 建筑内部装修设计防火规范 [S]. 中华人民共和国标准，2015.